高等院校电气信息类专业"互联网+"创新规划教材

人工智能实践教程

主　编　刘　攀　黄务兰　魏　忠

U0206634

北京大学出版社

PEKING UNIVERSITY PRESS

内 容 简 介

本书内容全面，既涵盖项目实践所需的 Python 语言基础和实践环境搭建，又涉及项目相关的技术原理和方法等理论知识介绍，还包含多个案例项目的实践内容。书中讲解了 Python 语言，包括 Python 的安装、数据类型、涉及的函数、文件读/写、第三方库等知识；讲解了人工智能实战基础，包括数据预处理技术和方法、KNN 算法、回归分析应用和其他机器学习技术等内容；还讲解了人工智能实战进阶，包括自然语言处理、语音识别、图像识别和神经网络与深度学习等内容。

本书适合作为高等院校人工智能、智能科学与技术等专业的人工智能课程实验指导教材，也适合作为学习人工智能基本技术读者的参考书。

图书在版编目（CIP）数据

人工智能实践教程 / 刘攀，黄务兰，魏忠主编. —北京：北京大学出版社，2022.7
高等院校电气信息类专业"互联网+"创新规划教材
ISBN 978-7-301-32877-4

Ⅰ.①人… Ⅱ.①刘… ②黄… ③魏… Ⅲ.①软件工具 - 程序设计 - 高等学校 - 教材
Ⅳ.①TP311.561

中国版本图书馆 CIP 数据核字（2022）第 023037 号

书　　　　名	人工智能实践教程	
	RENGONG ZHINENG SHIJIAN JIAOCHENG	
著作责任者	刘 攀 黄务兰 魏 忠 主编	
策 划 编 辑	郑 双	
责 任 编 辑	杜 鹃 郑 双	
数 字 编 辑	蒙俞材	
标 准 书 号	ISBN 978-7-301-32877-4	
出 版 发 行	北京大学出版社	
地　　　址	北京市海淀区成府路 205 号　100871	
网　　　址	http://www.pup.cn　新浪微博：@北京大学出版社	
电 子 信 箱	pup_6@163.com	
电　　　话	邮购部 010-62752015　发行部 010-62750672　编辑部 010-62750667	
印 刷 者	北京圣夫亚美印刷有限公司	
经 销 者	新华书店	
	787 毫米×1092 毫米　16 开本　21.25 印张　516 千字	
	2022 年 7 月第 1 版　2022 年 7 月第 1 次印刷	
定　　　价	59.00 元	

前　　言

人工智能技术已经成为推动社会经济发展的新引擎，当前的竞争已转变为科技革命的竞争，人工智能技术的革新关乎我国的科技革命和产业变革。为深入贯彻执行《新一代人工智能发展规划》，践行创新型国家建设，国内教育紧跟形势发展，大力发展人工智能教育，很多高校相继增开人工智能和智能科学与技术专业，成立人工智能学院。为满足社会和学校需求，编者与教研室同事开始着手整理并编写此书。本书面向普通高等院校，以提高学生人工智能应用技术为目标，旨在使学生以实践项目的形式掌握人工智能技术的基本理论和应用。

编者长期从事高校计算机类课程的教学和改革，深知学生如果没有实践操作，很难理解人工智能的理论知识。本书含有丰富的实践案例和素材，注重学生实践能力的培养，同时也不忘补充人工智能及其相关知识点的基本思想和方法，避免只局限于工具或应用的介绍。

全书共分三篇 12 章，第一篇是 Python 语言，包括第 1~4 章；第二篇为人工智能实战基础，包括第 5~8 章；第三篇为人工智能实战进阶，包括第 9~12 章。

第 1 章是 Python 简介，介绍了 Python 的多种运行环境的搭建，包括 IPython、Anaconda 自带的 Jupyter Notebook、Spyder 及 Anaconda+PyCharm，读者可自行为后续实践项目选择合适的运行环境。

第 2 章是 Python 人工智能之路——基础，主要介绍了 Python 代码书写格式和基本规则、Python 基本数据类型和特征数据类型、基本运算和表达式、基本流程控制和函数等。

第 3 章是 Python 人工智能之路——进阶，主要介绍了正则表达式、Re 模块的内置函数、图形绘制、文件读写及 Python 案例应用。

第 4 章是 Python 人工智能之路——第三方库，主要介绍了第三方库的安装和使用方法、常用的第三方库包括 NumPy 库、Pandas 库、Sklearn 库、Keras 库和 TensorFlow 库的函数、方法介绍和应用。

前面 4 章是 Python 语言基础，为后续的人工智能实战打好语言基础和搭建实战运行环境，如果读者有 Python 语言基础，也可以直接跳过前面 4 章，直接进入后 8 章的学习。书中的第 5~8 章是机器学习技术及其应用。

第 5 章是数据预处理技术和方法，介绍了数据预处理流程、缺失值处理、特征编码、数据标准化和正则化、特征选择方法和应用、稀疏表示和字典学习、主成分分析技术。

第 6 章是 KNN 算法，介绍了 KNN 算法基本原理、算法重要参数和算法特点等有关 KNN 算法理论知识，以手写字识别、网站约会配对、乳腺癌诊断三个应用案例介绍 KNN 算法的应用。

第 7 章是回归分析应用。首先介绍了回归分析的概念，回归分析的三种类型：线性回归、逻辑回归和多项式回归，以及它们的函数表达式及回归分析评价指标；然后分别以项目的形式展示三种回归模型的应用：使用线性回归预测鲍鱼年龄、使用逻辑回归预测病马死亡率、使用多项式回归拟合温度和压力的对应关系。

第 8 章是其他机器学习技术，主要介绍了 Apriori 算法、决策树、AdaBoost 分类器和网格搜索的理论知识，通过电影数据集的关联规则挖掘、隐形眼镜选择、泰坦尼克号生存率预测、鸢尾花分类预测模型参数优化四个实战项目展示了这四项机器学习技术的应用。

第 9 章是自然语言处理，主要介绍了 Python 中文分词实验，NLP 词向量计算，自然语言处理——TF-IDF 算法解析及 Jupyter 实验包，自然语言处理——意图识别 Jupyter 实验包，自然语言处理——最大熵模型及 Jupyter 实验包，利用 jieba 库和 Tkinter 库进行信息检索，自然语言处理——命名实体识别。

第 10 章是语音识别，主要介绍了 Python+Keras 实现 IVA 语音识别、基于百度智能云和图灵机器人的语音交互实验、利用 pyttsx3 库进行文字语音合成。

第 11 章是图像识别，主要介绍了基于卷积神经网络的图像风格迁移、人脸识别技术原理和应用。

第 12 章是神经网络与深度学习，主要介绍了卷积神经网络（CNN）模型原理，以及人工神经网络模型在鸢尾花分类上的应用。

本书可作为高校各个专业的人工智能基础或者普适性课程的教材，课程可以安排 32 学时或者 48 学时，下表给出了 32 学时或 48 学时的章节课时安排建议。

章节标题		课时（总课时 32）	课时（总课时 48）
第一篇	**Python 语言**	**9**	**12**
第 1 章	Python 简介	1	2
第 2 章	Python 人工智能之路——基础	2	4
第 3 章	Python 人工智能之路——进阶	4	4
第 4 章	Python 人工智能之路——第三方库	2	2
第二篇	**人工智能实战基础**	**12**	**18**
第 5 章	数据预处理技术和方法	2	4
第 6 章	KNN 算法	2	4
第 7 章	回归分析应用	4	4
第 8 章	其他机器学习技术	4	6
第三篇	**人工智能实战进阶**	**11**	**18**
第 9 章	自然语言处理	4	6
第 10 章	语音识别	4	6
第 11 章	图像识别	2	4
第 12 章	神经网络与深度学习	1	2

本书具有如下特色。

（1）本书内容全面，既包含了项目实践环境搭建，又包含人工智能实践必备的 Python 语言基础和第三方库介绍；既包含了机器学习领域常用技术，又包含了机器学习技术实践案例；既包含了深度学习理论和技术，又包含了深度学习技术实践项目。

（2）本书以项目驱动重构书籍内容，实践性强。书中以项目驱动为主导，补充项目所

需的语言基础及与项目相关的技术原理和方法等理论，实践与理论无缝连接。本书可以作为人工智能课程实验指导教材使用，还可以作为一本全面掌握人工智能基本技术的学习书籍。

（3）本书内容由浅入深，循序渐进。第一篇是人工智能 Python 语言，第二篇是人工智能实战基础，第三篇是人工智能实战进阶，读者可以根据自身水平，有选择性地进行阅读和实践。

本书的第 1～3 和 9～12 章由上海商学院刘攀博士编写，第 4～8 章由上海商学院黄务兰博士编写，上海海事大学魏忠博士对本书进行统筹规划，并提供了相应案例的支持材料。同时，本书得到国家社会科学基金项目（18BTQ058）、教育部产学合作协同育人项目、国家双一流专业和上海市 II 类高原学科（应用经济学科商务经济方向）资助。另外，本书在编写过程中，借鉴了 GitHub 官网、Python 第三方库官方文档，在此向这些贡献技术、开放源码和学习文档的工作者们表示感谢。

为方便教师教学，本书除了提供课程大纲和教学计划外，还准备了案例源码和案例源数据，此外还录制了微课视频，供读者们下载使用。编者还在北京大学出版社出版了《人工智能导论》，其讲解了更深层次的专业知识，读者可同时参考学习。扫描封面的客服二维码，可以获取本书教学配套资料。

由于编者水平和时间有限，书中难免存在疏漏之处，欢迎广大读者批评指正。

编　者
2022 年 3 月

资源索引

目　　录

第一篇
Python 语言

第1章
Python 简介

 内容导读

采用 Python 实现人工智能是一种主流方式，本章介绍了基于 Python 的人工智能应用开发，主要包括 Python 的特点和四种常见的 Python 开发环境的安装过程。

学习目标和要求

了解 Python 的环境配置，包括 Python、IPython、PyCharm 和 Anaconda 等开发工具的安装。

思 维 导 图

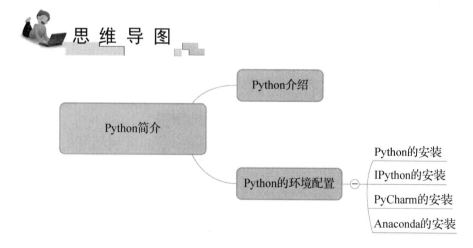

1.1　Python 介绍

Python 是一种高层次的并结合了解释性、编译性、互动性和面向对象的脚本语言。Python 程序的开发没有编译环节，可以在 Python 开发环境中以互动方式运行程序。Python 支持面向对象的编程技术，其语法具有很强的可读性，因此程序员能够快速地使用 Python 从事文字处理、网站开发、游戏设计等工作。

与其他开发语言相比较，Python 具有如下特点。

- 易于学习：Python 关键字较少，结构简单，具有明确定义的语法，学习起来更加简单。
- 易于阅读：Python 代码的定义更清晰。
- 易于维护：Python 的源代码易于维护。
- 具有广泛的标准库：Python 的最大优势之一是具有丰富的库，可以跨平台，与 UNIX、Windows 和 Macintosh 的兼容性都很好。
- 互动模式：Python 支持互动模式，是可以从终端输入执行代码并获得结果的语言，可以进行互动测试和调试代码片段。
- 可移植：基于其开放源代码的特性，Python 已经被移植（使其工作）到许多平台。
- 可扩展：如果需要一段运行速度快的关键代码，或者想要编写一些不愿公开的算法，可以使用 C 语言或 C++完成该程序，然后从 Python 程序中调用。
- 数据库：Python 提供所有主要的商业数据库的接口。
- GUI 编程：Python 支持 GUI 可以创建和移植到许多系统供调用。
- 可嵌入：可以将 Python 嵌入 C/C++程序，让程序用户获得"脚本化"的能力。

1.2　Python 的环境配置

1.2.1　Python 的安装

在使用 Python 之前，需要安装 Python 的开发环境。打开 Python 官网，单击页面中的 Downloads 选项卡，找到与自己计算机（俗称电脑）操作系统匹配的版本路径，如图 1.1 所示。

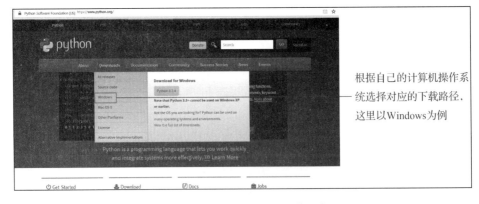

图 1.1　Python 官网中的下载信息

本书以 Python 3.7.2 版本为例，下载过程如图 1.2 和图 1.3 所示。

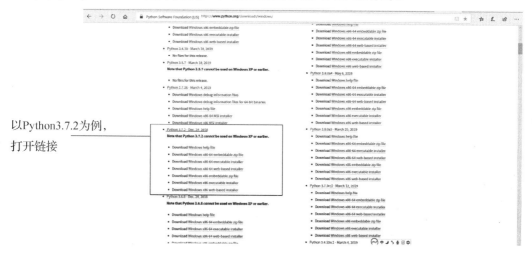

以Python3.7.2为例，
打开链接

图 1.2　选择 Python 3.7.2 版本

Linux版本

mac版本

64位版本

推荐下载这个64位版本

Windows版本

32位版本

图 1.3　选择 64 位版本

下载完成后，使用管理员身份进行安装，安装过程如图 1.4 至图 1.8 所示。

2.执行自定义安装

1.选中此选项，添加到系统环境变量

图 1.4　选择自定义安装

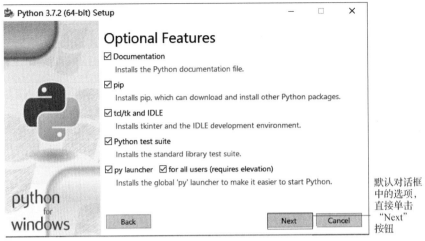

图 1.5　默认可选项

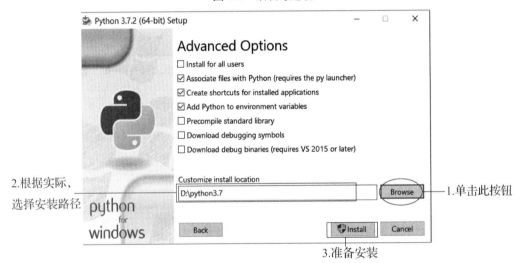

图 1.6　选择安装路径

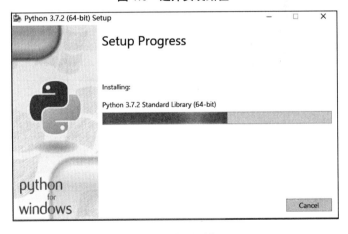

图 1.7　安装过程

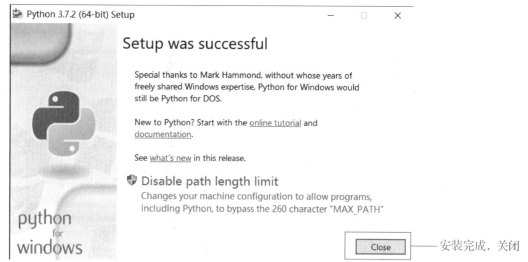

图 1.8　安装完成

　　打开命令提示符界面并输入 python，验证 Python 是否安装成功。若得到 Python 的版本信息，如图 1.9 所示，即表示安装成功。

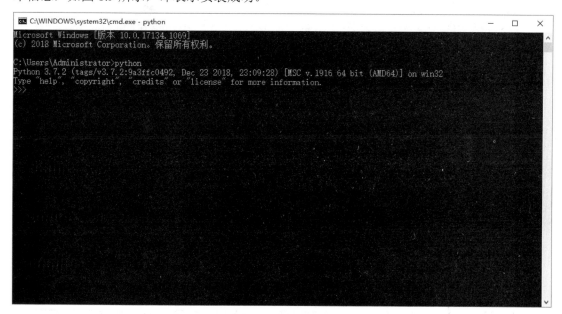

图 1.9　Python 的版本信息

1.2.2　IPython 的安装

　　IPython 是一个 Python 的交互式 shell，比默认的 Python shell 好用得多。IPython 支持变量自动补全、自动缩进，还支持 bash shell 命令，并内置了很多有用的功能和函数。IPython 是基于 BSD（Berkeley Software Distribution，伯克利软件套件）开源的，同时可使用命令查看 Python 的版本和路径，pip 信息。

使用 pip install ipython 命令安装 IPython，安装界面如图 1.10 所示。

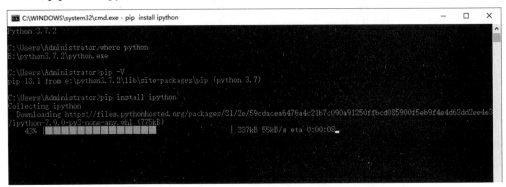

图 1.10　安装 IPython 的界面

IPython 安装成功后，出现图 1.11 所示的界面。

图 1.11　IPython 安装成功

验证 IPython 的安装：输入 ipython，可以看到 IPython 的相关信息，如图 1.12 所示，即安装成功。

图 1.12　验证 IPython 安装的操作界面

pip 工具升级：输入 python -m pip install --update pip 升级 pip 工具，如图 1.13 所示。

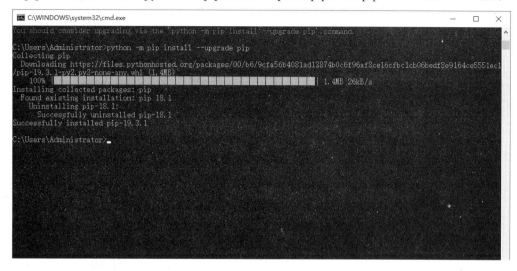

图 1.13 pip 工具升级

pip 命令/功能说明：输入 pip 即可查看 pip 命令的说明，如图 1.14 所示。

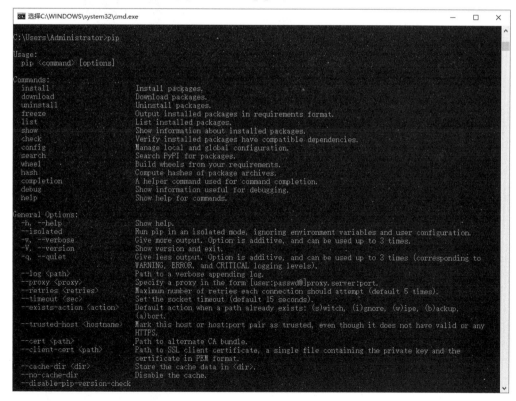

图 1.14 查看 pip 命令的说明

至此，Python 3.7.2 版本安装完成，接下来安装 PyCharm。

1.2.3　PyCharm 的安装

PyCharm 是一种 Python IDE，具有一整套可以帮助用户使用 Python 提高开发效率的工具，比如调试、语法高亮、Project 管理、代码跳转、智能提示、自动完成、单元测试、版本控制。

打开 PyCharm 官网，界面如图 1.15 所示，Professional 表示专业版，Community 表示社区版，推荐安装社区版。

图 1.15　PyCharm 官网界面

下载完成后，以管理员身份运行此程序。

（1）在图 1.16 中单击 Next 按钮，打开选择安装目录界面。

图 1.16　安装步骤

（2）在图 1.17 中单击 Browse...按钮，选择安装路径，单击 Next 按钮。

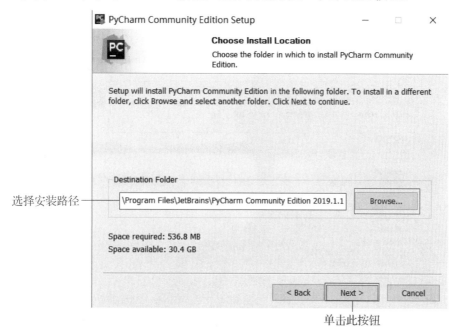

图 1.17　选择安装路径

（3）在图 1.18 中选择需要配置的文件，单击 Next 按钮。

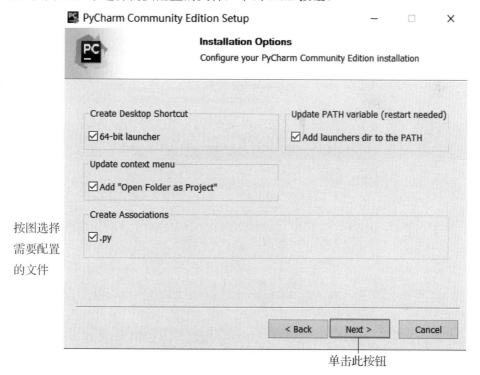

图 1.18　默认选项

（4）在图 1.19 中选择安装 Windows 开始菜单的目录，单击 Install 按钮，开始安装。

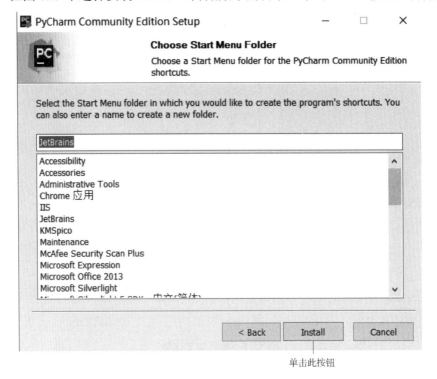

图 1.19　开始安装

（5）在安装过程中，会显示图 1.20 所示的安装进度。

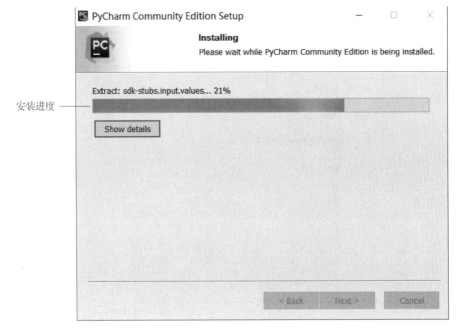

图 1.20　安装进度

（6）安装完成界面如图 1.21 所示。

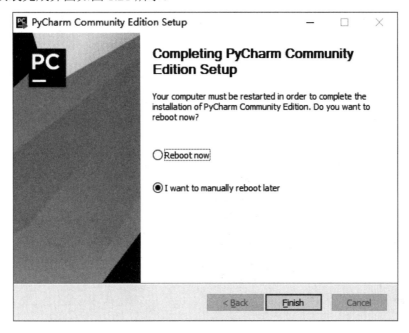

图 1.21　安装完成界面

安装完 PyCharm 后，以管理员身份运行此程序，根据个人的喜好选择界面主题，如图 1.22 所示。

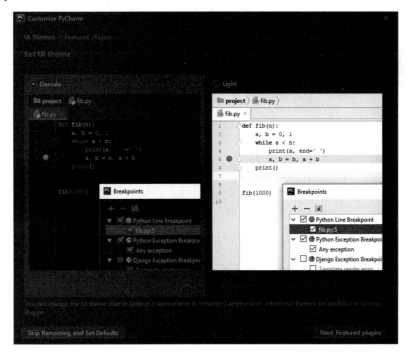

图 1.22　选择界面主题

单击 Next Featured plugins 按钮，显示登录界面，如图 1.23 所示。

图 1.23　登录界面

单击图 1.24 所示界面中的 Create New Project 按钮创建新工程。

图 1.24　创建新工程

在如图 1.25 所示的界面中选择工程存放的位置。

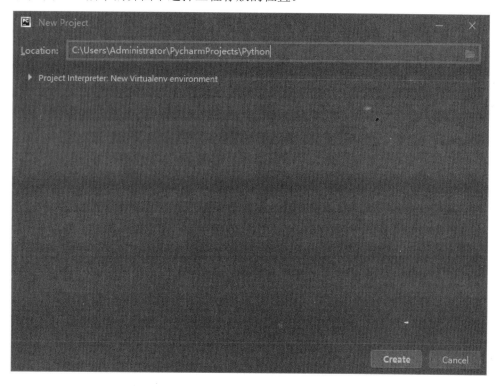

图 1.25　选择工程存放的位置

启动工程，进入工程主界面，会显示图 1.26 所示的对话框，单击 Close 按钮。此时，在 PyCharm 中新建了一个工程。

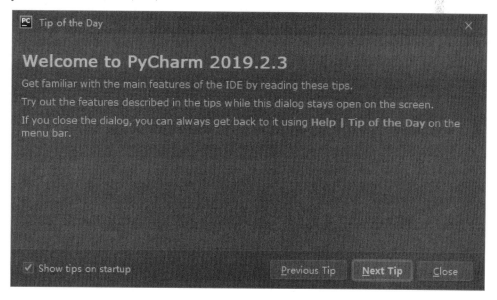

图 1.26　Tip of the Day 对话框

Anaconda
的安装和
配置

1.2.4　Anaconda 的安装

进入 Anaconda 官网，界面如图 1.27 所示。

单击图 1.27 中的 Get Started 按钮，出现图 1.28 所示的界面，再单击 Download 按钮。

选择适合自己计算机的操作系统，然后下载相应的 Python 版本，这里选择 Python3.7，64 位 Windows 操作系统，如图 1.29 所示。

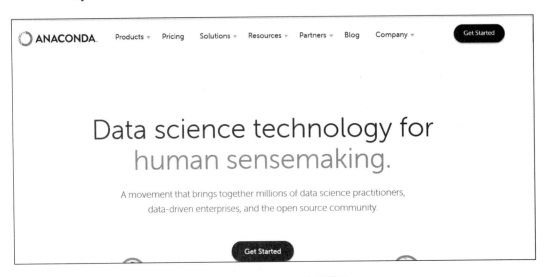

图 1.27　Anaconda 官网界面

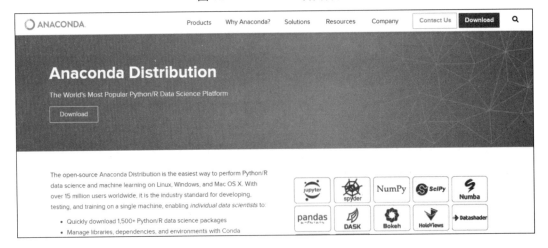

图 1.28　Download 界面

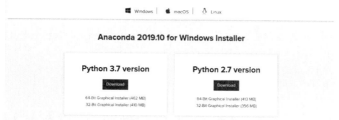

图 1.29　选择下载版本

下载完成后双击安装程序进行安装，安装向导如图 1.30 所示。

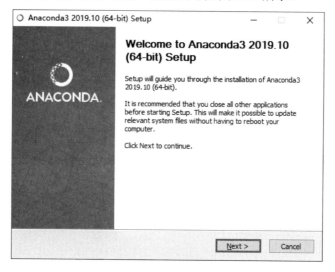

图 1.30　安装向导

单击 Next 按钮，出现图 1.31 所示的安装协议界面。

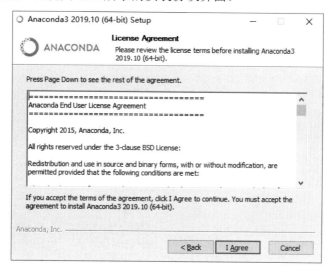

图 1.31　安装协议界面

单击 I Agree 按钮，出现图 1.32 所示的界面，Install for 包含 Just me 和 All Users 单选项。如果你的计算机中有多个 Users，选择 All Users 单选项；否则选择 Just me 单选项，然后单击 Next 按钮。

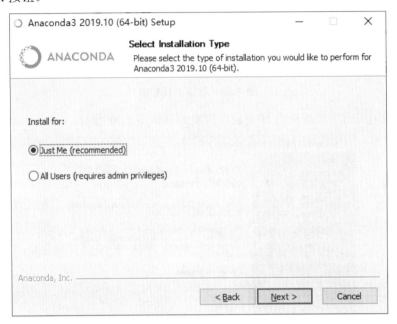

图 1.32　安装选项

选择安装位置，如图 1.33 所示。

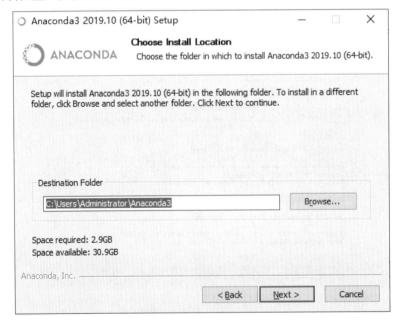

图 1.33　选择安装位置

随后出现 Advanced Options（高级选项）。第一个复选项是加入环境变量，第二个复选项是默认使用 Python 3.7，这里选中第二个复选项，如图 1.34 所示，单击 Install 按钮，开始安装，安装进度如图 1.35 所示。

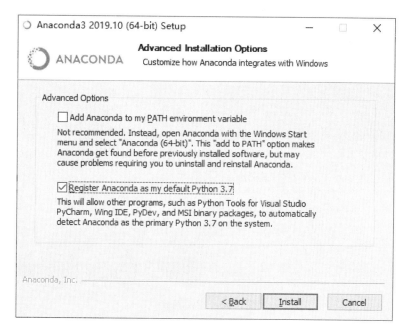

图 1.34　高级选项

图 1.35　安装进度

安装完成后，如图 1.36 所示，单击 Next 按钮，出现图 1.37 所示的安装完成提示界面。

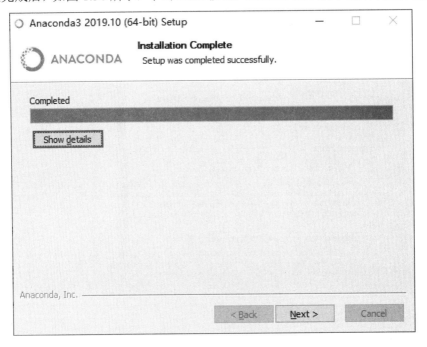

图 1.36　安装完成

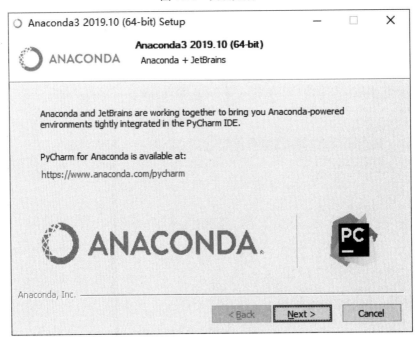

图 1.37　安装完成提示

单击 Next 按钮，界面如图 1.38 所示。在此界面中可以取消选中 Learn more about Anaconda Cloud 和 Learn how to get started with Anaconda 复选项。

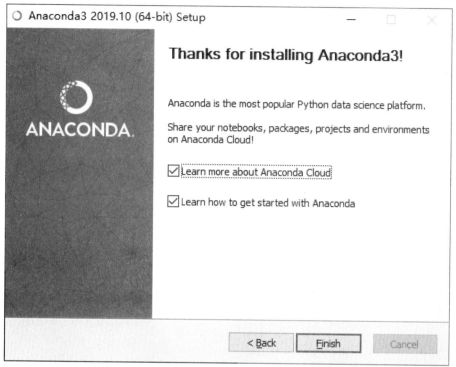

图 1.38　安装完成

安装完成后，开始配置环境变量，打开"控制面板"窗口，单击"系统和安全"链接，再单击"系统"链接，在打开的界面中单击"高级系统设置"链接，在打开的对话框中单击"环境变量"按钮，弹出"编辑用户变量"对话框，"变量名"设置为 Path，在"变量值"文本框中添加 Anaconda 安装目录下的 Scripts 文件夹路径，如路径 C:\Users\Administrator\Anaconda3\Scripts，如图 1.39 所示。

Jupyter
Notebook
使用方法

图 1.39　配置环境变量

单击"确定"按钮，打开命令行（最好以管理员身份打开），输入 conda --version，显示版本信息，如图 1.40 所示，即配置成功。

图 1.40　显示 Anaconda 版本信息

至此，Anaconda 安装完成。

1.3　本 章 小 结

创建 Python 的安装环境是开发 Python 应用的首要步骤。本章通过介绍 Python 语言的特点、四种常见开发环境的安装图例，使读者掌握 Python 开发平台的下载和安装方法，为后续章节的学习打下基础。

1.4　本 章 习 题

判断题

1. Python 的开发没有编译过程。　　　　　　　　　　　　　　　　　　　（　　）
2. Python 是一种解释性语言。　　　　　　　　　　　　　　　　　　　　（　　）
3. Python 只能在官方下载的 Python 环境中开发，不能在其他平台上开发。　（　　）
4. IPython 是一个 Python 的交互式 shell，支持变量自动补全，不支持自动缩进功能。

　　　　　　　　　　　　　　　　　　　　　　　　　　　　　　　　　（　　）

5. Anaconda 是一个 Python 开发集成环境，在使用之前需要先安装 Python。　（　　）

第 **2** 章
Python 人工智能之路——基础

 内容导读

本章以简明的方式介绍了 Python 的基础语法。通过本章的学习，读者能快速掌握 Python 3 的编程规范，为编写基于 Python 的人工智能代码打下基础。

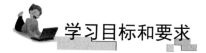 学习目标和要求

◇ 了解 Python 的书写规范和命名规则。
◇ 理解 Python 的基本数据类型和特征数据类型。
◇ 掌握 Python 的基本运算和表达式，熟练掌握基本流程的控制方法，理解函数的使用方法。

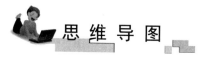 思 维 导 图

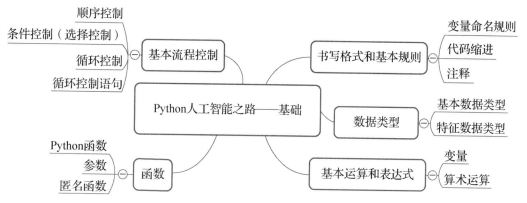

2.1 书写格式和基本规则

1. 变量命名的规则

变量命名的规则如下。

（1）具有描述性，能通过变量名大致理解变量指代的内容。

（2）变量名只能由下画线、数字和字符组成，不可以是特殊字符类，如变量 student_number 是 Python 官方的建议写法，而变量 studentNumber 符合驼峰命名法。

（3）不能用中文作为变量名。

（4）不能使用保留字符（已被软件使用的字符）作为变量名。

2. 代码缩进

在使用 Python 编写的代码块中，缩进必须保持一致，官方建议缩进四个空格。

3. 注释

Python 包含以下三种注释方式。

（1）#单行注释。

（2）'''多行注释'''。

（3）"""多行注释"""。

2.2 数 据 类 型

2.2.1 基本数据类型

1. 数字（Number）

Python 3 版本支持 int、float、bool、complex（复数）。在 Python 3 版本中，只有一种整数类型——int，表示为长整型，没有 Python 2 版本中的 long。与大多数语言相同，Python 3 版本的数值类型赋值和计算都是很直观的。

内置的 type() 函数可以用来查询变量所指的对象类型。例如，输入如下代码：

```
a, b, c, d = 10, 2.3, True, 3+2i
print(type(a), type(b), type(c), type(d))
```

得到变量类型：

```
<class 'int'> <class 'float'> <class 'bool'> <class 'complex'>
```

此外，还可以用 isinstance() 函数判断变量类型。例如，输入如下代码：

```
a = 123
isinstance(a, int)
```

得到返回结果 True。

type()函数和 isinstance()函数的区别：type()函数不认为子类是一种父类类型，而isinstance()函数认为子类是一种父类类型，如下面代码所示。

```
class A:...            pass...
class B(A):...         pass...
isinstance(A(), A)     True
type(A()) == A         True
isinstance(B(), A)     True
type(B()) == A         False
```

注意： 在 Python 2 版本中没有 boolean（布尔型），而是用数字 1 表示 True，用数字 0 表示 False。在 Python 3 版本中，True 和 False 被定义为关键字，但它们的值还是 1 和 0，并且可以与数字相加。

2. 字符串（String）

Python 中的字符串用单引号（''）或双引号（""）括起来。
字符串截取的语法格式如下：

变量[头下标:尾下标]

索引值为 0 表示从头部（前面）开始，为-1 表示从末尾（后面）开始，字符串 abcdef 的索引位置和截取值如下。

```
从前面索引：    0   1   2   3   4   5
从后面索引：   -6  -5  -4  -3  -2  -1
字符串：        a   b   c   d   e   f
从前面截取：    :   1   2   3   4   5   :
从后面截取：    :  -5  -4  -3  -2  -1   :
```

加号（+）是字符串的连接符，星号（*）表示复制当前字符串，*后面的数字为复制的次数。

【例 2.1】 输入如下代码，查看输出结果。

```python
#!/usr/bin/python3
str = 'Runoob'
print (str)              #输出字符串
print (str[0:-1])        #输出从第一个到倒数第二个的所有字符
print (str[0])           #输出第一个字符
print (str[2:5])         #输出从第三个到第五个的所有字符
print (str[2:])          #输出从第三个开始的所有字符
print (str * 2)          #输出两次字符串
print (str + 'TEST')     #连接字符串
```

执行以上程序会输出如下结果。

Runoob

Runoo

R

noo

noob

RunoobRunoob

RunoobTEST

Python 使用反斜杠（\）转义特殊字符，如\n 表示换行，如果不想让反斜杠发生转义，可以在字符串前面添加一个 r，表示原始字符串。如：

```
print('Ru\noob')
```

输出结果：

```
Ru
oob
```

```
print(r'Ru\noob')
```

输出结果：

```
Ru\noob
```

注意：如果反斜杠与后面的字符没有特殊含义，则同样会输出包含反斜杠的字符串。如：

```
print('ab\k00b')
```

输出结果：

```
ab\k00b
```

另外，反斜杠可以作为续行符，表示下一行是上一行的延续，也可以使用 """..."""或者 '''...''' 跨越多行。

注意：Python 没有单独的字符类型，一个字符就是长度为 1 的字符串。

【例 2.2】 程序举例。

（1）word = 'Python'

```
print(word[0], word[5])
```

输出结果：

```
P n
```

（2）print(word[-1], word[-6])

输出结果：

```
n P
```

注意：与 C 语言的字符串不同的是，Python 语言的字符串不能改变，向一个索引位置赋值，比如 word[0] = 'm'会导致语法错误。

综上所述，可得出以下结论。

（1）反斜杠可以用来转义，使用 r 可以让反斜杠不发生转义。

（2）字符串可以用运算符+连接在一起，用*运算符表示重复操作。

（3）Python 中的字符串有两种索引方式：从左往右以 0 开始；从右往左以-1 开始。

（4）Python 中的字符串不能改变。

2.2.2　特征数据类型

1. 列表

列表（List）是 Python 中使用最频繁的数据类型。列表可以完成大多数集合类的数据结构。列表中的元素类型可以不相同，它支持数字、字符串甚至可以包含列表（所谓嵌套）。列表是写在方括号（[ ]）之间，用逗号分隔开的元素列表。与字符串相同，列表也可以被索引和截取，列表被截取后返回一个包含所需元素的新列表。列表截取的语法格式如下：

　　变量[头下标:尾下标]

索引值为 0 表示从头部开始，为-1 表示从末尾开始。

加号（+）是列表连接运算符，星号（*）表示重复操作。

【例 2.3】　列表应用实例。

```
#!/usr/bin/python3
list = [ 'abcd', 333 , 3.14, 'sbs', 83.2 ]
tinylist = [123, 'sbs']

print (list)                #输出完整列表
print (list[0])             #输出列表的第一个元素
print (list[1:3])           #输出列表的第二个和第三个元素
print (list[2:])            #输出列表从第三个元素开始的所有元素
print (tinylist * 2)        #输出两次列表
print (list + tinylist)     #连接列表
```

输出结果如下。

```
['abcd', 333 , 3.14, 'sbs', 83.2]
abcd
[333 , 3.14]
[3.14, 'sbs', 83.2]
[123, 'sbs', 123, 'sbs']
['abcd', 333 , 3.14, 'sbs', 83.2, 123, 'sbs']
```

与 Python 中的字符串不同，列表中的元素是可以改变的。

【例 2.4】　列表中元素的替换。

```
a = [1, 2, 3, 4, 5, 6]
a[0] = 9
```

```
a[2:5] = [13, 14, 15]
print(a)          #输出结果：[9, 2, 13, 14, 15, 6]
a[2:5] = []       #将对应的元素值设置为[]，即删除a[2]、a[3]、a[4]，但不包含a[5]
print(a)          #输出结果：[9, 2, 6]
```

List 内置了一些函数，例如 append()和 pop()等。

注意：

（1）列表写在方括号之间，元素用逗号隔开。

（2）与字符串相同，列表可以被索引和截取。

（3）列表可以使用+操作符连接。

（4）列表中的元素是可以改变的。

Python 列表截取可以接收第三个参数，参数的作用是截取列表的步长。

以下实例在索引 1 到索引 4 的位置并设置步长为 2（间隔一个位置）来截取字符串：如果第三个参数为负数，则表示逆向读取。

【例 2.5】 字符串的反转。

```
input='I am a big man'
inputwords = input.split(" ")
print(inputwords)  #输出结果：['I', 'am', 'a', 'big', 'man']
inputWords=inputWords[-1::-1]  #实现字符串反转
print(inputwords)  #输出结果：['man', 'big', 'a', 'am', 'I']
```

2. 元组

元组（Tuple）与列表类似，不同之处为元组的元素不能修改。元组写在小括号里，元素之间用逗号隔开。元组中的元素类型也可以不相同。

【例 2.6】 元组的应用。

```
#!/usr/bin/python3
tuple = ( 'abcd', 786 , 2.23, 'sbs', 70.2 )
tinytuple = (123, 'sbs')

print (tuple)              #输出完整元组
print (tuple[0])           #输出元组的第一个元素
print (tuple[1:3])         #输出元组的第二个和第三个元素
print (tuple[2:])          #输出元组从第三个元素开始的所有元素
print (tinytuple * 2)      #输出两次元组
print (tuple + tinytuple)  #连接元组
```

输出结果如下。

```
('abcd', 786, 2.23, 'sbs', 70.2)
abcd
```

```
(786, 2.23)
(2.23, 'sbs', 70.2)
(123, 'sbs', 123, 'sbs')
('abcd', 786, 2.23, 'sbs', 70.2, 123, 'sbs')
```

元组与字符串类似，可以被索引且下标索引为 0 表示从头部开始，为 -1 表示从末尾开始，元组也可以被截取。其实，字符串可以看作一种特殊的元组。

【例2.7】　元组的输出。

```
tup = (1, 2, 3, 4, 5, 6)
print(tup[0])        #输出结果：1
print(tup[1:5])      #输出结果：(2, 3, 4, 5)
tup[0] = 11          #修改元组元素的操作是非法的
TypeError: 'tuple' object does not support item assignment
```

虽然元组的元素不可改变，但它可以包含可变的对象，比如列表。

因为构造包含 0 或 1 个元素的元组比较特殊，所以有以下额外的语法规则。

（1）tup1 = ()表示空元组。

（2）tup2 = (20,)表示一个元素，需要在元素后添加逗号。

（3）字符串、列表和元组都属于序列（Sequence）。

注意：

（1）与字符串相同，元组的元素不能修改。

（2）元组也可以被索引和截取，与字符串被索引和截取的方法相同。

（3）注意构造包含 0 或 1 个元素的元组的特殊语法规则。

（4）元组也可以使用操作符+连接。

3. 字典

字典（Dictionary）是 Python 中的一种非常有用的内置数据类型。

列表是有序的对象集合，字典是无序的对象集合。两者之间的区别在于，字典中的元素是通过键存取的，而不是通过偏移存取的。

字典是一种映射类型，用 { } 标识，是一个无序的键（key）：值（value）的集合。键必须使用不可变类型。在同一个字典中，每个键都是唯一的。

【例2.8】　字典的应用。

```
#!/usr/bin/python3
dict['one'] = "1 - Python 教程"
dict[2] = "2 - Spyder 工具"
tinydict = {'name':'Pan','code':1, 'site':'www.sbs.edu.cn'}
print (dict['one'])                    #输出键为'one'的值
print (dict[2])                        #输出键为 2 的值
print (tinydict)                       #输出完整的字典
print (tinydict.keys())                #输出所有键
```

```
print (tinydict.values())                    #输出所有值
```

输出结果如下。

```
1 - Python 教程
2 - Spyder 工具
{'name':'Pan', 'code':1, 'site':'www.sbs.edu.cn'}
dict_keys(['name', 'code', 'site'])
dict_values(['Pan', 1, 'www.sbs.edu.cn'])
```

为了构造函数 dict()，需要先删除之前定义的变量 dict，因此执行如下命令。

```
del(dict)
```

然后可以采用如下代码创建字典。

```
dict([('Baidu', 1), ('Google', 2), ('Taobao', 3)])
#输出: {'Baidu':1, 'Google':2, 'Taobao':3}
{x:x**2 for x in (2, 4, 6)}
#输出: {2:4, 4:16, 6:36}
dict(Baidu=1, Google=2, Taobao=3)
#输出: {'Baidu':1, 'Google':2, 'Taobao':3}
```

另外，字典类型也有一些内置函数，例如 clear()函数、keys()函数、values()函数等。

注意：

（1）字典是一种映射类型，它的元素是键值对。

（2）字典的关键字必须为不可变类型，且不能重复。

（3）创建空字典使用 {}。

4. 集合

集合（Set）是由一个或多个形态各异的整体组成的，构成集合的事物或对象称作元素或者成员。集合的基本功能是测试成员关系和删除重复元素。可以使用大括号（{ }）或者 set() 函数创建集合。

注意：创建一个空集合必须用 set() 函数而不是 {}，因为{}是用来创建空字典的。

创建格式如下：

```
parame = {value01,value02,...}
```

或者

```
set(value)
```

【例 2.9】 集合的应用。

```
#!/usr/bin/python3
student = {'Pan', 'Jim', 'Mary', 'Pan', 'Jim', 'Rose'}
```

```
print(student) #输出集合，自动删除重复的元素
#成员测试
if 'Rose' in student:
    print('Rose 在集合中')
else:
    print('Rose 不在集合中')
#set 可以进行集合运算
a = set('abracadabra')
b = set('alacazam')
print(a)
print(a - b) #a 和 b 的差集
print(a | b) #a 和 b 的并集
print(a & b) #a 和 b 的交集
print(a ^ b) #a 和 b 中不同时存在的元素
```

输出结果如下。

```
{'Jim', 'Mary', 'Rose', 'Pan'}
Rose 在集合中
{'r', 'b', 'a', 'c', 'd'}
{'r', 'd', 'b'}
{'r', 'b', 'a', 'm', 'l', 'c', 'd', 'z'}
{'a', 'c'}
{'r', 'b', 'd', 'm', 'z', 'l'}
```

2.3　基本运算和表达式

2.3.1　变量

与 C 语言不同，Python 的变量不需要单独定义，可以直接在赋值的过程中完成定义。当不需要某个变量时，可以使用 del 删除变量名。执行如下命令。

```
del 变量名
```

转换变量类型如下。

（1）float()函数：将其他类型数据转换为浮点数。

（2）str()函数：将其他类型数据转换为字符串。

（3）int()函数：将其他类型数据转换为整型。

2.3.2　算术运算

假设 $a=10$，$b=20$，运算符实例如表 2.1 所示。

表 2.1　运算符实例

运算符	描述	实例
+（加）	两个对象相加	a+b 输出结果 30
−（减）	得到负数或者一个数减去另一个数	a−b 输出结果−10
*（乘）	两个数相乘或者返回一个被重复若干次的字符串	a*b 输出结果 200
/（除）	x 除以 y	b/a 输出结果 2
%（取模）	返回除法的余数	b%a 输出结果 0
**（幂）	返回 x 的 y 次幂	a**b 为 10^{20}
//（取整除）	返回商的整数部分	9//2 输出结果 4，9.0//2.0 输出结果 4.0

算数运算符的优先级（按照从低到高排序，同一行优先级相同）：

+、−;

*, /, //, %;

单目+、单目−;

**。

如果是不同类型的数据运算，会发生隐式类型转换。类型转换的规则如下：低等类型数据向高等类型数据转换，前提是数据可以进行算术运算。类型运算等级从低到高是 bool<int<float<complex。在进行算术运算时，True 代表 1，False 代表 0。

2.4　基本流程控制

2.4.1　顺序控制

Python 以从左到右、从上到下的顺序依次执行每条语句操作。例如：

```
print('查看登录日志')
print('查看操作数字')
```

上述代码的输出结果是：

```
查看登录日志
查看操作数字
```

2.4.2　条件控制（选择控制）

基于条件选择执行语句。例如，如果条件成立，则执行操作 A；或者如果条件成立，则执行操作 A，反之则执行操作 B。

1. if(单一条件)

语法格式：

```
if <条件表达式>:
```

```
#若干语句块
```

说明：条件表达式可以是任何一种逻辑表达式，如果表达式值为 True，则执行 if 语句中的语句；如果表达式的值为 False，则直接执行后面的语句。

2. if...else...

语法格式：

```
if 条件 1:
    语句块 1
else:
    语句块 2
```

说明：else 子句是可选项，若有 else 子句，则布尔表达式的值为 True，执行语句块 1，否则执行语句块 2；若无 else 子句，则布尔表达式的值为 True，执行语句块 1，否则执行 if 后面的语句块。语句块 1 或语句块 2 可以是单语句，也可以是复合语句等。例如，下面的代码：

```
x = 2
if x<2:
    x +=1
else:
    x -=1
```

3. if...elif...else...

语法格式如下：

```
if 条件 1:
    语句块 1
elif 条件 2:
    语句块 2
elif 条件 3:
    语句块 3
...
else:
    执行语句块 n
```

说明：如果"条件 1"为 True，则执行语句块 1。如果"条件 1"为 False，则判断"条件 2"：如果"条件 2"为 True，则执行语句块 2；如果"条件 2"为 False，则判断"条件 3"……依此类推，如果所有条件都不满足，则执行 else 语句块。

【例 2.10】 if...elif...else 实例。

```
name = input('请输入用户名:\n')
```

```
if name == "admin":
    print("超级管理员")
elif name == "user":
    print("普通用户")
elif name == "guest":
    print("客人")
else:
    print("黑名单")
```

4. if 嵌套

语法格式如下：

```
if 表达式 1:
    语句块 1
    if 表达式 2:
        语句块 2
    elif 表达式 3:
        语句块 3
    else:
        语句块 4
elif 表达式 4:
    语句块 5
else:
    语句块 6
```

【例 2.11】 if 嵌套实例。

```
num = int(input("输入一个数字:"))
if num % 2 == 0:
    if num % 3 == 0:
        print('输入的数字既能整除 2 又能整除 3')
    else:
        print('输入的数字只能整除 2，不能整除 3')
else:
    if num % 3 == 0:
        print('输入的数字只能整除 3，不能整除 2')
    else:
        print('输入的数字既不能整除 3，也不能整除 2')
```

5. 三元操作符

Python 中没有传统的?、:运算符，但有相应的处理方式，实现方式如下：

```
variable = a if exper else b
variable = (exper and [b] or [c])[0]
variable = exper and b or c
```

【例 2.12】 三元操作符实例。

```
num1 = int(input('请输入第一个数字:'))
num2 = int(input('请输入第二个数字:'))
num3 = int(input('请输入第三个数字:'))
max_num = 0
max_num = num1 if num1 > num2 else num2
max_num = num3 if num3 > max_num else max_numprint(max_num)
a,b=1,2
max = (a > b and [a] or [b])[0] #list max = (a > b and a or b)
```

2.4.3　循环控制

循环控制又称回路控制，根据循环初始条件和终结要求，执行循环体内的操作。Python 包含如下两类常用的循环。

1. while 循环

在 Python 语言中，while 语句用于循环执行程序，即在某条件下，循环执行某段程序。while 语句的语法格式如下：

```
while 条件:
    执行语句块 1
else:
    执行语句块 2
```

说明：判断条件可以是任何表达式，任何非零或非空（null）的值均为 True。

执行流程：判断 while 后面的条件，如果条件为 True，则开始执行循环体；执行完毕后判断条件，如果条件为 True，则继续执行循环体。

while 中的 else 语句是可选的。这与其他语言的 while 循环有很大区别，其他语言的 while 循环中没有 else 语句块。当 while 中的条件为 False 时，开始执行 else 语句块。如果提供了 else 语句，则一定执行 else 语句块，除非通过 break 语句退出循环。

【例 2.13】 输出小于 5 的数。

```
count = 0
while count < 5:
    print (count, " 小于 5")
    count = count + 1
```

```
else:
    print (count, " 大于或等于 5")
```

【例 2.14】 计算 1 到 100 的总和。

```
i = 0
sum= 0
while i < 100:
    sum+=i
    i+=1
print(sum)
```

【例 2.15】 猜幸运数字游戏。

```
lucky_num = 10
input_num = -1
guess_num = 0
while lucky_num != input_num and guess_num < 3:
    print('Number:',guess_num)
    input_num = int(input('请输入一个数字:'))
    if input_num > lucky_num:
        print("这个数有点大")
    elif input_num < lucky_num:
        print("这个数有点小")
    guess_num += 1
    if lucky_num == input_num:
        print('恭喜你')
    else:
        print('再试一次')
```

2. for...in...循环

for 循环常常使用 in 对序列化对象（如列表、元组等）进行遍历，在 Python 中，最基本的数据结构是序列。序列中的每个元素都被分配一个序号——元素的位置，也称索引。第一个索引是 0，第二个索引是 1，依此类推。序列中的最后一个元素标记为-1，倒数第二个元素标记为-2，依此类推。Python 有 6 种内建的序列，包括列表、元组、字符串、Unicode 字符串、buffer 对象和 xrange 对象。

for...in...循环的语法格式如下：

```
for 元素 in 序列:
    语句块
```

【例 2.16】 for...in...循环的应用。

```
s = 'hello world 666'
```

```
for i in s:
    print(i)
```

【例 2.17】　结合 if...else...使用 for...in...循环。

```
for letter in 'laowang':
    if letter == 'o':                #字母为 o 时跳过输出
        continue
    print ('当前字母 :', letter)
```

【例 2.18】　使用 range()函数寻找质数。

```
for n in range(2, 10):
    for x in range(2, n):
        if n % x == 0:
            print(n, '等于', x, '*', n//x)
            break
    else:
        #没有在循环中找到元素
        print(n, ' 是质数')
```

说明：需要遍历数字序列时，可以使用内置 range()函数。

range()语法格式如下：

```
range(start,end,step=1)
```

例如，range(10)表示从 0 到 10；range(1,10)表示从 1 到 10（默认 step＝1）；range(1,10,2)表示从 1 到 10，且 step＝2，得到的结果是 1，3，5，7，9。

注意：for 循环为迭代循环，可遍历序列成员（字符串、列表、元组），任何可迭代对象（字典、文件等）都可以用在列表解析和生成器表达式中。

2.4.4　循环控制语句

1. break

在 for 循环和 while 循环语句中，当满足某个条件，需要立刻退出当前循环（跳出循环）时，可以用 break 语句退出。简单地说，break 语句会立即退出 for 循环和 while 循环语句，使得其后面的循环代码不被执行。

【例 2.19】　配合 for 循环使用 break 语句。

```
for letter in 'Python':
    if letter == 'h':
        break
    print (letter)
```

【例 2.20】 配合 while 循环使用 break 语句。

```
var = 10
    while var > 0:
    print(var)
    var -= 1
    if var == 5:              #当var是5时跳出循环，执行下面的代码
        break
print("循环结束")
```

2. continue

continue 语句使循环跳过其主体的剩余部分，立即进入下一次循环。

【例 2.21】 配合 while 循环使用 continue 语句。

```
var = 10
    var -= 1
    if var == 3:              #变量为5时跳过输出，继续循环
        continue
    print ('当前变量值:', var)print("循环结束")
```

【例 2.22】 配合 for 循环使用 continue 语句。

```
for letter in 'Python':
    if letter == 'h':
        continue
        print ('continue语句之后...')
    print ('当前字符:', letter)
```

3. pass

当不执行任何命令或代码时，可以使用 pass 语句，此语句表示什么都不做，仅用于"占位"。

【例 2.23】 pass 语句的基础使用。

```
for letter in 'Python':
    if letter == 'h':
        pass                 #什么都不做
        print ('pass')
    print ('当前字母 :', letter)
print ("循环结束...")
```

注意：循环是让计算机做重复任务的有效方法，但是当代码出现错误时，有时会让程序陷入"死循环"，也就是永远地进行循环。此时可以使用快捷键 Ctrl+C 退出程序，或者强制结束 Python 进程。

2.5　函　　数

2.5.1　Python 函数

函数是用来实现单一或相关联功能的一段可重复使用的代码段。函数能提高应用模块性能和代码的重复利用率。Python 提供了许多内建函数，比如 print()，也支持用户创建函数，通常叫作用户自定义函数。

1. 定义一个函数

用户自定义函数需要遵守以下规则：①函数代码块以 def 关键词开头，后面接函数标识符名称和圆括号；②任何传入参数和自变量都必须放在圆括号中间，圆括号之间可以用于定义参数；③函数的第一行语句可以选择性地使用文档字符串，用于存放函数说明；④函数内容以冒号起始，并且缩进；⑤以 return [表达式] 作为结束函数，选择性地返回一个值。不带表达式的 return 函数相当于返回 None。

自定义函数的语法结构如下。

```
def functionname( parameters ):
```

程序语句块

```
return [expression]
```

默认情况下，参数值和参数名称是按函数声明中定义的顺序匹配的。

我们定义一个简单的 Python 函数——printme()，其作用是将一个字符串作为传入参数打印到标准显示设备上。

```
def printme( str ):
    "打印传入的字符串到标准显示设备上"
    print (str)
    return
```

2. 函数调用

定义一个函数除了给函数一个名称，指定函数中包含的参数和代码块结构外，还需要通过另一个函数调用执行，当然也可以直接从 Python 提示符执行。

下面代码调用了 printme()函数：

```
#调用函数
printme("调用自定义函数!");
```

```
printme("再次调用自定义函数");
```

输出结果如下。

调用自定义函数!再次调用自定义函数

3. 参数传递

在 Python 中，类型属于对象，变量是没有类型的，如下面的代码：

```
a=[1,2,3]
a="SBS"
```

其中，[1,2,3] 是 List 类型，SBS 是 String 类型，而变量 a 是没有类型的，它仅是一个对象的引用（一个指针），可以是 List 类型对象，也可以是指向 String 类型对象。

（1）可修改对象与不可修改对象。

在 Python 中，字符串、元组和数字是不可修改的对象，而列表和字典等则是可以修改的对象。

（2）不可变类型。

变量赋值 a=1 后赋值 a=2，此时是新生成一个 int 值对象 2，再让 a 指向 2，1 被丢弃。

（3）可变类型。

变量赋值 b=[1,2,3,4] 后赋值 b[2]=5，则是将列表 b 的第三个元素值 3 更改为 5，b 对象本身没有动，只是其内部的一部分值被修改。

（4）Python 函数的参数传递。

不可变类型：类似于 C++的值传递，如整数、字符串、元组。例如 fun(a)，传递的只是 a 的值，不影响 a 对象本身。在 fun(a)内部修改 a 的值，只是修改另一个复制的对象，不会影响 a 对象本身。

可变类型：类似于 C++的引用传递，如列表、字典。例如，fun(b)是将 b 真正地传递过去，修改后，fun 外部的 b 对象本身也会受影响。

Python 中一切都是对象，严格意义上不能说值传递还是引用传递，应该说传递不可变对象和传递可变对象。

【例 2.24】 Python 中传递不可变对象。

```
#!/usr/bin/python3
#-*- coding: UTF-8 -*-
def ChangeInt(a):
    a = 10
    b = 2
ChangeInt(b)
print (b)                    #结果是 2
```

例 2.23 中指向 int 对象 2 的变量是 b，在传递给 ChangeInt()函数时，按传递值的方式复制了变量 b，a 和 b 都指向了同一个 int 对象。当 a=10 时，新生成一个 int 值对象——10，并让 a 指向它。

【例 2.25】　传递可变对象。

```
#可写函数说明
def changeme( mylist ):
    "修改传入的列表"
    mylist.append([1,2,3,4])
    print ("函数内取值: ", mylist)
    return
#调用 changeme()函数
mylist = [10,20,30];
changeme( mylist );
print ("函数外取值: ", mylist)
```

在例 2.24 中，对象用的是同一个引用，因此输出结果如下。

```
函数内取值: [10, 20, 30, [1, 2, 3, 4]]
函数外取值: [10, 20, 30, [1, 2, 3, 4]]
```

2.5.2　参数

调用函数时可使用的正式参数类型包括必备参数、关键字参数、默认参数、不定长参数、必备参数。必备参数须以正确的顺序传入函数，调用时的数量必须与声明时的数量相等。例如，调用上述自定义的 printme()函数时，必须传入一个参数，否则会出现语法错误 TypeError: printme() takes exactly 1 argument (0 given)。

1. 关键字参数

关键字参数与函数调用关系紧密，函数调用使用关键字参数来确定传入的参数值。由于 Python 解释器能够用参数名匹配参数值，因此允许函数调用时参数的顺序与声明时不一致，这点与其他高级语言不同。

【例 2.26】　在调用函数 printme()时使用参数名。

```
#可写函数说明
def printme( str ): "打印任何传入的字符串"
    print (str)
    return #调用 printme()函数
printme( str = "My string")
```

输出结果如下。

```
My string
```

注意：如果出现错误提示 IndentationError: unexpected indent，则说明代码中的缩进有问题。

【例 2.27】 关键字参数顺序不重要展示。

```
#可写函数说明
def printinfo( name, age ): "打印任何传入的字符串"
    print ("Name: ", name)
    print ("Age ", age)
    return
#调用 printinfo()函数
printinfo(age=50, name="miki")
```

输出结果如下。

```
Name: miki
Age  50
```

2. 默认参数

调用函数时，如果没有传入参数位置上的值，则认为其是默认值。

【例 2.28】 如果 age 没有被传入，则打印默认的 age。

```
#可写函数说明
def printinfo( name, age = 35 ): "打印任何传入的字符串"
    print ("Name: ", name)
    print ("Age ", age)
    return
#调用 printinfo()函数
printinfo( age=50, name="miki" )
printinfo( name="miki" )
```

输出结果如下。

```
Name: miki
Age  50
Name: miki
Age  35
```

3. 不定长参数

如果函数能处理比声明时更多的参数，则这些参数叫作不定长参数，与上述两种参数不同，其声明时不会命名。基本语法如下：

```
    def functionname([formal_args,] *var_args_tuple ): "函数_文档字符串"
function_suite return [expression]
```

加星号（*）的变量名可存放所有未命名的变量参数。

【例 2.29】 不定长参数实例。

```
#可写函数说明
def printinfo( arg1, *vartuple ): "打印任何传入的参数"
    print ("输出: ")          #print arg1 for var in vartuple:
    print (arg1)
    for var in vartuple:
        print(var)
    return
#调用 printinfo()函数
printinfo( 10 )
printinfo( 5, 6, 7 )
```

输出结果如下。

```
输出:
10
输出:
5
6
7
```

2.5.3　匿名函数

Python 使用 lambda 函数创建匿名函数。lambda 的函数体比 def 定义的函数简单,lambda 的函数主体是一个表达式,而不是一个代码块,仅能在 lambda 表达式中封装有限的逻辑。lambda 函数拥有自己的命名空间,且不能访问自有参数列表之外或全局命名空间里的参数。虽然 lambda 函数看起来只能写一行,但不等同于 C 语言或 C++的内联函数,后者的目的是调用小函数时不占用栈内存,从而提高运行效率。

1. 语法

lambda 函数的语法只包含以下语句:

```
lambda [arg1 [,arg2,...argn]]:expression
```

【例 2.30】 lambda 函数实例。

```
#可写函数说明
sum = lambda arg1, arg2: arg1 + arg2;
#调用 sum()函数
print ("相加后的值为 : ", sum( 2, 3 ))
print ("相加后的值为 : ", sum( 3, 4 ))
```

输出结果如下。

相加后的值为 ： 5

相加后的值为 ： 7

2. return 语句

return 语句用于退出函数，选择性地向调用方返回一个表达式。不带参数值的 return 语句返回 None。

【例2.31】 return 语句实例。

```
#可写函数说明
def sum( arg1, arg2 ):
    #返回两个参数的和
    total = arg1 + arg2
    print ("函数内 : ", total return total)
#调用 sum()函数
total = sum( 5, 6 );
```

输出结果如下。

函数内 ： 11

3. 变量作用域

一个程序的所有变量并不是在任意位置都可以访问的。访问权限取决于这个变量的赋值位置。变量的作用域决定了可以在哪一部分程序中访问。Python 有两种最基本的变量：全局变量和局部变量。

定义在函数内部的变量拥有一个局部作用域，定义在函数外部的变量拥有一个全局作用域。

局部变量只能在其被声明的函数内部访问，而全局变量可以在整个程序范围内访问。调用函数时，所有在函数内声明的变量名称都将被添加到作用域中。

【例2.32】 全局变量和局部变量实例。

```
total = 0;            #total 是一个全局变量
#可写函数说明
def sum( arg1, arg2 ):
    #返回两个参数的和
    total = arg1 + arg2;
    #total 在这里是局部变量
    print ("函数内是局部变量 : ", total)
    return total
#调用 sum()函数
```

```
sum( 10, 20 );
print ("函数外是全局变量 : ", total)
```

输出结果如下。

```
函数内是局部变量 : 30
函数外是全局变量 : 0
```

2.6　本 章 小 结

本章主要介绍了 Python 的基本语法，读者若无编程基础，可以学习其他更基础的 Python，也可以上网查询 Python 命令相关的使用方法。

2.7　本 章 习 题

一、填空题

1. 变量名只能由_____、数字、字符组成。

2. 在 Python 编写的代码块中，缩进必须_____。

3. Python 中表示多行注释方式是_____和_____。

4. 在 Python 3 中，True 的值是_____。

5. 在 Python 3 中，False 的值是_____。

6. Python 中的字符串用_____或_____括起来。

7. Python 使用_____转义特殊字符。

8. 索引值为 0 表示从_____开始，为-1 表示从_____开始。

9. 下列代码的输出结果是_____。

```
S='abcdef'
print(S[-1])
```

10. 下列代码的输出结果是_____。

```
S='abc'
print(S*2)
```

11. 代码 print(r'Ru\noob')的输出结果是_____。

12. 下列代码的运行结果是_____。

```
a = [1, 2, 3, 4, 5, 6]
a[2] = 9
print(a)
```

13. 下列代码的运行结果是_____。

```
input='I am a big man'
inputWords = input.split(" ")
inputWords=inputWords[-1::-1]
```

14. 下列代码的输出结果是_____。

```
tuple = ( 'abcd', 786 , 2.23, 'sbs', 70.2 )
print (tuple[1:3])
```

15. 列表是_____的对象集合，字典是_____的对象集合。

16. 下列代码的运行结果是_____。

```
tinydict = {'name': 'Pan','code':1, 'site': 'www.sbs.edu.cn'}
print (tinydict.values())
```

二、判断题

1. 修改列表和元组中的元素是合法的。　　　　　　　　（　　）

2. 下列代码的输出结果是 200。　　　　　　　　　　　（　　）

```
a=10
b=20
print(a**b)
```

3. Python 语言用 define 定义一个函数。　　　　　　　　（　　）

4. Python 语言中 if 语句及其后面的语句可以写在一行。　（　　）

5. Python 语言中的注释方法有/*...*/。　　　　　　　　（　　）

第**3**章

Python 人工智能之路——进阶

 内容导读

在开发人工智能应用之前，还需掌握 Python 中的一些常用的文本和图形处理技巧，如采用正则表达式实现文本的匹配、切分词的技术、图形处理技术、文件读/写技术等。本章以简明的方式介绍了这些技术在 Python 中的实现方法及具体应用，为读者理解后续章节中的人工智能应用打下基础。

学习目标和要求

◇ 了解正则表达式的基本语法和使用方法，理解使用正则表达式实现各种数据匹配的基本思想，掌握 Python 实现正则表达式的技术。
◇ 掌握 Tkinter 库中 Canvas 的图形绘制方法、Turtle 库的图形绘制方法、Matplotlib库的图形绘制方法。
◇ 掌握文件的读/写方法。

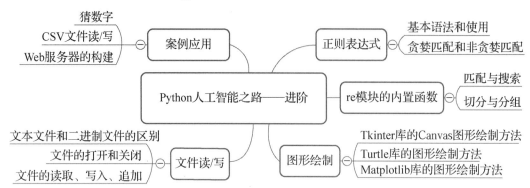

3.1　正则表达式

3.1.1　基本语法和使用

正则表达式是一个字符串，它由两部分构成：正常的文本字符和元字符。元字符是指在正则表达式中具有特殊意义的专用字符，可以用来规定其前导字符（即位于元字符前面的字符）在目标对象中的出现模式。

正则表达式是为了提取和分析文本而提出的，如为了查找字符串"I like artificial intelligence"中的子串"tell"，可以直接构造正则表达式"tell"来提取，但为了提取子串"like""lige""line"，需要构造三个子串。如何能够减少被构造的子串呢？对于这三个子串而言，其中间字符"k""g""n"是不同的，因此，只需要规定特殊的符号"\w"来代表任意字符，就可以构造一个子串"li\w e"，提取字符串"I like artificial intelligence"中的子串"like""lige""line"。特殊字符"\w"就是正则表达式中的元字符。

1. 常用元字符

常用元字符见表3.1。

表 3.1　常用元字符

元字符	含义
.	匹配除换行符以外的任意字符
\b	匹配单词的开始或结束
\d	匹配数字
\w	匹配字母、数字、下画线或汉字
\s	匹配任意空白字符，包括空格、制表符、换行符、中文全角空格等
^	匹配字符串的开始
$	匹配字符串的结束

2. 字符转义

正则表达式使用符号"\"作为转义字符，表示该符号后面的字符具有特殊的意义，如表 3.1 中的"\w"和"\s"等。

3. 重复

若需要匹配字符串"knone""knoone""knooone"，则需要构造限定符，即用限定符描述字符"o"的重复次数。限定符规则见表 3.2。

表 3.2　限定符规则

限定符	含义
*	重复 0 次或者更多次
+	重复 1 次或者更多次
?	重复 0 次或者 1 次
{n}	重复 n 次
{n,}	重复 n 次或更多次
{n,m}	重复 n 到 m 次

4. 字符集合

在正则表达式中，[0-9]与\d 等价，[a-z0-9A-Z]与\w 等价。如，s[0-9]和 s\d 均表示字符 s 后跟一个 0~9 之间的数字。

5. 分支条件

正则表达式使用符号"|"来表示分支选择。

例如，电话号码的表示方式中有一种是 3 位区号加 8 位本地号（如 010-11223344），另一种是 4 位区号加 7 位本地号（0321-1234567），为此需要用到分支条件 0\d{2}-\d{8} | 0\d{3}-\d{7}从左到右依次匹配，前面的条件满足了就运行后面的条件，条件之间是一种"或"的关系。

6. 分组

正则表达式使用括号"()"表示分组，将括号内的项作为一个独立的单元来处理。

例如，为了匹配 192.168.1.1 的 IP 地址，我们发现 IP 地址被符号"."分割为 4 个部分，因此可以用括号进行分组，从而实现了正则表达式的简化，可以构造正则表达式 ((\d{1,3})\.){3}\d{1,3}。

上述正则表达式会匹配出类似于 333.444.555.666 的 IP 地址，不符合 IP 地址的规范，因此需要修改正则表达式，得到新的正则表达式：

```
((25[0-5] | 2[0-4]\d[0-1]\d{2} | [1-9]?\d)\.){3}((25[0-5] | 2[0-4]\
d[0-1]\d{2} | [1-9]?\d)\.)
```

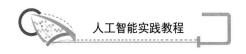

7. 反义规则表

反义规则表见表 3.3。

表 3.3　反义规则表

代码	含义
\W	匹配任意不是字母、数字、下画线、汉字的字符
\S	匹配任意不是空白符的字符
\D	匹配任意非数字的字符
\B	匹配不以单词开头或结束的位置
[^a]	匹配除了 a 以外的任意字符
[^abcde]	匹配除了 a、b、c、d、e 字母以外的任意字符
[^(123！abc)]	匹配除了 a、b、c 和 1、2、3 字符以外的任意字符

正则表达式采用大写字母或符号 "[^]" 表示反义。

8. 注释

注释的格式为(?#comment)，例如\b\w+(?#字符串)\b。

如何确定一个字符串是正则表达式还是普通的字符串呢？此时需要使用模式字符串。模式字符串使用特殊的语法表示正则表达式，字母和数字表示它们自身。大多数字母和数字前加一个反斜杠时会拥有不同的含义。标点符号只有被转义时才匹配自身，否则表示特殊的含义。反斜杠本身需要使用反斜杠转义。如果为了描述字符串中的反斜杠，则需要使用'\\'来匹配这种字符串。表 3.4 列出了正则表达式模式语法中的特殊元素。

表 3.4　正则表达式模式语法中的特殊元素

模式	描述
^	匹配字符串的开头
$	匹配字符串的末尾
.	匹配任意字符，除了换行符，当 re.DOTALL 标记被指定时，可以匹配包括换行符的任意字符
[...]	用来表示一组字符，单独列出，如[amk]匹配 a、m 或 k
[^...]	不在[]中的字符，如[^abc]匹配除了 a、b、c 以外的字符
re*	匹配 0 个或多个表达式
re+	匹配 1 个或多个表达式
re?	匹配 0 个或 1 个由前面的正则表达式定义的片段，非贪婪方式
re{n}	精确匹配 n 个前面表达式。例如，o{2}不能匹配 "Bob" 中的 "o"，但是能匹配 "food" 中的两个 o
re{n,}	匹配 n 个前面表达。例如，o{2,}不能匹配 "Bob" 中的 "o"，但能匹配 "foooood" 中的所有 o。"o{1,}" 等价于 "o+"，"o{0,}" 则等价于 "o*"
re{n, m}	匹配 n 到 m 个由前面的正则表达式定义的片段，贪婪方式
a|b	匹配 a 或 b

续表

模式	描述
(re)	对正则表达式分组并记住匹配的文本
(?imx)	正则表达式包含 3 种可选标志：i、m、x，只影响括号中的区域
(?-imx)	正则表达式关闭 i、m 或 x 可选标志，只影响括号中的区域
(?: re)	类似(...)，但不表示一个组
(?imx: re)	在括号中使用 i、m、x 可选标志
(?-imx: re)	在括号中不使用 i、m、x 可选标志
(?#...)	注释
(?= re)	前向肯定界定符。如果所含正则表达式，以 ... 表示，若与当前位置匹配时，表示成功，否则失败。一旦所含表达式已经尝试，匹配引擎根本没有提高，模式的剩余部分还要尝试界定符的右边
(?! re)	前向否定界定符。与前向肯定界定符相反，当所含表达式不能与字符串当前位置匹配时，表示成功
(?> re)	匹配的独立模式，省去回溯
\w	匹配字母数字及下画线
\W	匹配非字母数字及下画线
\s	匹配任意空白字符，等价于[\t\n\r\f]
\S	匹配任意非空白字符
\d	匹配任意数字，等价于[0-9]
\D	匹配任意非数字，等价于[^0-9]
\A	匹配字符串开始
\Z	匹配字符串结束，如果存在换行，则只匹配到换行前的结束字符串
\z	匹配字符串结束
\G	匹配最后匹配完成的位置
\b	匹配一个单词边界，即单词和空格间的位置。例如，'er\b'可以匹配"never"中的"er"，但不能匹配"verb"中的"er"
\B	匹配非单词边界。例如，'er\B'能匹配"verb"中的"er"，但不能匹配"never"中的"er"
\n, \t, 等.	匹配一个换行符、匹配一个制表符，等等
\1...\9	匹配第 n 个分组的内容
\10	匹配第 n 个分组的内容，如果匹配不成功，则指八进制字符码的表达式

表 3.5 显示了字符匹配的实例。

表 3.5　字符匹配实例

实例	描述
[Pp]ython	匹配"Python"或"python"
rub[ye]	匹配"ruby"或"rube"
[aeiou]	匹配括号内的任一个字母
[0-9]	匹配任意数字，类似于[0123456789]
[a-z]	匹配任意小写字母

续表

实例	描述
[A-Z]	匹配任意大写字母
[a-zA-Z0-9]	匹配任意字母及数字
[^aeiou]	匹配除了 a、e、i、o、u 以外的所有字符
[^0-9]	匹配除了数字以外的所有字符

3.1.2 贪婪匹配和非贪婪匹配

以下面代码为例，讲解贪婪匹配和非贪婪匹配。

```
String str="abcaxc";
Pattern p="ab.*c";
```

贪婪匹配：正则表达式一般趋向于最大长度匹配。如上面使用模式 p 匹配字符串 str，贪婪匹配到字符串 abcaxc(ab.*c)。

非贪婪匹配：匹配到结果即可，最少的匹配字符。如上面使用模式 p 匹配字符串 str，非贪婪匹配到字符串 abc(ab.*?c)。

Python 中默认贪婪模式，而在量词后面直接加上一个问号"?"就是非贪婪模式。

正则表达式中的量词如下。

- {m,n}表示 $m \sim n$ 个。
- *表示任意多个。
- +表示 1 个到多个。
- ? 表示 0 个或 1 个。

【例 3.1】 贪婪匹配实例。

```
import re
#贪婪匹配
greedy_pattern = re.compile(r'ab.*c')  #匹配一个正则表达式格式
greedy_match = greedy_pattern.match('abcaxc')
print("贪婪匹配结果:" + greedy_match.group())
```

【例 3.2】 非贪婪匹配实例。

```
import re
#非贪婪匹配
exact_pattern = re.compile(r'ab.*?c')
exact_match = exact_pattern.match('abcaxc')
print("非贪婪匹配结果:" + exact_match.group())
```

常用非贪婪匹配模式如下。

- *?：重复任意次，但尽可能少重复。
- +?：重复 1 次或更多次，但尽可能少重复。
- ??：重复 0 次或 1 次，但尽可能少重复。
- {n,m}?：重复 $n\sim m$ 次，但尽可能少重复。
- {n,}?：重复 n 次以上，但尽可能少重复。

3.2　re 模块的内置函数

在 3.1 节中用到了 Python 的标准库——re 库，本节将详细介绍 re.match()函数、re.search()函数、findall()函数、refinditer()函数的用法。

3.2.1　匹配与搜索

1. re.match()函数

re.match()函数尝试从字符串的起始位置匹配一个模式，如果起始位置匹配不成功，则 match()返回 None。

函数语法如下：

```
re.match(pattern, string, flags=0)
```

re.match()函数的参数说明见表 3.6。

表 3.6　re.match()函数的参数说明

参数	描述
pattern	匹配正则表达式
string	匹配字符串
flags	标志位，用于控制正则表达式的匹配方式，如是否区分大小写、多行匹配等。参见正则表达式修饰符——可选标志

匹配成功时，re.match()函数返回一个匹配的对象，否则返回 None。此外，Python 可以采用修饰符控制匹配的模式（即 flags 的值），如将 re.I、re.M 设置成 I 或 M 标志。修饰符的种类见表 3.7。

表 3.7　修饰符的种类

修饰符	描述
re.I	使匹配对字母大小写不敏感
re.L	做本地化识别匹配
re.M	多行匹配，影响^和$
re.S	使匹配包括换行符在内的所有字符
re.U	根据 Unicode 字符集解析字符，这个标志影响\w, \W, \b, \B
re.X	给予更灵活的格式，以便将正则表达式写得更易理解

group(num)或 groups()匹配对象函数如表 3.8 所示，它们能获取匹配表达式。

表 3.8　group(num)和 groups()匹配对象函数

匹配对象函数	描述
group(num)	匹配整个表达式的字符串，group()函数可以一次输入多个组号，在这种情况下，它将返回一个包含这些组对应值的元组
groups()	返回一个包含所有小组字符串的元组，从 1 到 n 所含的小组号

【例 3.3】　re.match()函数的实例。

```
import re
print(re.match('www','www.sbs.edu.cn').span())        #在起始位置匹配
print(re.match('sbs','www.sbs.edu.cn'))               #不在起始位置匹配
```

输出结果如下。

```
(0, 3)
None
```

　　注意：如果匹配的字符不在字符串的起始位置，则使用函数 span()时会报错 AttributeError: 'NoneType' object has no attribute 'span'.

【例 3.4】　匹配对象函数的实例。

```
import re
line = "I am a happy student"
matchObj = re.match( r'(.*) a (.*?) .*', line, re.M|re.I)
if matchObj:
    print ("matchObj.group() : ", matchObj.group())
    print ("matchObj.group(1) : ", matchObj.group(1))
    print ("matchObj.group(2) : ", matchObj.group(2))
else:
    print ("No match!!")
```

输出结果如下。

```
matchObj.group() :  I am a happy student
matchObj.group(1) :  I am
matchObj.group(2) :  happy
```

2. re.search()函数

re.search()函数扫描整个字符串并返回第一个成功的匹配。该函数的语法格式如下：

```
re.search(pattern, string, flags=0)
```

re.search()函数的参数说明见表 3.9。

表 3.9　re.search()函数的参数说明

参数	描述
pattern	匹配正则表达式
string	匹配字符串
flags	标志位，用于控制正则表达式的匹配方式，如是否区分大小写、多行匹配等

在匹配成功时，re.search()函数返回一个匹配对象，否则返回 None。当然，也可以使用 group(num)或 groups()匹配对象函数（表 3.9）获取匹配表达式。

【例 3.5】　re.search()函数的匹配实例。

```
import re
print(re.search('www', 'www.sbs.edu.cn').span())   #在起始位置匹配
print(re.search('cn', 'www.sbs.edu.cn').span())    #不在起始位置匹配
```

输出结果如下。

```
(0, 3)
(12, 14)
```

【例 3.6】　一个匹配应用实例。

```
import re
line = "I am Chinese and I love my motherland!"
searchObj = re.search( r'(.*) and (.*?) .*', line, re.M|re.I)
                              #注意(.*?)后有一个空格
if searchObj:
    print ("searchObj.group() : ", searchObj.group())
    print ("searchObj.group(1) : ", searchObj.group(1))
    print ("searchObj.group(2) : ", searchObj.group(2))
else:
    print ("Nothing found!!")
```

输出结果如下。

```
searchObj.group() :  I am Chinese and I love my motherland!
searchObj.group(1) :  I am Chinese
searchObj.group(2) :  I
```

re.match()函数只匹配字符串的开始，如果字符串开始不符合正则表达式，则匹配失败，函数返回 None；re.search()函数匹配整个字符串，直到找到一个成功的匹配。

【例 3.7】　re.search()函数的实例。

```
import re
```

```
line = "Cats are smarter than dogs";
matchObj = re.match( r'dogs', line, re.M|re.I)
if matchObj:
    print ("match --> matchObj.group() : ", matchObj.group())
else:
    print ("No match!!")
matchObj = re.search( r'dogs', line, re.M|re.I)
if matchObj:
    print ("search --> matchObj.group() : ", matchObj.group())
else:
    print ("No match!!")
```

输出结果如下。

```
No match!!
 search --> matchObj.group() :  dogs
```

3. findall()函数

在字符串中找到正则表达式匹配的所有子串，并返回一个列表；如果没有找到匹配的子串，则返回空列表。

注意：re.match()函数和re.search()函数都是匹配出一个子串就停止，而findall()函数是匹配出所有的子串。

findall()函数的语法格式如下：

```
findall(string[, pos[, endpos]])
```

findall()函数的参数说明见表3.10。

表3.10　findall()函数的参数说明

参数	描述
string	待匹配的字符串
pos	可选参数，指定字符串的起始位置，默认为0
endpos	可选参数，指定字符串的结束位置，默认为字符串的长度

【例3.8】 查找字符串中的所有数字。

```
import re
pattern = re.compile(r'\d+') #匹配一个正则表达式格式
#查找数字
result1 = pattern.findall('sbs 123 edu 456')
result2 = pattern.findall('sbs88edu123cn456', 0, 10)
print(result1)
```

```
print(result2)
```

输出结果如下。

```
['123', '456']
['88', '12']
```

4. re.finditer()函数

与 findall()函数的功能类似，re.finditer()函数的作用是在字符串中找到正则表达式匹配的所有子串，并把它们作为一个迭代器返回。re.finditer()函数的语法格式如下：

```
re.finditer(pattern, string, flags=0)
```

re.finditer()函数的参数说明见表 3.11。

表 3.11　re.finditer()函数的参数说明

参数	描述
pattern	匹配正则表达式
string	匹配字符串
flags	标志位，用于控制正则表达式的匹配方式，如是否区分字母大小写、多行匹配等。flags 的具体参数参见表 3.7

【例 3.9】　re.finditer()函数的实例。

```
import re
it = re.finditer(r"\d+","12a32bc43jf3")
for match in it:
    print (match.group() )
```

输出结果如下。

```
12
32
43
3
```

3.2.2　切分与分组

1. re.split()函数

re.split()函数按照能够匹配的子串将字符串分割后返回列表。它的语法格式如下：

```
re.split(pattern, string[, maxsplit=0, flags=0])
```

re.split()函数的参数说明见表 3.12。

表 3.12   re.split()函数的参数说明

参数	描述
pattern	匹配正则表达式
string	匹配字符串
maxsplit	分割次数，maxsplit=1 表示分割一次；默认为 0，不限制次数
flags	标志位，用于控制正则表达式的匹配方式，如是否区分字母大小写、多行匹配等。flags 的具体参数参见表 3.7

【例 3.10】   re.split()函数的实例。

```
import re
re.split('\W+', 'www, sbs, edu, cn.') #\W 表示匹配不是字母的符号，即匹配逗号和
                                      #点号
#程序输出：['www', 'sbs', 'edu', 'cn', '']
re.split('(\W+)', 'www, sbs, edu, cn.')#(\W+)表示对字符串中所有符号进行分组
#程序输出：['www', ', ', 'sbs', ', ', 'edu', ', ', 'cn', '.', '']
re.split('\W+', 'www, sbs, edu, cn.', 1)#表示输出 2 个分组，类似于数组中的
                                        #0 位和 1 位
#程序输出：['www', 'sbs, edu, cn.'] #0 位是 www，1 位是 sbs, edu, cn
re.split('\W+', 'www, sbs, edu, cn.', 2)#表示输出 3 个分组
#程序输出：['www', 'sbs', 'edu, cn.']
re.split('\W+', 'www, sbs, edu, cn.', 4)#表示输出 5 个分组
#程序输出：['www', 'sbs', 'edu', 'cn', '']
re.split('a*', 'hello world')
#对于一个找不到匹配的字符串而言，split()函数不会对其作出分割，因此程序输出
#['hello world']
```

2. re.sub()函数

Python 的 re 库提供了 re.sub()函数来替换字符串中的匹配项。re.sub()函数的语法结构如下：

```
re.sub(pattern, repl, string, count=0, flags=0)
```

re.sub()函数的参数说明见表 3.13。

表 3.13   re.sub()函数的参数说明

参数	描述
pattern	正则表达式中的模式字符串
repl	替换的字符串，也可以为一个函数
string	要被查找替换的原始字符串
count	模式匹配后替换的最大次数，默认为 0，表示替换所有的匹配

【例 3.11】 rd.sub()函数的实例。

```
import re
phone = "25-6541-2639              #这是一个国外的电话号码"
#删除字符串中的 Python 注释
num = re.sub(r'#.*$', "", phone)   #$表示从字符串末尾进行匹配
print ("电话号码是: ", num)
#删除非数字(-)的字符串
num = re.sub(r'\D', "", phone)     #\D 表示匹配非数字
print ("电话号码是: ", num)
```

输出结果如下。

```
电话号码是: 25-6541-2639
电话号码是: 2565412639
```

此外，参数 repl 也可以是一个函数，看下面的例子。

【例 3.12】 将字符串中匹配的数字乘以 2 的实例。

```
import re
#将字符串中匹配的数字乘以 2
def double(matched):
    value = int(matched.group('value'))
    return str(value * 2)
s = 'A23G4HFD567'
print(re.sub('(?P<value>\d+)', double, s)) #?P<value>为正则表达式的命名捕获,
                    #将 value 用于 double()函数的 matched.group('value')中
```

输出结果如下:

```
A46G8HFD1134
```

3. re.compile()函数

re.compile()函数用于编译正则表达式，生成一个正则表达式对象，供 match()和 search() 两个函数使用。

re.compile()函数的语法格式如下:

```
re.compile(pattern[, flags])
```

re.compile()函数的参数说明见表 3.14。

表 3.14 re.compile()函数的参数说明

参数	描述
pattern	一个字符串形式的正则表达式
flags	可选，表示匹配模式，比如忽略字母大小写、多行模式等。flags 的具体参数见表 3.7

【例 3.13】 re.compile()函数的实例。

```
import re
pattern = re.compile(r'\d+')              #匹配至少一个数字
m = pattern.match('one12twothree34four')  #查找头部，没有匹配
print (m)
#程序输出结果：None
m = pattern.match('one12twothree34four', 2, 10)  #从'e'的位置开始匹配，
                                                 #没有匹配
print (m)
#程序输出结果：None
m = pattern.match('one12twothree34four', 3, 10)  #从'1'的位置开始匹配，
                                                 #正好匹配
print (m)
#程序输出结果：<re.Match object; span=(3, 5), match='12'>
m.group(0)        #可省略 0
#程序输出结果：'12'
m.start(0)        #可省略 0
#程序输出结果：3
m.end(0)          #可省略 0
#程序输出结果：5
m.span(0)         #可省略 0
#程序输出结果：(3, 5)
```

在例 3.13 中，当匹配成功时返回一个 match 对象，match 对象还包括如下函数。

- group([group1, ...]) 函数用于获取一个或多个分组匹配的字符串，当要获得整个匹配的子串时，可直接使用 group() 或 group(0)。
- start([group]) 函数用于获取分组匹配的子串在整个字符串中的起始位置（子串第一个字符的索引），参数默认值为 0。
- end([group]) 函数用于获取分组匹配的子串在整个字符串中的结束位置（子串最后一个字符的索引+1），参数默认值为 0。
- span([group]) 函数返回 (start(group), end(group))。

【例 3.14】 match()函数的实例。

```
import re
pattern = re.compile(r'([a-z]+)([a-z]+)', re.I)  #re.I 表示忽略字母大小写
m = pattern.match('Hello World Wide Web')
print (m)          #匹配成功，返回一个 match 对象
#程序输出结果：<re.match object; span=(0, 11), match='Hello World'>
m.group(0)         #返回匹配成功的整个子串
```

```
#程序输出结果：'Hello World'
m.span(0)        #返回匹配成功的整个子串的索引
#程序输出结果：(0, 11)
m.group(1)       #返回第一个分组匹配成功的子串
#程序输出结果：'Hello'
m.span(1)        #返回第一个分组匹配成功的子串的索引
#程序输出结果：(0, 5)
m.group(2)       #返回第二个分组匹配成功的子串
#程序输出结果：'World'
m.span(2)        #返回第二个分组匹配成功的子串的索引
#程序输出结果：(6, 11)
m.groups()       #等价于 (m.group(1), m.group(2), ...)
#程序输出结果：('Hello', 'World')
m.group(3)       #不存在第三个分组
#程序输出结果：Traceback (most recent call last): File "<ipython-input-99-
#974525c8e304>", line 1, in <module> m.group(3)
```

3.3　图　形　绘　制

3.3.1　Tkinter 库的 Canvas 图形绘制方法

1. Canvas 绘图的基本方法

Tkinter 库中的画布（Canvas）组件与 HTML 5 中的画布相同，都是用来绘图的，可以将图形、文本、小部件或框架放置在画布上。

Canvas 的语法格式如下：

```
w = Canvas ( master, option=value, ... )
```

其中，参数意义如下。

● master：按钮的父容器。

● options：可选项，即该按钮可设置的属性。这些选项可以用"键 = 值"的形式设置，并以逗号分隔，如 bd=5；bg=red，"键"的可选项及其描述如表 3.15 所示。

表 3.15　"键"的可选项及其描述

序号	可选项	描述
1	bd	边框宽度，单位为像素，默认为 2 像素
2	bg	背景色
3	confine	如果为 True（默认），画布不能滚动到可滑动的区域外
4	cursor	光标的形状设定，如 arrow、circle、cross、plus 等

序号	可选项	描述
5	height	高度
6	highlightcolor	颜色高亮
7	relief	边框样式，可选值为 flat、sunken、raised、groove、ridge，默认为 flat
8	scrollregion	一个元组 tuple (w, n, e, s)，定义了画布可滚动的最大区域，w 表示左边，n 表示头部，e 表示右边，s 表示底部
9	width	画布在坐标 x 轴上的宽度
10	xscrollincrement	用于请求水平滚动的数量值
11	xscrollcommand	水平滚动条，如果画布是可滚动的，则该属性是水平滚动条的.set()方法
12	yscrollincrement	类似于 xscrollincrement，但是为垂直方向
13	yscrollcommand	垂直滚动条，如果画布是可滚动的，则该属性是垂直滚动条的.set()方法

2. Canvas 组件支持的标准选项

Canvas 组件支持的标准选项如下。

● arc——创建弧/曲线。

```
coord = 10, 50, 240, 210
arc = canvas.create_arc(coord, start=0, extent=150, fill="blue")
```

● image——创建一个图像。

```
filename = PhotoImage(file = "sunshine.gif")
image = canvas.create_image(50, 50, anchor=NE, image=filename)
```

● line——创建线条。

```
line = canvas.create_line(x0, y0, x1, y1, ..., xn, yn, options)
```

● oval——创建椭圆。

```
oval = canvas.create_oval(x0, y0, x1, y1, options)
```

● polygon——创建至少有三个顶点的多边形。

```
polygon = canvas.create_polygon(x0, y0, x1, y1,...xn, yn, options)
```

3. Canvas 画布上的函数图形绘制

Canvas 提供了 create_rectangle()方法绘制矩形和 create_oval()方法绘制椭圆（包括圆，圆是椭圆的特例）。此外，Canvas 还提供了如下方法来绘制其他图形。

- create_arc()：绘制弧。
- create_bitmap()：绘制位图。
- create_image()：绘制图片。
- create_line()：绘制直线。
- create_polygon()：绘制多边形。
- create_text()：绘制文字。
- create_window()：绘制组件。

Canvas 的坐标系统是绘图的基础，其中点(0,0)位于 Canvas 组件的左上角，x 轴水平向右延伸，y 轴垂直向下延伸。

绘制上面图形时需要简单的几何基础。

- 在使用 create_line()绘制直线时，需要指定两个点的坐标，分别作为直线的起点和终点。
- 在使用 create_rectangle()绘制矩形时，需要指定两个点的坐标，分别作为矩形左上角点和右下角点的坐标。
- 在使用 create_oval()绘制椭圆时，需要指定两个点的坐标，分别作为左上角点和右下角点的坐标来确定一个矩形，而该方法用于绘制该矩形的内切椭圆。只要矩形确定下来，该矩形的内切椭圆就能确定下来，而 create_oval() 方法所需的两个坐标用于指定该矩形的左上角点和右下角点的坐标。

与 create_oval()的用法相似，在使用 create_arc()绘制弧时，由于弧是椭圆的一部分，因此同样指定左上角点和右下角点的坐标，默认绘制总是从 3 点（0）开始，逆时针旋转 90° 的弧。程序可通过 start 改变弧的起始角度，也可通过 extent 改变弧的转过角度。

在使用 create_polygon()绘制多边形时，需要指定多个点的坐标，作为多边形的多个顶点；在使用 create_bitmap()、create_image()、create_text()、create_window()等方法时，只要指定一个坐标点，用于指定目标元素的绘制位置即可。

在绘制以上图形时可指定如下选项。

- fill：指定填充颜色。如果不指定该选项，默认不填充。
- outline：指定边框颜色。
- width：指定边框宽度。如果不指定该选项，边框宽度默认为1。
- dash：指定边框使用虚线。该属性值既可为单独的整数，用于指定虚线中线段的长度；又可为形如（5,2,3）格式的元素，此时 5 指定虚线中线段的长度，2 指定间隔的长度，3 指定虚线的长度，依此类推。
- stipple：使用位图平铺进行填充。该选项可与 fill 选项结合使用，fill 选项用于指定位图的颜色。
- style：指定绘制弧的样式。该选项仅对 create_arc()方法起作用。该选项支持 pieslice（扇形）、chord（弓形）、arc（仅绘制弧）选项值。
- start：指定绘制弧的起始角度。该选项仅对 create_arc()方法起作用。

- extent：指定绘制弧的角度。该选项仅对 create_arc()方法起作用。
- arrow：指定绘制直线时两端是否有箭头。该选项支持 none（两端无箭头）、first（开始端有箭头）、last（结束端有箭头）、both（两端都有箭头）选项值。
- arrowshape：指定箭头形状。该选项是一个形如"20 20 10"的字符串，字符串中的 3 个整数依次指定填充长度、箭头长度、箭头宽度。
- joinstyle：指定直接连接点的风格。该选项仅对绘制直线和多边形有效，支持 metter、round、bevel 选项值。
- anchor：指定绘制文字、GUI 组件的位置。该选项仅对 create_text()、create_window()方法有效。
- justify：指定文字的对齐方式。该选项支持 center、left、right 常量值，仅对 create_text()方法有效。

3.3.2 Turtle 库的图形绘制方法

1. Turtle 库绘图的基本方法

Turtle 库是 Python 中一个很流行的绘制图像的函数库，从(0,0)位置开始，根据一组函数指令的控制，在平面坐标系中绘制图形。

（1）画布（Canvas）。画布是指 Turtle 展开的用于绘图的区域，可以设置它的尺寸和初始位置。

设置画布尺寸规格的语法如下：

```
turtle.screensize(canvwidth=None, canvheight=None, bg=None)
```

其中，参数分别为画布的宽（单位像素）、高和背景颜色。举例如下。

- turtle.screensize(800,600, "green")。

  返回默认尺寸(800, 600)。

- turtle.setup(width=0.5, height=0.75, startx=None, starty=None)。

  setup()设置窗体大小及位置，参数 width 和 height 分别表示输入宽和高，这两个数为整数时，表示像素；width 和 height 为小数时，表示占据计算机屏幕的比例。(startx, starty)表示矩形窗口左上角顶点的位置，如果为空，则窗口位于屏幕中心。

  例如，turtle.setup(width=0.6,height=0.6)。

  turtle.setup(width=800,height=800, startx=100, starty=100)。

（2）画笔。在画布上，默认有一个坐标原点为画布中心的坐标轴，坐标原点上有一支面向 x 轴正方向的画笔。

（3）画笔的属性。

- turtle.pensize()：设置画笔的宽度。
- turtle.pencolor()：如没有参数传入，则返回当前画笔颜色；如传入参数，则设置画笔颜色，可以是字符串如 green、red，也可以是 RGB 三元组。

- turtle.speed(speed)：设置画笔的移动速度，为[0,10]范围内的整数，数字越大，移动速度越快。

2. 绘图命令

画笔绘图操作有许多命令，这些命令可以分为：画笔运动命令、画笔控制命令、全局控制命令和其他命令。

（1）画笔运动命令见表 3.16。

表 3.16　画笔运动命令

命令	说明
turtle.forward(distance)	向当前画笔方向移动 distance 像素长度
turtle.backward(distance)	向当前画笔相反方向移动 distance 像素长度
turtle.right(degree)	顺时针移动 degree
turtle.left(degree)	逆时针移动 degree
turtle.pendown()	移动时绘制图形，缺省时也为绘制图形
turtle.goto(x,y)	将画笔移动到坐标为（x,y）的位置
turtle.penup()	提起画笔移动，不绘制图形，用于在另一个地方绘制
turtle.circle()	画圆，半径为正（负），表示圆心在画笔的左边（右边）画圆
setx( )	将当前 x 轴移动到指定位置
sety( )	将当前 y 轴移动到指定位置
setheading(angle)	设置当前朝向为 angle 角度
home()	设置当前画笔位置为原点，朝向东
dot(r)	绘制一个指定直径和颜色的圆点

（2）画笔控制命令见表 3.17。

表 3.17　画笔控制命令

命令	说明
turtle.fillcolor(colorstring)	绘制图形的填充颜色
turtle.color(color1, color2)	同时设置 pencolor=color1, fillcolor=color2
turtle.filling()	返回填充状态
turtle.begin_fill()	准备开始填充图形
turtle.end_fill()	填充完成
turtle.hideturtle()	隐藏画笔的 Turtle 形状
turtle.showturtle()	显示画笔的 Turtle 形状

（3）全局控制命令见表3.18。

表3.18　全局控制命令

命令	说明
turtle.clear()	清空 Turtle 窗口，但是 Turtle 的位置和状态不改变
turtle.reset()	清空 Turtle 窗口，重置 Turtle 状态为起始状态
turtle.undo()	撤销上一个 Turtle 动作
turtle.isvisible()	返回当前 Turtle 是否可见
stamp()	复制当前的图形
turtle.write(s [,font=("font-name",font_size,"font_type")])	写文本，s 为文本内容，font 为字体的参数，分别为字体名称、尺寸和类型。font 是可选项，font 参数也是可选项

（4）其他命令见表3.19。

表3.19　其他命令

命令	说明		
turtle.mainloop()或 turtle.done()	启动事件循环，调用 Tkinter 库的 mainloop()函数，必须是 Turtle 图形程序中的最后一个语句		
turtle.mode(mode=None)	设置 Turtle 模式（"standard""logo"或"world"）并执行重置。如果没有给出模式，则返回当前模式		
	模式	初始 Turtle 标题	正角度
	standard	向右（东）	逆时针
	logo	向上（北）	顺时针
turtle.delay(delay=None)	设置或返回以毫秒为单位的绘图延迟		
turtle.begin_poly()	开始记录多边形的顶点。当前 Turtle 位置是多边形的第一个顶点		
turtle.end_poly()	停止记录多边形的顶点。当前 Turtle 位置是多边形的最后一个顶点，将与第一个顶点相连		
turtle.get_poly()	返回最后记录的多边形		

3. 命令详解

```
turtle.circle(radius, extent=None, steps=None)
```

该命令的作用是以给定的半径画圆，其参数含义如下。

● radius（半径）：半径为正（负），表示圆心在画笔的左边（右边）画圆。

● extent（弧度）（optional）：弧度角度，当无该参数或者该参数为 None 时，绘制整个圆形。

● steps（optional）：做半径为 radius 的圆的内切正多边形，多边形边数为 steps。

4. Turtle 图形绘制

【例 3.15】 绘制太阳花图形。

```
import turtle
import time
#同时设置 pencolor=color1, fillcolor=color2
turtle.color("red", "yellow")
turtle.begin_fill()        #准备启动
for _ in range(50):
    turtle.forward(200)
    turtle.left(170)
    turtle.end_fill()
turtle.mainloop()          #启动事件循环
```

绘制太阳花图形程序运行结果如图 3.1 所示。

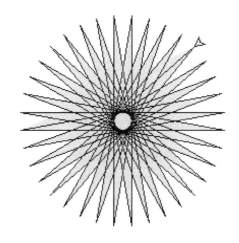

图 3.1 绘制太阳花图形程序运行结果

3.3.3 Matplotlib 库的图形绘制方法

1. 环境安装和基本方法

Matplotlib 库是一个类似于 MATLAB 的绘图库,使用还是比较方便的。其基本使用方法如下。

（1）安装。使用如下安装命令:

```
pip install matplotlib
```

可能还需要如下命令:

```
sudo apt -get install python -tk
```

（2）基本使用方法。

Matplotlib 库的导入方式为 `import matplotlib.pyplot as plt`。

plt 包含以下函数。

- plt.ylabel()：设置坐标轴名称。
- plt.axis()：设置横、纵坐标范围。
- plt.savefig()：保存图片到当前目录下，默认为 png 格式。
- plt.show()：显示图形。
- plt.subplot(nrows, ncols, plot_number)：划分绘图区域并选定某特定区域，其中 nrows 和 ncols 分别为分割区域的行数和列数，plot_number 为当前绘图区域（注意，该值是按一行一行方式计算的）。

如果绘制图形区域不是规则地划分，则需要用到辅助 subplot 设计的函数 subplot2grid()。其基本理念如下：设定网络，选中网络，确定选中行列区域数量，编号从 0 开始。例如：

```
plt.subplot2grid(GridSpec, CurSpec, colspan=1, rowspan=1)
```

其中，参数 GridSpec 为区域划分，参数 CurSpec 为选定位置，参数 colspan 和 rowspan 分别为列和行的延伸。

2. plot()函数

plot()函数的语法格式如下：

```
plt.plot(x, y, format_string, **kwargs)
```

其中，x 为 x 轴数据，为列表或 numpy 数组；y 为 y 轴数据；format_string 为控制曲线格式的字符串；**kwargs 为可以多组放置前 3 个参数，绘制在一张图中（例如绘制多条曲线，此时 x 不可省略）。format_string 由颜色字符、风格字符和标记字符组成。

（1）常用的颜色字符。

可用 color='green'来设定颜色字符，常用颜色字符如下。

- 'b'：蓝色。
- 'm'：洋红色。
- 'g'：绿色。
- 'y'：黄色。
- 'r'：红色。
- 'k'：黑色。
- 'w'：白色。
- '#0080000'：RGB 某颜色。
- '0.8'：灰度值字符串。

（2）常用的风格字符。

可用 linestyle='dashed'设定常用的风格字符，风格字符如下。

- '-'：实线。
- '--'：破折线。
- '-.'：点画线。
- ':'：虚线。

（3）常用的标记字符。

可用 marker='o'设定常用的标记字符，常用的标记字符如下。

- '.'——点；','——像素（极小点）；'o'——实心圈；'∨'——倒三角；'^'——上三角；'>'——右三角；'<'——左三角；'1'——下花三角。
- '2'——上花三角；'3'——左花三角；'4'——右花三角；'s'——实心方形；'p'——实心五角；'*'——星形；'h'——竖六边形。
- 'H'——横六边形；'+'——十字；'x'——标记；'D'——菱形；'d'——瘦菱形；'|'——垂直线。

3. pyplot 的中文显示

一般中文不能显示在 pyplot 中，如果要在图中添加中文，一种方法可以使用 rcParams 修改字体。

rcParams 的属性（会改变图中所有的字体）如下。

- font.family：用于显示字体名称。
- font.style：字体风格，正常为 normal 或斜体为 italic。
- font.size：字体尺寸，使用整数字号。

另一种方法更加实用简单——增加一个 fontproperties 属性。由于这种方法可局部修改字体，因此更推荐使用。

除了 plt.xlabel()、plt.ylabel()文本显示函数外，还包括其他文本显示函数：plt.title()对图形整体增加文本标签；plt.text()在任意位置增加文本；plt.annotate()在图形中增加带箭头的注释。

4. 常用的基础图表函数

常用的基础图表函数包括：plt.plot()——绘制坐标图；plt.boxplot()——绘制箱形图；plt.bar()——绘制条形图；plt.barh()——绘制横向条形图；plt.polar()——绘制极坐标图；plt.pie()——绘制饼图；plt.psd()——绘制功率谱密度图；plt.specgram()——绘制谱图；plt.cohere()——绘制 X-Y 的相关性函数图；plt.scatter()——绘制散点图；plt.step()——绘制布阶图；plt.hist()——绘制直方图；plt.contour()——绘制等值图；plt.vlines()——绘制垂直图；plt.stem()——绘制柴火图；plt.plot_date()——绘制数据日期。

【例 3.16】　二维函数图形绘制实例。

```
from mpl_toolkits.mplot3d import Axes3D
import numpy as np
from matplotlib import pyplot as plt
```

```
fig = plt.figure()
ax = Axes3D(fig)
x = np.arange(-2 * np.pi, 2 * np.pi, 0.1)
y = np.arange(-2 * np.pi, 2 * np.pi, 0.1)
X, Y = np.meshgrid(x, y) #创建网格，生成二维数组
print(type(X),X)
Z=4*np.sin(X)+Y**2
plt.xlabel('x')
plt.ylabel('y')
ax.plot_surface(X, Y, Z, rstride=1, cstride=1, cmap='rainbow')
plt.show()
```

例 3.16 的运行结果如图 3.2 所示。

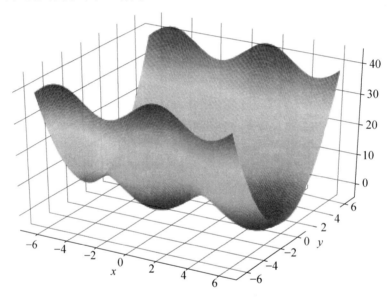

图 3.2 例 3.16 的运行结果

3.4 文件读/写

3.4.1 文本文件和二进制文件的区别

文本文件和二进制文件的区别如下。

文本文件：可以使用文本编辑器软件查看，本质上还是二进制文件，例如 Python 的源程序。

二进制文件：读者不能直接阅读保存的内容，而是提供给其他软件使用的如图片文件、音频文件、视频文件等。二进制文件不能使用文本编辑软件查看。

3.4.2　文件的打开和关闭

1. open()函数

使用 open()函数创建或打开一个文件，并返回文件对象，在处理文件时都需要使用这个函数，如果该文件无法被打开，会显示 OSError。

注意：使用 open()函数时，一定要调用 close()函数关闭文件对象。

open()函数有两个参数，文件名(file)和模式(mode)。该函数的一般语法格式如下：

```
open(file, mode='r')
```

open()函数的完整语法格式如下：

```
open(file, mode='r', buffering=-1, encoding=None, errors=None, newline=
None, closefd=True, opener=None)
```

open()函数的参数说明如下。

- file：必选项，文件路径（相对路径或者绝对路径）。
- mode：可选项，文件打开模式。
- buffering：设置缓冲。
- encoding：一般使用 utf8。
- errors：报错级别。
- newline：区分换行符。
- closefd：传入的 file 参数类型。
- opener：返回一个打开的文件描述。

mode 参数说明见表 3.20。

表 3.20　mode 参数说明

参数	描述
t	文本模式（默认）
x	写模式，新建一个文件，如果该文件已存在，则报错
b	二进制模式
+	打开一个文件进行更新（可读、可写）
U	通用换行模式（不推荐）
r	以只读方式打开文件，文件的指针将会在文件的开头，这是默认模式
rb	以二进制格式打开一个文件作为只读文件，文件指针将会在文件的开头，这是默认模式，一般用于非文本文件，如图片等
r+	打开一个文件进行读/写，文件指针将会在文件的开头
rb+	以二进制格式打开一个文件进行读/写，文件指针将会在文件的开头，一般用于非文本文件，如图片等
w	打开一个文件只进行写入。如果该文件已存在，则打开文件，并从开头开始编辑，即原有内容会被删除；如果该文件不存在，则创建新文件

参数	描述
wb	以二进制格式打开一个文件只进行写入。如果该文件已存在，则打开文件，并从开头开始编辑，即原有内容会被删除；如果该文件不存在，则创建新文件。一般用于非文本文件，如图片等
w+	打开一个文件进行读/写。如果该文件已存在，则打开文件，并从开头开始编辑，即原有内容会被删除；如果该文件不存在，则创建新文件
wb+	以二进制格式打开一个文件进行读/写。如果该文件已存在，则打开文件，并从开头开始编辑，即原有内容会被删除；如果该文件不存在，则创建新文件。一般用于非文本文件，如图片等
a	打开一个文件进行追加。如果该文件已存在，则文件指针将会在文件的结尾。也就是说，新的内容将会写入已有内容之后。如果该文件不存在，则创建新文件进行写入
ab	以二进制格式打开一个文件用于追加。如果该文件已存在，则文件指针将会在文件的结尾。也就是说，新的内容将会被写入已有内容之后。如果该文件不存在，则创建新文件进行写入
a+	打开一个文件进行读/写。如果该文件已存在，则文件指针将会在文件的结尾。文件打开时是追加模式。如果该文件不存在，则创建新文件进行读/写
ab+	以二进制格式打开一个文件进行追加。如果该文件已存在，则文件指针将会放在文件的结尾。如果该文件不存在，则创建新文件进行读/写

mode 参数默认为文本模式，如果要以二进制模式打开，则加上 b。

2. file.close()函数

file 文件对象使用 close()函数关闭，关闭后该文件对象不能再进行读/写操作。

3.4.3 文件的读取、写入、追加

文件的读取、写入、追加函数见表 3.21。

表 3.21　文件的读取、写入、追加函数

参数	描述
file.read([size])	从文件读取指定的字节数，如果未给定或为负，则读取所有的字节
file.readline([size])	读取整行，包括\n 字符
file.readlines([sizeint])	读取所有行并返回列表，若给定 sizeint>0，则设置一次读多少字节，以减轻读取压力
file.write(str)	将字符串写入文件，返回写入的字符长度
file.writelines(sequence)	向文件写入一个序列字符串列表，如果需要换行，则自己加入每行的换行符

3.5 案 例 应 用

3.5.1 猜数字

【例 3.17】 猜数字程序。

```python
import random as r              #导入 random 模块，并命名为 r
def guess():
    secret = r.randint(1, 10)    #调用 random 模块的 randint() 函数产生随机数
    count = 0
    while True:                  #无限循环
        input_str = input('秘密数字在 1-10 之间，请输入你的猜测：')
                                 #提示用户，并获取用户输入的字符串
        count += 1
        number = int(input_str)  #转换为整数
        if number == secret:
            print('猜对了!秘密数字是:{}。一共猜了{}次。'.format(secret, count))
            break
        elif number > secret:
            print('你的猜测太大啦')
        else:
            print('你的猜测太小啦')
#当 py 文件直接运行时，内置变量__name__的值为'__main__'
#当 py 文件作为模块导入时，内置变量__name__的值为模块名称
if __name__ == '__main__':
    guess()
```

猜数字程序的运行结果如图 3.3 所示。

秘密数字在**1-10**之间，请输入你的猜测：**5**
你的猜测太大啦

秘密数字在**1-10**之间，请输入你的猜测：**3**
猜对了! 秘密数字是：**3**。一共猜了**2**次。

图 3.3　猜数字程序的运行结果

3.5.2 CSV 文件读/写

有两个 CSV 格式的输入文件，其中每行有一条记录，每条记录有多个字段，字段之间使用英文逗号分隔。现在要编写一个程序，读入这两个文件的数据，处理后，将结果写入一个新的 CSV 文件。输入/输出文件的具体格式说明如下。

一个输入文件称为 name.csv（扫描下载）。name.csv 文件有两个字段，第一个字段是学号，第二个字段是姓名。每个学生只有一条记录，如下：

```
00001,张三
00002,李四
00003,王五
```

另一个输入文件称为 score.csv（扫描下载）。score.csv 文件有两个字段，第一个字段是学号，第二个字段是分数。每个学生有一条或多条记录，如下：

```
00003,68
00002,80
00003,87
00001,93
00002,85
```

输出文件称为 out.csv。out.csv 文件有三个字段，第一个字段是学号，第二个字段是姓名，第三个字段是平均成绩。每个学生只有一条记录，如下：

```
00001,张三,93
00002,李四,82.5
00003,王五,77.5
```

下面实现函数 average_score(name_file,score_file,out_file)。该函数接收三个参数，第一个参数 name_file 是学生姓名文件的路径，第二个参数 score_file 是学生成绩文件的路径，第三个参数是输出文件的路径。该函数没有返回值。该函数从磁盘中读取前两个文件，计算学生的平均成绩，并将结果写入第三个文件，代码如下：

```
#coding=utf-8
import sys
def average_score(name_file, score_file, out_file):
    no_to_sum = {}
    no_to_count = {}
    with open(score_file) as f:
        for line in f:
            record = line.strip().split(',')
            #strip()是删除括号中出现的内容,从两边向中间删除,
            #split()是以括号中的内容为标准,把字符串分成一个列表
            no, score = record[0], float(record[1])
            if no in no_to_sum:#存在多个相同的编号,需要累加分数和课程数
                no_to_sum[no] += score
                no_to_count[no] += 1
        else: #首次或不存在,则加入新的分数,同时课程数为1
```

```
            no_to_sum[no] = score
            no_to_count[no] = 1
    with open(name_file) as f: #打开姓名文件 name_file
        with open(out_file, 'w') as wf:
            #向文件 out_file 写入数据，如果没有 out_file，则创建一个
            for line in f:
            record = line.strip().split(',')
            no, name = record[0], record[1]
            avg_score = no_to_sum[no] / no_to_count[no]
            wf.write('%s,%s,%.2f\n' % (no, name, avg_score))
                        #采用%将后面的变量以格式方式写入文件

if __name__ == '__main__': #主程序
    name_file, score_file, out_file = sys.argv[1:4]
                    #sys.argv[]的作用是从程序外部获取参数
    average_score(name_file, score_file, out_file)
```

将上述代码保存到 fileio.py 文件中（扫描下载），然后在 Python 中运行如下命令：

```
python fileio.py name.csv score.csv out.csv
```

生成 out.csv 文件，如图 3.4 所示。

1	张三	93
2	李四	82.5
3	王五	77.5

图 3.4　out.csv 文件

3.5.3　Web 服务器的构建

【例 3.18】　创建了一个最简单的 Web 服务器。

```
#coding=utf-8
import socket  #socket 模块提供网络通信的功能
#一台计算机可能有多个 IP 地址，程序必须选其中一个
#空字符串意味着使用所有的 IP 地址
HOST = ''
PORT = 8888  #端口号
#创建 socket（插口），参数表明 socket 的类型，这里是固定的
listen_socket = socket.socket(socket.AF_INET, socket.SOCK_STREAM)
#修改 socket 的一个选项，某些特定情况下需要用到，这里先不用深究
listen_socket.setsockopt(socket.SOL_SOCKET, socket.SO_REUSEADDR, 1)
#将 socket 绑定到特定的 IP 地址及端口号
```

```
listen_socket.bind((HOST, PORT))
#socket 开始起作用，监听等待客户端的链接
listen_socket.listen()
print('Serving HTTP on port {} ...'.format(PORT))

#周而复始地完成以下工作
#接受下一个客户端的链接，发送响应，然后关闭链接
while True:
    #接受下一个客户端的链接
    client_connection, client_address = listen_socket.accept()
    #读取客户端发送的请求数据
    request_data = client_connection.recv(1024)
    #在屏幕上打印请求内容
    print(request_data.decode('utf-8'))
    #这层最简单的服务器，响应内容是固定的
    http_response = b"""\
HTTP/1.1 200 OK

Hello, World!
"""
    #向客户端发送响应内容
    client_connection.sendall(http_response)
    #关闭客户端链接
    client_connection.close()
```

运行上述代码后，提示运行在 8080 端口，如图 3.5 所示。

图 3.5　命令行提示信息

在浏览器中输入 localhost:8080，出现图 3.6 所示的页面。

图 3.6　输入 localhost:8080 后的页面

3.6　本章小结

本章介绍了正则表达式，使读者掌握文本分析中的信息匹配方法，为学习后续章节的中文语义分析奠定基础；介绍了图形处理的常用库 Tkinter、Turtle、Matplotlib，为后续学习人工智能中的图形处理打下基础；介绍了文件的读/写方法，实现了文件的导入、处理和导出。

3.7　本章习题

一、单选题

1. 正则表达式是一个字符串，它由（　　）构成。
    A. 正常文本字符和保留字　　　　　B. 元字符和保留字
    C. 正常文本字符和元字符　　　　　D. 保留字和关键字
2. 正则表达式\d 的作用是（　　）。
    A. 匹配字母　　　B. 匹配数字　　　C. 回车　　　D. 换行
3. 正则表达式\w 的作用是（　　）。
    A. 匹配字母　　　B. 匹配数字　　　C. 匹配下画线
    D. 匹配汉字　　　E. 以上都是
4. 正则表达式^的作用是（　　）。
    A. 匹配字符串的开始　　　　　　　B. 匹配字符串的结束
    C. 位置标识符　　　　　　　　　　D. 以上都不对
5. 下列表示重复 1 次或多次的是（　　）。
    A. *　　　　　B. +　　　　　C. ?　　　　　D. {n}

二、填空题

1. 为了匹配 3 位区号，8 位本地号（如 010-11223344）的电话号码，需要构造正则表达式＿＿＿＿＿＿＿＿＿＿。
2. 为了匹配 192.168.1.1 的 IP 地址，需要构造正则表达式＿＿＿＿＿＿＿＿＿＿＿＿＿＿。
3. 为了匹配除了 a、b、c、d、e 字母以外的任意字符，需要构造正则表达式＿＿＿＿＿＿＿＿＿＿。
4. 语句 print(re.match('sbs', 'www.sbs.edu.cn'))的输出结果是＿＿＿＿＿＿＿＿。
5. 语句 print(re.search('www', 'www.sbs.edu.cn').span())的输出结果是＿＿＿＿＿＿＿。
6. 下列语句的输出结果是＿＿＿＿＿＿＿。

```
def double(matched):
value = int(matched.group('value'))
return str(value * 2)
s = 'A23G4HFD567'
print(re.sub('(?P<value>\d+)', double, s))
```

第 **4** 章
Python 人工智能之路——第三方库

 内容导读

    Python 的最大优点是拥有众多的第三方库函数，可以更高效地实现软件开发，为数据分析、机器学习和深度学习的研究与开发工作带来了极大的方便。因此，Python 成为人工智能领域的首选开发与应用语言。本章学习 Python 的常用第三方库，包括 NumPy、Pandas、Sklearn、Keras 和 TensorFlow 库，并依次介绍每个库的功能、重要模块和函数及应用方法。

学习目标和要求

- ✧ 学会第三方库的安装和使用方法。
- ✧ 掌握 NumPy 库的主要功能、常用库函数和使用方法。
- ✧ 掌握 Pandas 库的主要功能、常用库函数和使用方法。
- ✧ 掌握 Sklearn 库的主要功能、常用库函数和使用方法。
- ✧ 掌握 Keras 库的主要功能、常用库函数和使用方法。
- ✧ 掌握 TensorFlow 库的主要功能、常用库函数和使用方法。

思 维 导 图

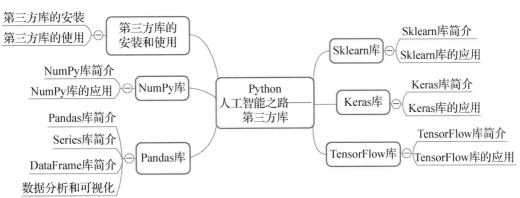

4.1　第三方库的安装和使用

4.1.1　第三方库的安装

1. 在线安装

当我们需要使用某个 Python 包，而现有 Python 运行环境尚未安装时，可以使用 PIP 包管理工具自动获取工具包（命令为 pip install package_name）并进行安装。

Anaconda 自带一些常用包，当需要安装 Anaconda 不常用的 Python 包时，可以在命令提示符处输入如下命令。

```
conda install package_name
```

例如，可以使用 pip install keras 或者 conda install keras 命令安装 Keras 包。

2. 在线更新

在 Python 中输入如下代码，实现在线更新。

```
pip install --update package_name
conda update package_name
```

3. 离线下载安装

在线安装比较慢，适合安装包比较小的情况。有时候使用在线安装方法会出现出错的情况，此时我们可以选择离线下载安装包到本地，再用命令直接安装的方法。

（1）根据自己计算机的操作系统和位数、Python 版本确定第三方库包的对应版本，并到官网进行下载，将下载好的安装包保存在 Python 库包文件夹下，如 D:\anaconda\Lib\site-packages。安装包的名称一般包含包名称、版本信息、操作系统及位数信息，扩展名是.whl。

图 4.1 所示是 NumPy 官网下载区部分安装文件。

numpy-1.19.2-cp37-cp37m-manylinux2014_aarch64.whl (12.2 MB)	Wheel	cp37	Sep 11, 2020
numpy-1.19.2-cp37-cp37m-win32.whl (10.9 MB)	Wheel	cp37	Sep 11, 2020
numpy-1.19.2-cp37-cp37m-win_amd64.whl (12.9 MB)	Wheel	cp37	Sep 11, 2020
numpy-1.19.2-cp38-cp38-macosx_10_9_x86_64.whl (15.3 MB)	Wheel	cp38	Sep 11, 2020

图 4.1　NumPy 官网下载区部分安装文件

（2）使用命令进入安装包的本地保存目录，使用如下命令进行安装。

```
pip install ****-****-****-*****.whl
```

或

```
conda install ****-****-****-*****.whl
```

安装完成后，我们可以通过以下方法进行确认。

① 查看指定库的版本等详细信息：`pip show` 指定库的库名。

② 查看已经安装的第三方库：`pip list`。

【小贴士】

在线安装和离线下载时，我们可以选择国内镜像网站下载，速度会快很多，容量大的库（如 TensorFlow 库）通常会因下载超时而安装失败。

我们也可以设置 Anaconda 在线安装和更新的默认镜像源为清华大学镜像网站，以下是通过 conda config 命令生成配置文件设置清华大学镜像源，具体步骤如下。

① 打开"命令提示符"窗口，执行命令 `conda config, add channels`。

② 执行命令 `conda config --set show_channel_urls yes`。

③ 此时，目录 C:\Users\<你的用户名>下就会生成配置文件.condarc，内容如下。

```
1    ssl_verify:true
2    channels:
3    - https://mirrors.tuna.tsinghua.edu.cn/anaconda/pkgs/free/
4    - defaults
5    show_channel_urls: true
```

④ 修改上述配置文件：删除上述配置文件 .condarc 中的第 4 行的内容即 - defaults 的行，然后保存文件。

⑤ 查看是否生效，通过命令 conda info 查看当前的配置信息，内容如图 4.2 所示，可以看到 channel URLs 字段内容已修改为清华大学镜像网站，配置成功。

```
C:\Windows\system32>conda info

     active environment : None
        user config file : C:\Users\Shuigen Wang\.condarc
 populated config files : C:\Users\Shuigen Wang\.condarc
           conda version : 4.8.5
     conda-build version : 3.20.3
          python version : 3.8.1.final.0
        virtual packages : __cuda=10.0

            channel URLs : https://mirrors.tuna.tsinghua.edu.cn/anaconda/pkgs/free/win-64
                           https://mirrors.tuna.tsinghua.edu.cn/anaconda/pkgs/free/noarch
           package cache : D:\ProgramData\Anaconda3\pkgs
                           C:\Users\Shuigen Wang\.conda\pkgs
                           C:\Users\Shuigen Wang\AppData\Local\conda\conda\pkgs
         envs directories : D:\ProgramData\Anaconda3\envs
                           C:\Users\Shuigen Wang\.conda\envs
                           C:\Users\Shuigen Wang\AppData\Local\conda\conda\envs
                platform : win-64
              user-agent : conda/4.8.5 requests/2.24.0 CPython/3.8.1 Windows/10 Windows/10.0.17763
           administrator : True
              netrc file : None
            offline mode : False


C:\Windows\system32>

C:\Windows\system32>
```

图 4.2　conda info 查看下载源网址

4.1.2　第三方库的使用

安装好第三方库包后，我们就可以在程序中直接调入和使用它们提供的属性、函数和方法。一般在程序开头使用如下方式导入。

- from package_name import *。
- import package_name。
- import package_name as alias_name。
- from package_name import 包中部分模块。

导入完成后，我们可以直接使用该库包提供的属性、函数和方法。下面程序语句展示了库包的导入和使用流程。

```
#导入 NumPy 库，别名 np
import numpy as np
#使用：调用 NumPy 库中的随机数模块生成 2*3 的一个二维数组
data=np.random.randn(2,3)
```

4.2　NumPy 库

NumPy 库
的应用.
ipynb

4.2.1　NumPy 库简介

NumPy（Numerical Python）库的前身 Numeric 最早是由 Jim Hugunin 与其他协作者共同开发的，2005 年 Travis Oliphant 在 Numeric 中结合了另一个

性质相同的程序库 Numarray 的特性，并加入了其他扩展而开发了 NumPy 库。NumPy 库为开放源代码，并且由许多协作者共同维护和开发。

NumPy 是 Python 中科学计算的基础包，是 Python 的一个扩展程序库。NumPy 库支持多维数组与矩阵运算，此外，也为数组运算提供大量的数学函数库，提供各种派生对象（如掩码数组和矩阵），以及用于数组快速操作的各种 API，包括数学、逻辑、形状操作、排序、选择、输入/输出、离散傅里叶变换、基本线性代数、基本统计运算和随机模拟等。

NumPy 包的核心是 ndarray 对象，它封装了 Python 原生的数据类型相同的 n 维数组，为了保证其性能优良，其中有许多操作都是代码在本地进行编译后执行的。

NumPy 数组和原生 Python Array（数组）之间的区别如下。

（1）NumPy 数组在创建时具有固定的大小，与 Python 的原生数组对象（可以动态增长）不同，更改 ndarray 对象的大小将创建一个新数组并删除原来的数组。

（2）NumPy 数组中的元素都需要具有相同的数据类型，因此在内存中的大小相同。特别情况为 Python 的原生数组里包含了 NumPy 库的对象，就允许包含不同大小元素的数组。

（3）NumPy 数组有助于对大量数据进行高级数学和其他类型的操作。通常，这些操作的执行效率更高，比使用 Python 原生数组的代码少。

越来越多的基于 Python 的科学和数学软件包使用 NumPy 数组。虽然这些工具通常都支持 Python 的原生数组作为参数，但它们在处理之前还是会将输入的数组转换为 NumPy 数组，而且通常输出也为 NumPy 数组。换句话说，为了高效地使用基于 Python 的科学/数学工具（大部分的科学计算工具），只知道如何使用 Python 的原生数组类型是不够的，还需要知道如何使用 NumPy 数组。

NumPy 是一个运行速度非常快的数学库，主要用于数组计算，包含一个强大的 N 维数组对象 ndarray；广播功能函数；整合 C/C++/Fortran 代码的工具；线性代数、傅里叶变换、随机数生成等。

总而言之，当需要使用数组和向量化计算时，可以借助 NumPy 库快速解决问题。限于篇幅，本书不对 NumPy 库的具体函数和用法进行深入介绍，读者可自行在官方网站中学习，搜索自己需要的知识。

4.2.2　NumPy 库的应用

NumPy 库是 Python 的第三方库，主要用于多维数组对象的运算和操作。

1. 创建 array 数组

NumPy 库提供了多种方式和函数创建多维数组，可以运用列表、元组类型创建，也可以运用特殊函数创建具有一定规律的特殊数组。表 4.1 列出了 NumPy 数组生成的常用方法。

表 4.1　NumPy 数组生成的常用方法

方法	描述
np.array(data)	将输入数据（可以是列表、元组、数组以及其他序列）转换为 ndarray，如隐式指明数据类型，将自动推断；默认复制所有的输入数据
np.arange(n)	元素从 0 到 n-1 的 ndarray 类型
np.ones(shape)	生成指定形状、值全为 1 的数组
np.eye(n)	生成单位矩阵
np.ones_like(a)	按数组 a 的形状生成值全为 1 的数组
np.zeros_like(a)	按数组 a 的形状生成值全为 0 的数组
np.full(shape, val)	生成指定形状、值全为 val 的数组
np.full_like (a, val)	按数组 a 的形状生成值全为 val 的数组
np.linspace（start,end,num）	根据起止数据之间等间距生成数组，即得到一个等差数组，其中 start 表示起始数据，end 表示结束数据，num 表示元素个数

下面是 NumPy 库中多种数组生成方法的示例程序。

```
import numpy as np
a1 = np.array([1,2,3,4,5,6,7,8,9])      #运用 Python 列表类型创建数组
a2 = np.array((1,2,3,4,5,6,7,8,9))      #运用 Python 元组类型创建数组
a3 = np.arange(10)                       #运用 Python 内建函数 arange()创建数组
a4 =np.zeros(10)                         #生成值全为 0 的含 10 个元素的数组
a5=np.zeros((3,6))                       #生成 3 行 6 列值全为 0 的数组
a6=np.linspace (1,12,4)                  #根据起止数据之间等间距生成数组
print(a1)
[1 2 3 4 5 6 7 8 9]
print(a2)
[1 2 3 4 5 6 7 8 9]
print(a3)
[0 1 2 3 4 5 6 7 8 9]
print(a4)
[0. 0. 0. 0. 0. 0. 0. 0. 0. 0.]
print(a5)
[[0. 0. 0. 0. 0. 0.] [0. 0. 0. 0. 0. 0.] [0. 0. 0. 0. 0. 0.]]
print(a6)
[ 1. 4.66666667 8.33333333 12. ]
```

2. 获取数组的基本属性

生成数组后，我们可以读取数组的一些基本属性、索引和切片，进行数组运算，并可

以对数组进行一些转置或换轴转换。表 4.2 列出了数组的属性。

表 4.2　数组的属性

数组属性	描述
ndim	维度
shape	各维度的尺度，如：（2,5）
size	元素数，如：10
dtype	元素类型，如：dtype("int32")
itemsize	每个元素的尺寸，以字节为单位
nbytes	输出所有数据消耗的字节数

下面以一个具体实例说明如何获取已创建数组的基本属性。

```
import numpy as np
b = np.array([[1,2,3,4,5,6,7,8,9],[1,4,7,8,5,2,9,6,3]])
                            #创建一个二维数组
print(type(b))              #输出 b 的类型
<class 'numpy.ndarray'>
print(b.dtype)             #输出对象的元素类型
int32
print(b.size)              #输出对象的元素数
18
print(b.shape)             #输出矩阵的行数和列数
(2,9)                      #2 行 9 列
print(b.itemsize)          #输出每项占用的字节数 32/8
4
print(b.ndim)              #输出数组的维度
2
print(a.nbytes)            #输出所有数据消耗的字节数
72
```

3. 数组的运算

两个数组可以进行加、减、乘、除、关系运算，还可以利用一些自带的函数对数组元素进行运算。以下是数组的常见运算函数。

- a.sum()：求数组 **a** 所有元素的和。
- a.min() /a.max()：求数组 **a** 所有元素的最小值/最大值。
- np.where(condition,x,y)：满足条件（condition）则输出 **x**，不满足条件则输出 **y**。

```
import numpy as np
a = np.array([[1,2,3,4,5],[7,4,1,8,5],[9,6,3,0,1]])
b = np.arange(15).reshape(3,5)
```

```
 print(b)
[[ 0  1  2  3  4]
 [ 5  6  7  8  9]
 [10 11 12 13 14]]
 print(a + b)                        #求和，必须保证行数和列数相等
[[ 1  3  5  7  9]
 [12 10  8 16 14]
 [19 17 15 13 15]]
 print(a*b)                          #数组乘法
 [[ 0  2  6 12 20]
 [35 24  7 64 45]
 [90 66 36  0 14]]
 print(a-b)                          #数组相减
 [[ 1  1  1  1  1]
 [ 2 -2 -6  0 -4]
 [ -1 -5 -9 -13 -13]]
#除法类似
 print(a<b)                          #数组关系运算
[[False False False False False]
[False  True  True False  True]
[ True  True  True  True  True]]
 print(a>b)                          #数组关系运算
[[ True  True  True  True  True]
[ True False False False False]
[False False False False False]]
 np.where(a>2, 0, 1)                 #数组 a 中的值大于 2，则输出 0，否则输出 1
 array([[1, 1, 0, 0, 0], [0, 0, 1, 0, 0], [0, 0, 0, 1, 1]])
```

4. NumPy 数组的索引和切片

ndarray 对象的内容可以通过索引或切片来访问和修改，与 Python 中 list 的切片操作相同。ndarray 数组可以基于 $0 \sim n$ 的下标进行切片操作，切片对象可以通过内置的 slice()函数，并设置 start、stop 及 step 参数从原数组中切割出一个新数组。

下面是 NumPy 数组索引和切片的应用实例。

```
import numpy as np
a = np.arange(10)
s = slice(2,7,2)                     #从索引 2 开始到索引 7 停止，间隔为 2
print (a[s])                         #输出数组切片结果
[2 4 6]
```

```
a = np.array([[1,2,3],[3,4,5],[4,5,6]])
print(a[2])                         #输出行下标为 2 的行
array([4 5 6])
print(a[1:])                        #从数组索引 a[1:]处开始切割
[[3 4 5]
 [4 5 6]]
```

5. 数组的转置和换轴

　　转置是一种特殊的数据重组形式，可以互换数据的行与列，数组转置可以使用 transpose 方法，也可以使用特殊的 T 属性实现。下面程序给出了数组转置和换轴的具体应用实例。

```
import numpy as np
arr=np.arange(15).reshape((3,5))
print(arr)                          #输出原数组
    [[ 0  1  2  3  4]
     [ 5  6  7  8  9]
     [10 11 12 13 14]]
print(arr.T)                        #输出转置数组
    [[ 0  5 10]
     [ 1  6 11]
     [ 2  7 12]
     [ 3  8 13]
     [ 4  9 14]]
print(np.dot(arr.T, arr) )          #输出数组的内积
    [[125 140 155 170 185]
     [140 158 176 194 212]
     [155 176 197 218 239]
     [170 194 218 242 266]
     [185 212 239 266 293]]
print(arr.transpose(1,0))           #1 轴和 0 轴进行交换，二维数组中实现矩阵转置
    [[ 0  5 10]
     [ 1  6 11]
     [ 2  7 12]
     [ 3  8 13]
     [ 4  9 14]]
```

4.3　Pandas 库

4.3.1　Pandas 库简介

Pandas 库最初由 AQR Capital Management 于 2008 年 4 月开发，并于 2009 年年底开源，目前由专注于 Python 数据包开发的 PyData 开发团队继续开发和维护，属于 PyData 项目的一部分。Pandas 库提供了大量能使我们快速、便捷处理数据的函数、方法及一些标准的数据模型，是基于 NumPy 库，为了解决数据分析任务而创建的一种工具。

由于 Pandas 库最初被用作金融数据分析工具而开发，因此，Pandas 库为时间序列分析提供了很好的支持；同时 Pandas 库的名称来自面板数据（Panel Data）和 Python 数据分析（Data Analysis）。因此，Pandas 库也广泛应用于经济学面板数据分析。

Pandas 库有两种自己独有的基本数据结构：Series 和 DataFrame。

- Series：一维数组，与 NumPy 中的一维 Array 类似。二者与 Python 的基本数据结构 list 也很相似。它们的区别是，list 中的元素可以是不同的数据类型，而 Array 和 Series 只允许存储相同的数据类型，这样可以更有效地使用内存，提高运算效率。
- DataFrame：二维的表格型数据结构，既有行索引又有列索引，可以视为一个共享相同索引的 Series 的字典。DataFrame 的很多功能与 R 语言中的 data.frame 类似，可以将 DataFrame 理解为 Series 的容器。

Pandas 库是 Python 的一个库，Python 中自有的数据类型在 Pandas 库中依然适用；Pandas 库还可以使用自己定义的数据类型。

使用 Pandas 库可以轻松地应对日常工作中的各种表格数据处理，可以实现复杂的处理逻辑，这些往往是 Excel 等工具无法处理的，Pandas 库还可以进行自动化、批量化处理，对于相同的大量数据处理我们不需要进行重复工作。同时，Pandas 库可以对接可视化库，具有非常震撼的可视化功能，可以实现动态数据交互效果，可以运用于金融、统计、数理研究、物理计算、社会科学、工程等领域的数据处理工作中。

4.3.2　Series 库简介

1. 创建 Series

Series 库的
应用.
ipynb

Series 是 Pandas 库最重要的数据结构之一，用来处理一维数组的数据分析和操作。可以从列表、ndarray 或字典创建 Series。下面给出了三种方法创建 Series 对象的示例程序代码。

```
import pandas as pd
arr=[0,1,2,3,4,5]            #从列表创建 Series
s1=pd.Series(arr)
print(s1)
0 0
```

```
1  1
2  2
3  3
4  4
5  5
dtype: int64
n=np.random.rand(5)                              #从ndarray创建Series
index=['a','b','c','d','e']
s2=pd.Series(n,index=index)
print(s2)
a    0.674232
b    0.271116
c    0.029663
d    0.951936
e    0.589821
dtype: float64
d={'a':1,'b':2,'c':3,'d':4,'e':5}                #从字典创建Series
s3=pd.Series(d)
print(s3)
a    1
b    2
c    3
d    4
e    5
dtype: int64
```

2. Series 基本操作

Series 是一种一维数组型对象，它包含了一个值序列和一个索引（index，也称数据标签）。交互式环境下，Series 的字符串表示索引在左边，值在右边。如果不为数据指定索引，则默认的索引是 0～（N-1）（N 是数组元素数）。我们可以通过 value 属性和 index 属性分别获得 Series 对象的值和索引。

以下程序是在上例已创建的 s1、s2、s3 三个 Series 对象基础上，进行 Series 基本操作（修改 Series 索引，查找、修改、删除指定索引元素，Series 纵向拼接，Series 切片操作，Series 加减乘除运算，Series 求中位数、求最大值、求最小值及求和等操作）的示例代码。

```
#修改 Series 索引
import pandas as pd
print(s1)
    0    0
```

```
        1    1
        2    2
        3    3
        4    4
        5    5
        dtype: int64
s1.index=['A','B','C','D','E','F']
print(s1)
        A    0
        B    1
        C    2
        D    3
        E    4
        F    5
        dtype: int64
#Series 纵向拼接
s4=s3.append(s1)
print(s4)
        a    1
        b    2
        c    3
        d    4
        e    5
        A    0
        B    1
        C    2
        D    3
        E    4
        F    5
        dtype: int64
#Series 按指定索引删除元素
L=['A','B','C','D','E']
s5=pd.Series(L)
print(s5)
        0    A
        1    B
        2    C
        3    D
        4    E
```

```
          dtype: object
s5=s5.drop(3)  #删除索引为3的值
print(s5)
          0    A
          1    B
          2    C
          4    E
          dtype: object


#Series 修改指定索引元素
L=['A','B','C','D','E']
s5=pd.Series(L)
print(s5)
          0    A
          1    B
          2    C
          3    D
          4    E
          dtype: object
s5[3]=8
print(s5)
          0    A
          1    B
          2    C
          3    8
          4    E
          dtype: object


#Series 按指定索引查找元素
print(s5[4])
'''
结果：E
'''


#Series 切片操作，例如访问 s5 的前三个数据
print(s5[:3])
'''
0    A
1    B
```

```
2    C
dtype: object
'''

#Series 加法运算，其按照索引计算，如果索引不同，则填充为 NaN（空值）。
L=[1,2,3,4,6]
s5=pd.Series(L)
L1=[2,3,4,5,7]
s6=pd.Series(L1)
print(s5)
'''
0    1
1    2
2    3
3    4
4    6
dtype: int64
'''

print(s6)
'''
0    2
1    3
2    4
3    5
4    7
dtype: int64
'''

print(s5.add(s6))
'''
0    3
1    5
2    7
3    9
4    13
dtype: int64
'''

#Series 减法运算
print(s5.sub(s6))
'''
```

```
0    -1
1    -1
2    -1
3    -1
4    -1
dtype: int64
'''

#Series乘法运算
print(s5.mul(s6))
'''

0    2
1    6
2    12
3    20
4    42
dtype: int64
'''

#Series 除法运算
print(s5.div(s6))
'''

0    0.500000
1    0.666667
2    0.750000
3    0.800000
4    0.857143
dtype: float64
'''

L=[1,2,3,4,5]
s5=pd.Series(L)
print(s5)
'''

0    1
1    2
2    3
3    4
4    5
dtype: int64
'''
```

```
print(s5.median())  #求中位数
'''
3.0
'''
print(s5.sum())      #求和
'''
15
'''
print(s5.max())      #求最大值
'''
5
'''
print(s5.min())      #求最小值
'''
1
'''
```

DataFrame
库的应用.
pynb

4.3.3　DataFrame 库简介

1. 创建 DataFrame 对象

DataFrame 表示二维数据表，它既有行索引又有列索引，每列可以是不同的值类型（数值、字符串、布尔值等），可以视为一个共享相同索引的 Series 字典。我们可以通过字典数组创建 DataFrame 对象，也可以通过 NumPy 数组创建 DataFrame 对象，还可以通过读取外部 TXT 文件、XLS 文件、CSV 文件创建 DataFrame 对象。以下程序代码展示了使用前两种方法创建 DataFrame 对象并查看 DataFrame 数据类型的方法。

```
#通过字典数组创建 DataFrame 对象
data={'animal':['cat', 'cat', 'snake', 'dog', 'dog', 'cat', 'snake',
'cat', 'dog', 'dog'],
      'age':[2.5, 3, 0.5, np.nan, 5, 2, 4.5, np.nan, 7, 3],
      'visits':[1, 3, 2, 3, 2, 3, 1, 1, 2, 1],
      'priority':['yes', 'yes', 'no', 'yes', 'no', 'no', 'no', 'yes', 'no', 'no']}
labels=['a', 'b', 'c', 'd', 'e', 'f', 'g', 'h', 'i', 'j']
df2=pd.DataFrame(data,index=labels)
print(df2)
'''
    animal  age  visits  priority
a    cat    2.5    1     yes
b    cat    3.0    3     yes
c    snake  0.5    2     no
```

```
d    dog   NaN      3      yes
e    dog   5.0      2      no
f    cat   2.0      3      no
g    snake 4.5      1      no
h    cat   NaN      1      yes
i    dog   7.0      2      no
j    dog   3.0      1      no
'''
```

#通过 NumPy 数组创建 DataFrame 对象
```
ar = np.random.rand(9).reshape(3,3)
print(ar)
'''
[[0.82944504 0.35925235 0.98697874]
 [0.13053126 0.19947424 0.45276421]
 [0.35457026 0.94505518 0.43162933]]
'''
```

```
df3 = pd.DataFrame(ar)
print(df3)
'''
        0          1          2
0  0.829445   0.359252   0.986979
1  0.130531   0.199474   0.452764
2  0.354570   0.945055   0.431629
'''
```

```
df4= pd.DataFrame(ar, index = ["a","b","c"], columns = ["one", "two",
"three"])
print(df4)
'''
      one       two        three
a  0.829445   0.359252   0.986979
b  0.130531   0.199474   0.452764
c  0.354570   0.945055   0.431629
'''
```

#查看 DataFrame 的数据类型
```
print(df2.dtypes)
'''
animal       object
age          float64
visits       int64
```

```
priority        object
'''
```

2. 查看 DataFrame 数据

（1）查看 DataFrame 前××行或后××行数据。

```
a=DataFrame(data);
a.head(6)表示显示前 6 行数据，若 head()中不带参数，则显示前 5 行数据。
a.tail(6)表示显示后 6 行数据，若 tail()中不带参数，则显示后 5 行数据。
#预览 DataFrame 的前 6 行数据，此方法对快速了解陌生数据集结构十分有用
print(df2.head(6))  #默认为前 6 行
'''
    animal  age  visits priority
a    cat   2.5     1      yes
b    cat   3.0     3      yes
c   snake  0.5     2      no
d    dog   NaN     3      yes
e    dog   5.0     2      no
f    cat   2.0     3      no
'''

print(df2.tail(3))#查看后 3 行
'''
animal   age  visits priority
h    cat   NaN     1      yes
i    dog   7.0     2      no
j    dog   3.0     1      no
'''
```

（2）查看 DataFrame 的 index、columns、values。

设 a 是 DataFrame 对象，可以分别通过 a.index、a.columns、a.values 查看 DataFrame 的索引、列名和数值。下面代码以 df2 对象为例，查看 DataFrame 对象的索引、列名和数值。

```
#查看 DataFrame 的索引
print(df2.index)
#Index(['a', 'b', 'c', 'd', 'e', 'f', 'g', 'h', 'i', 'j'], dtype='object')

#查看 DataFrame 的列名
print(df2.columns)  #Index(['animal', 'age', 'visits', 'priority'],
dtype='object')
```

```
#查看 DataFrame 的数值
print(df2.values)
'''
[['cat' 2.5 1 'yes']
 ['cat' 3.0 3 'yes']
 ['snake' 0.5 2 'no']
 ['dog' nan 3 'yes']
 ['dog' 5.0 2 'no']
 ['cat' 2.0 3 'no']
 ['snake' 4.5 1 'no']
 ['cat' nan 1 'yes']
 ['dog' 7.0 2 'no']
 ['dog' 3.0 1 'no']]
'''
```

（3）查看 DataFrame 的统计数据。

设 a 是 DataFrame 对象，可以使用 a.describe()函数对数据进行快速统计汇总，对每列数据进行统计，包括计数、均值、标准差（std）、各分位数等。下面代码以 df2 对象为例。

```
#查看 DataFrame 的统计数据
print(df2.describe())
'''
            age      visits
count  8.000000  10.000000
mean   3.437500   1.900000
std    2.007797   0.875595
min    0.500000   1.000000
25%    2.375000   1.000000
50%    3.000000   2.000000
75%    4.625000   2.750000
max    7.000000   3.000000
'''
```

3. 数据转置

设 a 是 DataFrame 对象，可以使用 a.T 对 DataFrame 对象实现转置。下面是 df2 对象进行转置操作得到的结果。

```
#DataFrame 转置操作
print(df2.T)
```

```
'''
          a    b    c     d    e    f     g    h    i    j
animal   cat  cat  snake dog  dog  cat  snake cat  dog  dog
age      2.5  3    0.5   NaN  5    2    4.5   NaN  7    3
visits   1    3    2     3    2    3     1    1    2    1
priority yes  yes  no    yes  no   no    no   yes  no   no
'''
```

4. 数据排序

（1）对所有的 columns 按列索引排序。

```
a.sort_index(axis=1,ascending=False);
```

其中，axis=1 表示对所有的 columns 按列索引进行排序，后面的数也跟着移动；参数 ascending=False 表示按降序排列，参数缺省时默认为按升序排列。下面代码为 DataFrame 对象 df2 对所有的 columns 按列索引进行排序。

```
print(df2)
'''
#原 DataFrame 输出结果
   animal  age  visits priority
a    cat   2.5     1      yes
b    cat   3.0     3      yes
c  snake   0.5     2       no
d    dog   NaN     3      yes
e    dog   5.0     2       no
f    cat   2.0     3       no
g  snake   4.5     1       no
h    cat   NaN     1      yes
i    dog   7.0     2       no
j    dog   3.0     1       no
'''

#对所有的 columns 按列索引进行排序
df2.sort_index(axis=1, ascending=False)
'''
```

图 4.3 所示是 df2 对象对所有 columns 按列索引升序排序的结果。

（2）对 DataFrame 中的某列排序。

a.sort_values(by='column_name')：对 DataFrame 对象 a 中列名为 column_name 的列按照升序进行排序。注意，仅仅是 column_name 列，而上面在进行排序时会对所有的 columns 进行操作。

	visits	priority	animal	age
a	1	yes	cat	2.5
b	3	yes	cat	3.0
c	2	no	snake	0.5
d	3	yes	dog	NaN
e	2	no	dog	5.0
f	3	no	cat	2.0
g	1	no	snake	4.5
h	1	yes	cat	NaN
i	2	no	dog	7.0
j	1	no	dog	3.0

图 4.3　df2 对象对所有的 columns 按列索引升序排序的结果

```
#对 DataFrame 进行按列排序
print(df2.sort_values(by='age'))  #按照 age 升序排列
'''
    animal  age  visits  priority
c   snake   0.5    2        no
f   cat     2.0    3        no
a   cat     2.5    1        yes
b   cat     3.0    3        yes
j   dog     3.0    1        no
g   snake   4.5    1        no
e   dog     5.0    2        no
i   dog     7.0    2        no
d   dog     NaN    3        yes
h   cat     NaN    1        yes
'''
```

5. DataFrame 数据切片

可以只选择部分 DataFrame 数据进行操作，也称这些数据为数据索引或切片。切片的方法有很多，表 4.3 列出了 DataFrame 数据切片的常见方法，如选择特定行和列、通过标签或位置选择、使用条件进行选择等。

表 4.3　DataFrame 数据切片的常见方法

切片操作	描述
选择特定列	a['x']：返回 columns 为 x 的列，注意这种方式一次只能返回一个列。a.x 与 a['x']意思相同
选择特定行	选取行数据，通过切片[]选择，如 a[0:3]返回前 3 行数据
通过标签选择	使用 loc 实现通过标签切片。 a.loc['one']默认表示选取索引为 one 的行； a.loc[:,['a','b']]表示选取所有行以及 columns 为 a,b 的列； a.loc[['one','two'],['a','b']]表示选取 one 和 two 两行以及 columns 为 a,b 的列； a.loc['one','a']与 a.loc[['one'],['a']]的作用相同，但前者只显示对应的值，后者会显示对应的行和列标签
通过位置选择	iloc 直接通过位置选择数据，与通过标签选择类似。 a.iloc[1:2,1:2]：显示第一行第一列的数据； a.iloc[1:2]：当后面表示列的值没有时，默认选取行位置为 1 的所有列数据； a.iloc[[0,2],[1,2]]：可以自由选取行位置和列位置对应的数据
使用条件来选择	使用单独的列来选择数据， a[a.c>0]选择 c 列中大于 0 的数据； 使用 where 来选择数据， a[a>0]直接选择 a 列中所有大于 0 的数据； 使用 isin()选出特定列中包含特定值的行， a1=a.copy() a1[a1['one'].isin(['2','3'])]显示列 one 中值包含 2,3 的所有行

下面程序代码以 df2 对象为例，实现 DataFrame 数据切片操作，便于读者理解切片操作的真正含义。

```
#对 DataFrame 数据切片
print(df2[1:3])
'''

   animal  age  visits priority
b    cat  3.0     3       yes
c  snake  0.5     2       no
'''
```

6. DataFrame 数据查询

可以通过标签或位置查询 DataFrame 数据的单列和多列数据。

```
#通过标签查询 DataFrame 数据（单列）
print(df2['age'])
'''
```

```
a    2.5
b    3.0
c    0.5
d    NaN
e    5.0
f    2.0
g    4.5
h    NaN
i    7.0
j    3.0
Name: age, dtype: float64
'''
#通过标签查询 DataFrame 数据（多列）
print(df2[['age','animal']])
'''
    age animal
a   2.5    cat
b   3.0    cat
c   0.5  snake
d   NaN    dog
e   5.0    dog
f   2.0    cat
g   4.5  snake
h   NaN    cat
i   7.0    dog
j   3.0    dog
'''
#通过位置查询 DataFrame 数据
print(df2.iloc[1:3])
'''
  animal   age   visits  priority
b    cat   3.0        3       yes
c  snake   0.5        2        no
'''
```

7. 生成 DataFrame 副本和检测 DataFrame 元素

（1）生成 DataFrame 副本。

```
#DataFrame 副本拷贝，生成 DataFrame 副本，方便数据集被不同流程使用
```

```
df3=df2.copy()
print(df3)
```

（2）检测 DataFrame 元素是否为空。

```
#检测 DataFrame 元素是否为空
print(df3.isnull())
'''
     animal    age   visits   priority
a    False    False    False      False
b    False    False    False      False
c    False    False    False      False
d    False     True    False      False
e    False    False    False      False
f    False    False    False      False
g    False    False    False      False
h    False     True    False      False
i    False    False    False      False
j    False    False    False      False
'''
```

8. 添加行数据或列数据

用如下 append 方法实现在原数据 df2 最后一行新增一行，其中 new 是要增加行的 DataFrame 对象。

```
df2.append(new, ignore_index=True)
#ignore_index=True，表示不按原来的索引，从 0 开始自动递增
#添加行数据
#创建一个 DataFrame 对象，用来增加数据的最后一行
new=pd.DataFrame({'animal':'pig',
                  'age':0.5,
                  'visits':5,
                  'priority':'yes'},index = ["i"]) #索引设置为"i"
print(new)
'''
#输出新加入的行数据
   animal   age   visits  priority
i    pig    0.5      5       yes
'''

#在原数据最后一行新增一行
```

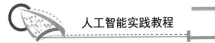

```
print("---在原数据框df2最后一行新增一行，用append方法--")
df2=df2.append(new,ignore_index=True)
#ignore_index=True，表示不按原来的索引，从0开始自动递增
print(df2)
'''
'''
#在原数据最后新增一列
print("---在原数据框df2最后新增一列--")
num=pd.Series([0,1,2,3,4,5,6,7,8,9,10],index=df2.index)
df2['No.']=num
print(df2)
'''
```

新增一行后的输出结果如图4.4所示。新增一列后的输出结果如图4.5所示。

	animal	age	visits	priority
--在原数据框df2最后一行新增一行，用append方法--				
0	cat	2.5	1	yes
1	cat	3.0	3	yes
2	snake	0.5	2	no
3	dog	NaN	3	yes
4	dog	5.0	2	no
5	cat	2.0	3	no
6	snake	4.5	1	no
7	cat	NaN	1	yes
8	dog	7.0	2	no
9	dog	3.0	1	no
10	pig	0.5	5	yes

图 4.4　新增一行后的输出结果

	animal	age	visits	priority	No.
---在原数据框df2最后新增一列--					
0	cat	2.5	1	yes	0
1	cat	3.0	3	yes	1
2	snake	0.5	2	no	2
3	dog	NaN	3	yes	3
4	dog	5.0	2	no	4
5	cat	2.0	3	no	5
6	snake	4.5	1	no	6
7	cat	NaN	1	yes	7
8	dog	7.0	2	no	8
9	dog	3.0	1	no	9
10	pig	0.5	5	yes	10

图 4.5　新增一列后的输出结果

9. DataFrame 数据修改

DataFrame 数据可以根据下标值或标签值进行修改。

```
#对 DataFrame 的下标值进行修改
df2.iat[1,1]=4  #将行下标为1、列下标为1的数据值改为4
print(df2)
'''
    animal   age  visits  priority   No.
0     cat   2.5   1        yes        0
1     cat   4.0   3        yes        1
2   snake   0.5   2         no        2
3     dog   NaN   3        yes        3
4     dog   5.0   2         no        4
5     cat   2.0   3         no        5
```

```
6    snake   4.5    1         no    6
7    cat     NaN    1        yes    7
8    dog     7.0    2         no    8
9    dog     3.0    1         no    9
10   pig     0.5    5        yes    10
'''
```

\#根据 DataFrame 的标签对数据进行修改

```
df2.loc[0,'age']=1.5    #将标签为 0 的‘age’列数据值改为 1.5
print(df2)
'''
     animal   age    visits    priority    No.
0    cat      1.5    1.0          yes      0.0
1    cat      4.0    3.0          yes      1.0
2    snake    0.5    2.0           no      2.0
3    dog      NaN    3.0          yes      3.0
4    dog      5.0    2.0           no      4.0
5    cat      2.0    3.0           no      5.0
6    snake    4.5    1.0           no      6.0
7    cat      NaN    1.0          yes      7.0
8    dog      7.0    2.0           no      8.0
9    dog      3.0    1.0           no      9.0
10   pig      0.5    5.0          yes      10.0
'''
```

10. DataFrame 数据值计算

对 DataFrame 数据列进行求平均值操作、求和操作。

```
#对 DataFrame 数据列进行求平均值操作
print(df2.mean())
'''
age       3.5
visits    1.9
No.       4.5
dtype: float64
'''

#对 DataFrame 数据中任意列进行求和操作
print(df2['visits'].sum())  #结果：19
```

11. DataFrame 缺失值处理

（1）数据缺失值填充。

在进行数据处理前，我们通常需要先进行数据预处理，其中包括对缺失值数据进行填充。下面程序实现 df2 所有缺失值的填充值为 3。

```
#--------------------DataFrame 缺失值操作--------------------
#填充缺失值
df4=df2.copy()      #复制原 df2 对象，生成 df4
print(df4)
print(df4.fillna(value=3))   #所有缺失值的填充值为 3
'''
      animal  age   visits   priority    No.
0      cat   1.5    1.0       yes       0.0
1      cat   4.0    3.0       yes       1.0
2    snake   0.5    2.0        no       2.0
3      dog   NaN    3.0       yes       3.0
4      dog   5.0    2.0        no       4.0
5      cat   2.0    3.0        no       5.0
6    snake   4.5    1.0        no       6.0
7      cat   NaN    1.0       yes       7.0
8      dog   7.0    2.0        no       8.0
9      dog   3.0    1.0        no       9.0
10     pig   0.5    5.0       yes      10.0
#填充后的结果如下
      animal  age   visits   priority    No.
0      cat   1.5    1.0       yes       0.0
1      cat   4.0    3.0       yes       1.0
2    snake   0.5    2.0        no       2.0
3      dog   3.0    3.0       yes       3.0
4      dog   5.0    2.0        no       4.0
5      cat   2.0    3.0        no       5.0
6    snake   4.5    1.0        no       6.0
7      cat   3.0    1.0       yes       7.0
8      dog   7.0    2.0        no       8.0
9      dog   3.0    1.0        no       9.0
10     pig   0.5    5.0       yes      10.0
'''
```

（2）删除缺失值数据。

有时填充缺失值数据会影响最终数据的处理效果，我们也可以采取将缺失值数据直接删除的预处理方法。下面以 **df2** 数据对象为例，使用 dropna 方法直接删除缺失值。

```
#删除存在缺失值的行
df5=df2.copy()
print(df5.dropna(how='any'))  #任何存在 NaN 的行都将被删除
'''
     animal  age   visits  priority   No.
0    cat    1.5    1.0     yes       0.0
1    cat    4.0    3.0     yes       1.0
2    snake  0.5    2.0     no        2.0
4    dog    5.0    2.0     no        4.0
5    cat    2.0    3.0     no        5.0
6    snake  4.5    1.0     no        6.0
8    dog    7.0    2.0     no        8.0
9    dog    3.0    1.0     no        9.0
10   pig    0.5    5.0     yes       10.0
'''
```

12. DataFrame 文件操作

对于 DataFrame 对象，我们可以将其写入 CSV 文件或 Excel 文件。下面程序将 df2 数据对象分别写入 CSV 文件和 Excel 文件。

```
#CSV 文件写入
print(df2.to_csv('animal.csv'))
print("写入成功")
#CSV 文件读取
df_animal=pd.read_csv('animal.csv')
print(df_animal)
'''
写入成功
   Unnamed: 0  animal  age   visits  priority   No.
0          0    cat    1.5    1.0     yes       0.0
1          1    cat    4.0    3.0     yes       1.0
2          2  snake    0.5    2.0     no        2.0
3          3    dog    NaN    3.0     yes       3.0
4          4    dog    5.0    2.0     no        4.0
5          5    cat    2.0    3.0     no        5.0
6          6  snake    4.5    1.0     no        6.0
```

```
7        7     cat     NaN     1.0     yes     7.0
8        8     dog     7.0     2.0     no      8.0
9        9     dog     3.0     1.0     no      9.0
10       10    pig     0.5     5.0     yes     10.0
'''
#Excel 写入操作
df2.to_excel('animal.xlsx', sheet_name='Sheet1')
print("写入成功")
#Excel 读取操作
print(pd.read_excel('animal.xlsx','Sheet1',index_col=None, na_values=['NA']))
'''
写入成功
   Unnamed: 0 animal  age  visits priority     No.
0           0    cat  1.5     1.0      yes     0.0
1           1    cat  4.0     3.0      yes     1.0
2           2  snake  0.5     2.0       no     2.0
3           3    dog  NaN     3.0      yes     3.0
4           4    dog  5.0     2.0       no     4.0
5           5    cat  2.0     3.0       no     5.0
6           6  snake  4.5     1.0       no     6.0
7           7    cat  NaN     1.0      yes     7.0
8           8    dog  7.0     2.0       no     8.0
9           9    dog  3.0     1.0       no     9.0
10         10    pig  0.5     5.0      yes     10.0
'''
```

DataFrame 库的数据分析和可视化.ipynb

4.3.4　数据分析和可视化

　　Pandas 是数据分析的一个利器，集成了数据可视化的功能。它是一个集数据处理、分析、可视化于一身的工具，功能强大，非常好用。Pandas 中的数据可视化可以满足我们大部分要求，节约了数据可视化的工作时间。Matplotlib 是 Python 中较著名的绘图库，它提供了一整套与 MATLAB 相似的命令 API，十分适合交互式绘图，而且可以方便地将它作为绘图控件，嵌入 GUI 应用程序中。将 Pandas 数据处理和 Matplotlib 可视化结合起来，为数据分析工作带来了极大的方便。

　　下面以一个简单实例展示 Pandas 数据分析和可视化的强大功能。

```
import pandas as pd
import numpy as np
#创建 DataFrame 对象
names=['A1','A2','B1','B2','B3','B4','B5','C1','C2','C3','C4','C5',
```

```
'C6'];names
    income=[40000,7000,5000,5000,3000,3000,3000,3000,2000,2000,2000,2000,
2000]; income
    Pay=pd.DataFrame({'income':income},index=names); Pay
    #数据统计分析
    print('例数: n =',len(income))
    print('合计: sum =',sum(income))
    print('均值: mean = %7.2lf' % np.mean(income))
    '''
    例数: n = 13
    合计: sum = 79000
    均值: mean = 6076.92
    '''
    #数据可视化
    Pay.plot(kind='bar');
    #收入柱状图可视化结果见图4.6
```

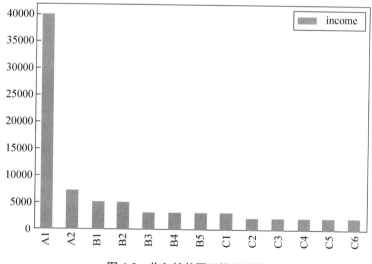

图 4.6 收入柱状图可视化结果

```
    #分类汇总求平均值,输出结果如图4.7所示
    Pay['group']=Pay.index.str.slice(0,1);Pay
    Pay.groupby(['group']).mean()
    #分类汇总求平均值,柱状图可视化结果如图4.8所示
    Pay.groupby(['group']).mean().plot(kind='bar');
```

当然,上述实例只展示了 Pandas 数据分析和可视化功能的"冰山一角",想要深入学习,可以去官网学习示例程序和文档。有需求的读者可以到 Matplotlib 学习资源网站深入学习 Matplotlib。

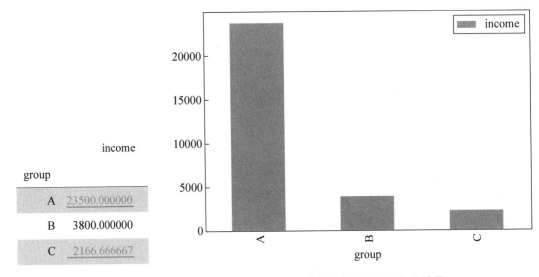

group	income
A	23500.000000
B	3800.000000
C	2166.666667

图 4.7　按第一个字母分类
汇总的收入均值

图 4.8　收入均值柱状图可视化结果

4.4　Sklearn 库

4.4.1　Sklearn 库简介

Sklearn 库的全称为 Scikit learn，是机器学习领域中 Python 模块之一。Sklearn 库包含以下机器学习的方式。

- Classification：分类。
- Regression：回归。
- Clustering：非监督分类。
- Dimensionality reduction：数据降维。
- Model Selection：模型选择。
- Preprocessing：数据预处理。

Sklearn 库的主要算法有四类：分类、回归、聚类和降维。

- 分类。常用分类：线性、决策树、SVM（Support Vector Machine，支持向量机）、KNN（K Nearest Neighbor，K 近邻）；集成分类：随机森林、AdaBoost、GradientBoosting、Bagging、ExtraTrees。
- 回归。常用回归：线性、决策树、SVM、KNN，朴素贝叶斯；集成回归：随机森林、AdaBoost、GradientBoosting、Bagging、ExtraTrees。
- 聚类。常用聚类：K 均值（K-Means）、层次聚类（Hierarchical clustering）、DBSCAN。
- 降维。常用降维：LDA、PCA。
  - ➢ 模块 preprocessing：几乎包含数据预处理的所有内容。

> ➢ 模块 Impute：填补缺失值专用。
> ➢ 模块 feature_selection：包含特征选择的各种方法的实践。
> ➢ 模块 decomposition：包含降维算法。

自 2007 年发布以来，Scikit learn 已经成为 Python 重要的机器学习库，除了包括分类、回归、降维和聚类四类算法外，还包括特征提取、数据处理和模型评估者三个模块。

Sklearn 库是 Scipy 的扩展，建立在 NumPy 库和 Matplolib 库的基础上。利用这几个模块的优势，大大提高了机器学习的效率。

Sklearn 库拥有完善的文档，入门容易，具有丰富的 API，在学术界颇受欢迎。Sklearn 库已经封装了大量的机器学习算法，包括 LIBSVM 和 LIBINEAR；同时内置了大量的数据集，为读者节省了获取和整理数据集的时间。

4.4.2　Sklearn 库的应用

机器学习任务从开始到建模的一般流程是获取数据→数据预处理→选择并训练模型→模型评估→预测或分类。

1. 获取数据

Sklearn 库包含了大量优质的数据集，在我们学习机器学习的过程中，可以使用这些数据集实现不同的模型，从而提高我们的实践能力，同时这个过程可以加深对理论知识的理解和把握。除了引入数据外，我们还可以通过 load_sample_images() 引入图片。

Sklearn 库中的数据主要有两部分：一是 Sklearn 库自带的常用数据集，可以通过方法加载；二是 Sklearn 库本地生成的数据集，可以预先设定规模、噪声等生成设定的数据。

（1）Sklearn 库自带的数据集。

使用 Sklearn 库自带的数据集，必须使用如下代码导入 datasets 模块：

```
from sklearn import datasets
```

表 4.4 给出了 Sklearn 库中的数据集和调用方式，其中小数据集包含在 datasets 里，可以直接使用；大数据集使用 datasets.fetch_*() 调用，在第一次使用时需要从网络上下载数据集。

表 4.4　Sklearn 库自带的数据集

类型	数据集名称	调用方式	适用算法	数据规模
小数据集	波士顿房价数据集	load_boston()	回归	506×13
	鸢尾花数据集	load_iris()	分类	150×4
	糖尿病数据集	load_diabetes()	回归	442×10
	手写数字数据集	load_digits()	分类	5620×64
	Linnerud 数据集	load_linnerud()	多标签回归	20×3
	葡萄酒数据集	load_wine()	分类	178×13
	乳腺癌分类数据集	load_breast_cancer()	分类	569×30

续表

类型	数据集名称	调用方式	适用算法	数据规模
大数据集	Olivetti 脸部图像数据集	fetch_olivetti_faces()	降维	400×64×64
	新闻分类数据集	fetch_20newsgroups()	分类	—
	带标签的人脸数据集	fetch_lfw_people()	分类、降维	—
	路透社新闻语料数据集	fetch_rcv1()	分类	804414×47236

（2）Sklearn 库本地生成数据集。

除了可以使用 Sklearn 库自带的数据集，还可以自己创建训练样本。本地生成数据集一般用 sklearn.datasets.make_****()方法生成，表 4.5 列出了 sklearn.datasets 中生成数据集的方法，读者可以到相应的网站查看详情。

表 4.5　Sklearn 库本地生成数据集

生成数据集方法	描述
make_blobs()	多类单标签数据集，为每个类分配一个或者多个正态分布的点集，提供控制每个数据点的参数[中心点（均值）、标准差]，常用于聚类算法
make_classification()	多类单标签数据集，为每个类分配一个或者多个正态分布的点集，提供为数据集添加噪声的方式，包括维度相性、无效特征和冗余特征等
make_gaussian()	利用高斯分位点区分不同数据
make_hastie_10_2()	利用 Hastie 算法，产生一个相似的二元分类器数据集，有 10 个维度
make_circles/ make_moons()	产生二维分类数据集来测试某些算法（如 centroid-based clustering、linear classfication）的性能。可以为数据集添加噪声，可以为二元分类器产生一些球形判决表面的数据
make_multilabel_ classification()	产生多类多标签随机样本，这些样本模拟了从很多话题的混合分布中抽取的词袋模型，每个文档的话题数量符合泊松分布，话题本身从一个固定的随机分布中抽取，同样地，单词数量也从泊松分布中抽取，句子从多项式中抽取
make_regression()	回归生成器，通过随机特征的最优线性组合，再加入随机误差，产生回归的目标变量
make_sparse_ uncorrelated()	回归生成器，通过具有固定系数的四个特征的线性组合，产生目标变量
make_friedman1 (friedman2/friedman3)	回归生成器，make_friedman1 采用多项式和正弦变换；make_friedman2 包含特征的乘积和互换操作；make_friedman3 类似于 arctan 变换
make_s_curve()	生成 S 形曲线数据集
make_swiss_roll()	生成"瑞士卷"曲线数据集
nake_spd_matrix()	产生随机堆成的正定矩阵
make_sparse_spd_matrix()	生产稀疏对称的正定矩阵

读者要想进一步了解上述数据集，可以从 datasets、API 网站查看更详细的信息。除了Sklearn 库自带的数据集和本地生成数据集外，我们还可以从其他数据集网站获取数据集。

2. 数据预处理

数据预处理包括缺失值处理、数据降维、数据归一化、特征提取和特征转换（one-hot）等。

Sklearn 有专门缺失值处理模块 impute.SimpleImputer，填充策略一般包括均值、中位数、众数和常数填充。SimpleImputer 模块的详细信息和应用实例参见第 5 章。

特征转换、数据归一化和正则化主要应用 preprocessing 模块完成。表 4.6 归纳总结了 Sklearn.preprocessing 模块数据预处理的常见操作和方法，具体应用可参见第 5 章。

表 4.6　Sklearn.preprocessing 模块数据预处理的常见操作和方法

预处理操作	实现方法	描述
标准化/ 归一化	StandarScaler()	z-score 正规化方法
	MinMaxScaler()	min-max 规范化方法
	Scale()	在单个数组形式的数据集上快速、简单地执行标准化操作
正则化	Normalization()	数据正则化处理
特征编码/特 征转换	OneHotEncoder()	对特征 one-hot 进行编码（独热编码）
	Binarizer()	特征二元化，将连续型数值以某个阈值为分割线，转化为 0、1 二元化数据

特征提取也称特征选择，常用特征选择方法包括过滤式选择、包裹式选择和嵌入式选择。主要利用 Sklearn 库中的 feature_selection 模块实现特征提取。表 4.7 给出了 Sklearn 库常见特征的选择方法。

表 4.7　Sklearn 库常见特征的选择方法

特征选择	实现方法	描述
过滤式选择	VarianceThreshold()	方差选择法：先计算各个特征的方差，然后根据阈值，选择方差大于阈值的特征
	SelectKBest()	相关系数法：计算各特征在某特征指标下对目标值的得分以及相关系数的 P 值，选取得分值最高的几个特征
包裹式选择	RFE()	递归消除特征法（Recursive Feature Elimination，RFE）：通过递归减小考察的特征集规模来选择特征
	RFECV()	包裹式特征选择：通过交叉验证的方式执行 RFE，以选择最佳数量的特征
嵌入式选择	SelectFromModel()	通过 Sklearn 库内置的机器学习模型提供的特征重要性指标 coef_ 或 feature_importance 选择特征

Sklearn 库数据降维主要通过 sklearn.decomposition 模块实现，常见的有字典学习方法 DictionaryLearning() 和主成分分析方法 PCA()，具体应用实例可参见第 5 章。

3. 选择并训练模型

Sklearn 库有很多机器学习方法，可以查看 API 找到需要的方法，Sklearn 库统一了所有模型调用的 API，使用起来还是比较简单的。表 4.8 列出了 Sklearn 库中的常见模型，更多细节可以在 Sklearn 官网中查阅学习。

表 4.8　Sklearn 库中的常见模型

模型	模块	常见类
广义线性模型	sklearn.linear_model	包括 LogisticRegression()、LinearRegression()等
树模型	sklearn.tree	包括 DecisionTreeRegressor()、DecisionTreeClassifier()、ExtraTreeClassifier()、ExtraTreeRegressor()
集成学习分类器	sklearn.ensemble	包括 RandomForestRegressor()、RandomForestClassifier()、AdaBoostRegressor()、AdaBoostClassifier()、Bagging()等
支持向量机模型	sklearn.svm	包括 LinearSVC()、LinearSVR()、SVR()、SVC()、NuSVR()等
神经网络模型	sklearn.neural_network	伯努利受限玻尔兹曼机 BernoulliRBM()、多层感知分类器 MLPClassifier()、多层感知器-回归 MLPRegressor()
最近邻	sklearn.neighbors	K 近邻算法 K-NeighborsClassifier()、最近邻 NearestNeighbors()、K 近邻回归 K-NeighborsRegressor()、BallTree()、KDTree()
朴素贝叶斯	sklearn.naive_bayes	包括高斯贝叶斯 GaussianNB()、多项式分布贝叶斯 MultinomialNB()、伯努利分布贝叶斯 BernoulliNB()
多元回归和分类	sklearn.multioutput	ClassifierChain()、MultiOutputRegressor()、MultiOutputClassifier()、RegressorChain()
多等级标签分类	sklearn.multiclass	OneVsRestClassifier()、OneVsOneClassifie()、OutputCodeClassifier()
判别分析	sklearn.discriminant_analysis	LinearDiscriminantAnalysis()、QuadraticDiscriminantAnalysis()
岭回归	sklearn.kernel_ridge	KernelRidge()
聚类	sklearn.cluster	包括 KMeans()、AffinityPropagation()、AgglomerativeClustering()等
半监督学习	sklearn.semi_supervised	LabelPropagation()、LabelSpreading()

4. 模型评估

在机器学习中，性能指标（metrics）是衡量一个模型质量的关键。它是通过衡量模型输出 y_predict 和 y_true 之间的某种"距离"得出来的。

采用以下三种方法评估一个模型的预测质量。

（1）estimator 的 score 方法：Sklearn 库中的 estimator 都有一个 score 方法，提供了一个默认的评估法则来解决问题。

（2）scoring 参数：使用 cross-validation 的模型评估工具，依赖于内部的 scoring 策略。

（3）metrics 函数：metrics 模块实现了一些函数功能，用来评估预测误差。

5. 预测或分类

经过以上四个步骤之后，训练好并通过评估的模型就可以应用在未知样本上的预测、分类或聚类操作中了。下面通过一个简单示例说明在鸢尾花数据集上应用 K 近邻分类器分类的完整过程。

Sklearn 库
的应用.
ipynb

```
#1．获取数据，导入数据集合，包含相当丰富的经典案例数据集
from sklearn import datasets
iris_data = datasets.load_iris()    #导入鸢尾花识别数据
X_iris = iris_data.data             #特征集合
y_iris= iris_data.target            #分类结果集
#2．数据预处理，分离训练集测试集
from sklearn.model_selection import train_test_split #导入分类工具
#测试集占比30%，分别得出训练集的数据和测试集的数据
X_train,X_test,y_train,y_test=train_test_split(X_iris,y_iris,test_size=0.3)
#3．选择并训练模型
#K 近邻模型训练
from sklearn.neighbors import KNeighborsClassifier
#引入训练方法
knn = KNeighborsClassifier()
#使用训练数据集训练，第一个参数是特征值，第二个参数是分类值
knn.fit(X_train,y_train)
#查看模型的相关信息
knn.get_params()
#4.模型评估
#预测的准确度百分比越接近1表示准确度越高，如果准确度很低，可以考虑更换算法或者更换训练数据
score = knn.score(X_test,y_test)
print(score)
#5.预测
#使用测试集进行数据预测，也可以自己定义数据
y_test_ = knn.predict(X_test)
print("预测结果")
print(y_test)
#自定义一条新测试数据
X_new = np.array([[5, 2.9, 1, 0.2]])
#对 X_new 预测结果
prediction = knn.predict(X_new)
print("预测值%d" % prediction)
```

4.5　Keras 库

4.5.1　Keras 库简介

Keras 库是一个高度模块化的神经网络库，它以 TensorFlow 库、CNTK 或者 Theano 为后端运行，支持 GPU 和 CPU。Keras 库只由 Python 编写而成，也仅支持 Python 开发。

它是为了支持快速实践而对 TensorFlow 库、CNTK 或者 Theano 的再次封装，可以不用关注过多的底层细节，能够把想法快速转换为结果。它很灵活，且比较容易学。Keras 库默认的后端为 TensorFlow 库，如果要使用 Theano、CNTK，可以自行更改。TensorFlow 库、CNTK 和 Theano 都可以使用 GPU 进行硬件加速，比用 CPU 运算速度快很多倍。因此，如果显卡支持 cuda，则建议尽可能利用 cuda 加速模型训练（当机器上有可用的 GPU 时，代码会自动调用 GPU 进行并行计算）。

目前，Keras 库已经被 TensorFlow 库收录，成为其默认的框架，成为 TensorFlow 官方的高级 API。Keras 库具有如下特点和优势。

（1）用户友好。

Keras 库非常注重用户的使用体验，它提供一致而简洁的 API，能够极大地减小用户的工作量，同时提供清晰、具有实践意义的 Bug 反馈。

（2）模块化。

Keras 库具有高度模块化、极简性和可扩充特性。Keras 库以模块化的方法供用户选择调用、自由组合，从而构建自己的模型。如 Keras 库中网络层、损失函数、优化器、初始化策略、激活函数、正则化方法都是独立的模块。

（3）易扩展。

用户添加新模块非常容易，只需要仿照现有的模块编写新的类或函数即可。创建新模块的便利性使得 Keras 库更适合用于先进的研究工作。

（4）与 Python 无缝链接。

Keras 库没有单独的模型配置文件类型（caffe 有），模型由 Python 代码描述，更紧凑、更易 debug，并提供了扩展的便利性。

（5）支持其他网络结合。

支持 CNN（Convolutional Neural Networks，卷积神经网络）、RNN（Recurrent Neural Networks，循环神经网络）及二者的结合。

（6）CPU 和 GPU 无缝切换。

在 Keras 库中，有两类主要模型：Sequential 顺序模型和使用函数式 API 的 Model 类模型。表 4.9 列出了 Sequential 顺序模型 API 函数，表 4.10 列出了 Keras 库网络层函数和属性。

表 4.9　Sequential 顺序模型 API 函数

函数	描述
model.compile()	用于配置训练模型
model.fit()	以固定数量的轮次（数据集上的迭代）训练模型
model.evaluate()	模型评估，返回误差值和评估标准值，计算逐批次进行
model.predict()	为输入样本生成输出预测，逐批次进行计算
model.train_on_batch()	当数据集太大时使用，一批样本的单次梯度更新
model.test_on_batch()	在一批样本上评估测试模型
model.predict_on_batch()	返回一批样本的模型预测值

续表

函数	描述
model.fit_generator()	使用 Python 生成器或 Sequence 实例逐批生成的数据，按批次训练模型
model.evaluate_generator()	在数据生成器上评估模型。这个生成器返回的数据应该与 test_on_batch 接收的数据相同
model.predict_generator()	为来自数据生成器的输入样本生成输出预测。这个生成器返回的数据应该与 predict_on_batch 接收的数据相同
model.get_layer()	根据名称（唯一）或索引值查找网络层。如果同时提供了 name 和 index，则 index 优先。根据网络层名称或索引返回该层。索引是基于水平图遍历的顺序（自下而上）

表 4.10　Keras 库网络层函数和属性

函数和属性	描述
layer.get_weights()	以含有 NumPy 矩阵的列表形式返回层的权重
layer.set_weights(weights)	在含有 NumPy 矩阵的列表中设置层的权重（与 get_weights 的输出形状相同）
layer.get_config()	返回包含层配置的字典
layer.input()	得到输入张量
layer.output	得到输出张量
layer.input_shape	得到输入张量的形状
layer.output_shape	得到输出张量的形状
layer.get_input_at(node_index)	层有多个节点，得到输入张量
layer.get_output_at(node_index)	层有多个节点，得到输出张量
layer.get_input_shape_at(node_index)	层有多个节点，得到输入张量的形状
layer.get_output_shape_at(node_index)	层有多个节点，得到输出张量的形状

另外，Keras 库模型有许多共同的方法和属性，如下所示。

- model.layers：包含模型网络层的展平列表。
- model.inputs：模型输入张量的列表。
- model.outputs：模型输出张量的列表。
- model.summary()：打印模型概述信息。它是 utils.print_summary 的简洁调用。
- model.get_config()：返回包含模型配置信息的字典。
- model.get_weights()：返回模型中所有权重张量的列表，类型为 NumPy 数组。
- model.set_weights(weights)：从 NumPy 数组中为模型设置权重。列表中的数组必须与 get_weights()返回的权重具有相同的尺寸。
- model.to_json()：以 JSON 字符串的形式返回模型的表示，该表示不包括权重，仅包含结构。

● model.to_yaml()：以 YAML 字符串的形式返回模型的表示，该表示不包括权重，只包含结构。

Keras 库的应用.ipynb

4.5.2　Keras 库的应用

应用 Keras 库从开始到建模的一般流程遵循如下步骤：导入或产生数据集→初始化模型.Sequential()→堆叠模块.add()→编译模型.compile()→在训练数据上迭代.fit()→评估模型效果.evaluate()→实际预测.predict()。

需要注意的是，在使用和安装 Keras 库之前，需要安装 TensorFlow 库、Theano 或者 CNTK 后端引擎的任意一个，一般推荐安装 TensorFlow 库。

下面程序通过 VGG-like 模型案例说明应用 Keras 库建模的完整过程，包括 7 个步骤。

```python
import numpy as np
import keras
from keras.models import Sequential
from keras.layers import Dense, Dropout, Flatten
from keras.layers import Conv2D, MaxPooling2D
from keras.optimizers import SGD
from keras.utils import np_utils

#1.导入或产生数据集，分离测试集和训练集
#100 张图片，每张宽度和高度都为 100，3 彩色图 RGB 三个颜色通道
x_train = np.random.random((100, 100, 100, 3))  #100 张图片，每张 100×100×3
y_train = keras.utils.to_categorical(np.random.randint(10, size=(100,
1)), num_classes=10)
#100×10
x_test = np.random.random((20, 100, 100, 3))
y_test = keras.utils.to_categorical(np.random.randint(10, size=(20, 1)),
num_classes=10) #20×100
#2.初始化模型 Sequential()
model = Sequential()
#input: 100x100 images with 3 channels -> (100, 100, 3) tensors
#this applies 32 convolution filters of size 3x3 each.
#3.堆叠模块.add()
#将一些网络层通过.add()堆叠起来，就构成了一个模型
model.add(Conv2D(32, (3, 3), activation='relu', input_shape=(100, 100, 3)))
model.add(Conv2D(32, (3, 3), activation='relu'))
model.add(MaxPooling2D(pool_size=(2, 2)))
model.add(Dropout(0.25))
model.add(Conv2D(64, (3, 3), activation='relu'))
model.add(Conv2D(64, (3, 3), activation='relu'))
model.add(MaxPooling2D(pool_size=(2, 2)))
```

```
model.add(Dropout(0.25))
model.add(Flatten())
model.add(Dense(256, activation='relu'))
model.add(Dropout(0.5))
model.add(Dense(10, activation='softmax'))
#4.编译模型.compile()
#编译模型时必须指明损失函数和优化器，如果需要，也可以自己定制损失函数。Keras 库的
#一个核心理念就是简明易用，同时保证用户对 Keras 库的绝对控制力度，用户可以根据自己的
#需要定制自己的模型、网络层，甚至修改源代码
#可以自定义 SGD
sgd = SGD(lr=0.01, decay=1e-6, momentum=0.9, nesterov=True)
model.compile(loss='categorical_crossentropy', optimizer=sgd)
#5.在训练数据上迭代.fit()
model.fit(x_train, y_train, batch_size=32, epochs=10)
#6.评估模型效果.evaluate()
score = model.evaluate(x_test, y_test, batch_size=32)
print(score)
#7.实际预测.predict()
classes = model.predict(x_test,batch_size=32)
```

4.6　TensorFlow 库

4.6.1　TensorFlow 库简介

　　TensorFlow 库最初是由 Google 大脑小组（隶属于 Google 机器智能研究机构）的研究员和工程师们开发出来的，用于机器学习和深度神经网络方面的研究，也可广泛用于其他计算领域。TensorFlow 库是 Google 开源的基于数据流图的机器学习框架，支持 Python 和 C++程序开发语言，轰动一时的 AlphaGo 就是使用 TensorFlow 库训练的。TensorFlow 命名基于它的工作原理，Tensor 意为张量（即多维数组）；Flow 意为流动，即多维数组从数据流图一端流动到另一端。目前该框架支持 Windows、Linux、mac 乃至移动手机端等多种平台。

　　① 采用计算图的形式表达数值计算的编程系统，可以在大规模状态下运行，也可以在异构环境下运行。

　　② 使用数据流图表来表征计算、共享状态以及改变状态的操作。

　　③ 应用范围：语音识别、计算机视觉、广告等（在大型数据中心服务器中有很大优势）。

　　TensorFlow 库是一个编程系统，使用图来表示计算任务，TensorFlow 图描述了计算的过程。为了进行计算，图必须在会话里启动。会话将图的操作分发到 CPU、GPU 等设备上，同时提供执行操作的方法。执行这些方法后，将产生的 Tensor 返回。在 Python 中，返回的 Tensor 是 NumPy 库的 ndarray 对象；在 C 语言和 C++中，返回的 Tensor 是

tensorflow::Tensor 实例。为了使读者了解 TensorFlow 库的工作原理，下面给出 TensorFlow 库的一些基本概念。

① 图（Graph）：用来表示计算任务，也就是我们要做的一些操作。

② 会话（Session）：建立会话，此时会生成一张空图；在会话中添加节点和边，形成一张图，一个会话可以有多张图，通过执行这些图得到结果。如果把每张图看作一个车床，那么会话就是一个车间，里面有若干车床，用来把数据生成结果。

③ Tensor：用来表示数据，是我们加工的原料。

④ 变量（Variable）：用来记录一些数据和状态，是我们使用的容器。

⑤ feed 和 fetch：可以为任意操作（arbitrary operation）赋值或者从中获取数据。它们相当于一些铲子，可以操作数据。

可以这样理解 TensorFlow：会话相当于工厂车间，图相当于车床，Tensor 相当于加工原料，变量相当于容器，feed 和 fetch 相当于铲子，最后把数据加工成我们想要的结果。

TensorFlow
库的应
用.ipynb

4.6.2　TensorFlow 库的应用

TensorFlow 命名隐含了它的工作原理，其中 Tensor 意为张量（即多维数组），Flow 意为流动。TensorFlow 库的一般建模流程如下：设置训练数据→创建模型（创建网络层，并将网络结构添加到序列模型中）→编译神经网络模型→训练模型→评估模型效果→改进或调节参数→模型应用。

下面程序以 Udacity 的摄氏度与华氏度转换模型为例，展示 TensorFlow 库应用的一般步骤和流程。

将摄氏度转换成华氏度：温度的不同单位之间的转换有明确的定义，知道其中一种单位的温度值，可以通过下面的公式精确地计算出另一种单位的温度值。将摄氏度转换成华氏度的计算公式如下：

$$F=C\times1.8+32$$

假如我们现在只知道几个数值对，即输入和答案，该公式并不知道。此时就可以利用机器学习的方法，求出一个近似的从 C 到 F 的映射关系。

```
#1.导入依赖包
from __future__ import absolute_import, division, print_function
import tensorflow as tf
import numpy as np
#2.设置训练数据
#输入摄氏度及其对应的华氏度的数值，前面两个数值故意写错了
celsius_q=np.array([-40, -10, 0, 8, 15, 22, 38], dtype=float)
fahrenheit_a=np.array([-40, 14, 32, 46, 59, 72, 100], dtype=float)
for i,c in enumerate(celsius_q):
    print("{}degrees Celsius={}degrees Fahrenheit".format(c,fahrenheit_a[i]))
#3.创建模型
#（1）构建层
```

```
#输入后连接了只有一个神经单元的隐藏层
l0 = tf.keras.layers.Dense(units=1, input_shape=[1])
#（2）将网络层添加到序列模型中
model = tf.keras.Sequential([l0])
#4.编译神经网络模型
model.compile(loss='mean_squared_error',
              optimizer=tf.keras.optimizers.Adam(0.1))
#5.训练模型
history = model.fit(celsius_q, fahrenheit_a, epochs=500, verbose=False)
print("Finished training the model")
#6.图像化显示
import matplotlib.pyplot as plt
plt.xlabel('Epoch Number')
plt.ylabel("Loss Magnitude")
plt.plot(history.history['loss'])
#7.通过模型预测结果
print(model.predict([100.0]))
#8.查看层的权重
print("These are the layer variables:{}".format(l0.get_weights()))
```

本案例包括以下要素：

（1）训练数据：一共有 7 个样本（输入+答案），有两个样本的值不准确（在实际项目中，有可能是由测量或记录导致的误差）。

（2）层（Layers）：神经网络是以层为基本组成单位的，每层有两个最基本的参数——units 和 activation，分别表示该层神经单元的数量和激活函数（这里没有设置第 2 个参数就表示不对该层的神经单元进行任何变换）。

（3）层的类型：层的不同类型，代表了层之间的不同连接方式，这里使用的是全连接层，表示各层之间所有的点都直接相连。

（4）模型：组织不同"层"的方式，这里使用的序列模型按照层的顺序从输入到输出叠加各个层。

（5）编译（Compile）：训练之前必须进行编译，在编译时需要指定两个非常重要的参数——loss 和 optimizer，loss 是代价函数，optimizer 是训练模型的方法。

（6）训练模型（Fit）：必要参数为输入数据，对应标签（答案）、迭代次数等。

（7）损失（Loss）：期望输出和真实输出之间的差值。

（8）随机梯度下降法：每次小幅调整内部变量，从而逐渐得到最小化的损失函数和模型参数值的算法。

（9）优化器：随机梯度下降法的一种具体实现方法，有很多算法，本案例中使用的是 Adam 优化器，并且将其视为最佳优化器。

（10）批次：训练神经网络时使用的一组样本。

（11）前向传播：根据输入值计算输出值。

（12）反向传播：根据优化器算法计算内部变量的调整幅度，从输出层级开始，反向（输出到输入）计算每个层级，直到输入层。

在模型训练的过程中，损失函数的值会随着训练次数发生变化。这些变化由 fit() 函数返回，记录在 history 中，模型第（6）步输出的迭代次数与损失值的图像如图 4.9 所示，从图 4.9 可知，模型损失值会随着迭代次数的增加逐渐减小。

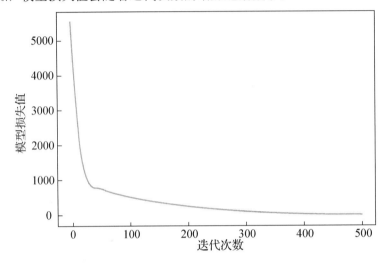

图 4.9　模型损失值随着迭代次数的增加而逐渐减小

这个模型非常简单，如果不考虑输入层，整个模型只有 1 层：输入层连接了只有一个神经单元的层 10，该层处理之后的数据直接作为输出值。模型第（8）步输出层的权重，第一个值（1.822，x 的参数）与真实值 1.8 非常接近，第二个值（28.7，偏置单元的取值）与真实值 32 也比较接近。由此可见，虽然训练数据中包含两个误差比较大的点，但是最终模型还是比较准确地找到了这两组数据之间的基本规律。

训练好模型之后，可以使用下面方法预测新值：

```
print(model.predict([100.0]))
```

输出为((211.32718))，该值与真实值 212 非常接近。以上就是假设在不知道温度两种单位之间的转换公式的情况下，通过非常简单的神经网络学习得到两组数据之间关系的过程；得到与真实的转换公式如此接近的结果，主要依靠最开始设定的网络结构（一种先验，对最终模型的假设）。在不知道真实模型的情况下，通常会假设一个比较复杂的网络结构，找到非常接近全局最优解的局部最优解。

4.7　本　章　小　结

本章介绍了 Python 常用的第三方库，主要包括 NumPy 库、Pandas 库、Sklearn 库、Keras 库和 TensorFlow 库。

使用第三方库前，必须先安装，在程序中引入依赖库，再使用第三方库的模块和方法。第三方库可以使用在线安装和离线安装两种方法。

NumPy 库的核心是 ndarray 对象，它是 Python 中科学计算的基础包，支持多维数组与矩阵运算，提供数组快速操作的各种 API，包括数学、逻辑、形状操作、排序、选择、输入/输出、离散傅里叶变换、基本线性代数，基本统计运算和随机模拟，等等。

Pandas 库有两种自己独有的基本数据结构：Series 和 DataFrame，它是数据分析和可视化的强大利器，可以运用在金融、统计、数理研究、物理计算、社会科学、工程等领域的数据处理工作中。

Sklearn 库是机器学习领域知名的 Python 模块，包含多种机器学习方式，支持分类、回归、降维和聚类四类机器学习算法。此外，Sklearn 库还包括了特征提取、数据处理和模型评估者三个模块，并内置了大量机器学习数据集，为机器学习进行学术研究和日常应用带来了极大便利。通常，机器学习任务建模的一般流程是获取数据→数据预处理→选择并训练模型→模型评估→预测或分类。

Keras 库是一个高度模块化的神经网络库，具有两类主要模型：Sequential 顺序模型和使用函数式 API 的 Model 类模型。应用 Keras 库建模的一般流程遵循如下步骤：导入或产生数据集→初始化模型.Sequential( )→堆叠模块.add( )→编译模型.compile( )→在训练数据上迭代.fit( )→评估模型效果.evaluate( )→实际预测.predict( )。

TensorFlow 库是 Google 开源的基于数据流图的深度学习框架，支持 Python 和 C++程序开发语言，主要用于机器学习和深度神经网络研究。TensorFlow 命名隐含了它的工作原理，其中 Tensor 意为张量（即多维数组），Flow 意为流动。TensorFlow 库的一般建模流程如下：设置训练数据→创建模型（创建网络层，并将网络结构添加到序列模型中）→编译神经网络模型→训练模型→评估模型效果→改进或调节参数→模型应用。

当然，Python 的第三方库远不止上述五种，读者可以根据需要自行查阅官方文档进行学习。

4.8　本　章　习　题

一、填空题

1. NumPy 库的核心数据对象是＿＿＿＿＿＿。
2. Pandas 库独有的两种基本数据结构是＿＿＿＿＿和＿＿＿＿＿。
3. Sklearn 库的主要算法有四类：分类、＿＿＿＿＿、＿＿＿＿＿和降维。
4. Keras 库有两类主要模型：＿＿＿＿＿和使用函数式 API 的 Model 类模型。
5. TensorFlow 库命名隐含了它的工作原理，其中 Tensor 意为＿＿＿＿＿，Flow 意为＿＿＿＿＿。

二、简答题

1. 在线安装第三方库可通过命令行方式实现，具体使用什么命令？
2. 安装好第三方库后，还必须在程序中导入才能使用第三方库提供的函数或属性，一

般在程序开头导入，导入第三方库的语句可以有哪几种形式？

3. 转置是一种特殊的数据重组形式，可以将数据的行与列互换，NumPy 库中可以采用哪些方法实现二维数组的转置？

4. Series 是 Pandas 最重要的数据结构之一，用来处理一维数组的数据分析和操作。创建 Series 的方法有哪几种？

5. Sklearn 库是机器学习领域中知名的 Python 模块之一，简述机器学习建模的一般流程。

6. 简述使用 Keras 库从开始到建模的一般流程。

三、上机实战与提高

请上机操作本章的示例代码，熟悉 NumPy 库、Pandas 库、Sklearn 库、Keras 库和 TensorFlow 库的常用函数和使用方法。

第二篇
人工智能实战基础

第 5 章
数据预处理技术和方法

 内容导读

在工程实践中，我们得到的数据会存在缺失值、重复值等问题，在使用之前需要进行数据预处理，将这些问题数据集通过数据预处理技术和方法，转换为符合质量要求的"新"数据集。

本章我们将着重介绍缺失值处理方法、特征编码方法、特征标准化和正则化方法、特征选择方法、数据稀疏表示和主成分分析。希望读者通过本章的理论学习和实际案例操作的讲解能够掌握数据预处理的方法和技术。

 学习目标和要求

◇ 了解数据预处理的常用流程。
◇ 掌握缺失值常见的处理方法和补全方法。
◇ 掌握特征二元化和独热编码方法。
◇ 掌握数据标准化和正则化方法。
◇ 掌握常用特征选择方法和应用。
◇ 了解数据的稀疏表示和字典学习方法。

思维导图

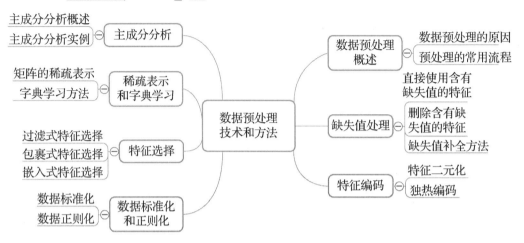

5.1 数据预处理概述

数据预处理概述

　　数据预处理是一种数据挖掘技术，其目的是将原始数据转换为可以理解的格式或者符合数据挖掘的格式。数据预处理没有标准的流程，通常针对任务和数据集属性的不同而不同。数据预处理的常用流程如图 5.1 所示。

图 5.1　数据预处理的常用流程

　　其中，第一步去除唯一属性，通常这些属性并不能刻画样本自身的分布规律（如 ID 属性），直接去除即可。在本章的后续部分我们着重介绍缺失值处理方法、特征编码方法、数据标准化和正则化、特征选择方法、数据稀疏表示和主成分分析。

缺失值处理

5.2 缺失值处理

　　在科学研究中，缺失值是一个非常普遍的现象，凡是涉及数据收集的情景均存在缺失值现象。在社会科学研究中，调查对象在完成问卷过程中可能因各种原因（如疏忽大意、回避敏感问题）造成数据缺失。数据缺失对研究者来说是一个比较麻烦的问题，不仅损失了信息，而且增大了工作量。

缺失值处理的 3 种方法如下：直接使用含有缺失值的特征；删除含有缺失值的特征（该方法在缺失值的属性中含有大量缺失值而仅包含极少有效值时是有效的）；缺失值补全。

常见的缺失值补全方法包括均值插补、同类均值插补、建模预测、高维映射、多重插补、极大似然估计、压缩感知和矩阵补全、手动插补。

1. 直接使用含有缺失值的特征

决策树算法可以直接使用含有缺失值的特征。

2. 删除含有缺失值的特征

在数据集中，如果只有几条数据的某几列存在缺失值，那么可以直接删除这几条数据；如果有一列或者多列数据缺失，我们可以将整列删除，即删除含有缺失值的特征。直接删除数据缺失严重的特征，会误删一些对模型效果有影响的特征，所以删除前要考虑特征对模型的重要性，或者采用一些方法补全缺失值。

3. 缺失值补全方法

（1）均值插补。

若样本属性的距离是可度量的，则该属性的缺失值以该属性有效值的平均值来插补缺失值。如果样本属性的距离是不可度量的，则该属性的缺失值以该属性有效值的众数来插补缺失值。

（2）同类均值插补。

首先将样本进行分类，然后以该类样本中的均值来插补缺失值。

（3）建模预测。

建模预测是指将缺失的属性作为预测目标来预测。这种方法效果较好，但是有一个根本的缺陷：如果其他属性与缺失属性无关，则预测的结果毫无意义；如果预测结果相当准确，则说明这个缺失属性是没必要纳入数据集中的。一般情况下，建模预测介于两者之间。

（4）高维映射。

高维映射是指将属性高映射到高维空间，这是最精确的做法。它完全保留了所有的信息，也未增加任何额外的信息。这样做的好处是完整保留了原始数据的全部信息，不用考虑缺失值；但它的缺点也很明显，就是增加了计算量。高维映射只有在样本量非常大时的效果才好，否则会因为样本过于稀疏而效果很差。

（5）多重插补（Multiple Imputation，MI）。

多重插补认为待插补的值是随机的，它的值来自已观测到的值。具体实践时，通常是估计出待插补的值，然后加上不同的噪声，形成多组可选插补值。根据某种选择依据，选取最合适的插补值。

（6）极大似然估计（Maximum Likelihood Estimate，MLE）。

在缺失类型为随机缺失的条件下，假设模型对于完整的样本是正确的，那么通过观测数据的边际分布可以对未知参数进行极大似然估计。这种方法也称忽略缺失值的极大似然估计,在实际应用中,极大似然的参数估计常采用的计算方法是期望值最大化(Expectation Maximization,EM)。该方法比删除个案和单值插补更有吸引力,它适用于大样本。足够的有效样本的数量,保证极大似然估计值是渐近无偏的并服从正态分布。但是这种方法可能会陷入局部极值,收敛速度也不是很快,并且计算很复杂。

(7)压缩感知和矩阵补全。

压缩感知利用信号本身具有的稀疏性,从部分观测样本中恢复原始信号。压缩感知分为感知测量和重构恢复两个阶段。感知测量阶段对原始信号进行处理以获得稀疏样本表示,常用方法有傅里叶变换、小波变换、字典学习、稀疏编码等。重构恢复阶段基于稀疏性从少量观测中恢复原始信号。这是压缩感知的核心。

矩阵补全即采用一定的方法补上含缺失值矩阵的缺失部分。矩阵补全可以通过矩阵分解将一个含缺失值的矩阵 X 分解为两个(或多个)矩阵,然后这些分解后的矩阵相乘就可以得到原矩阵的近似矩阵 X',我们用这个近似矩阵 X' 的值来填补原矩阵 X 的缺失部分。矩阵补全有很多方面的应用,如推荐系统、缺失值预处理。

(8)手动插补。

插补处理只是将未知值补以我们的主观估计值,不一定完全符合客观事实。在许多情况下,根据对所在领域的理解,手动插补缺失值的效果会更好。

Sklearn 库有专门处理缺失值的模块 sklearn.impute.SimpleImputer,官网中有详细的讲解。

通常填充策略采用均值、中位数、众数和常数填充。SimpleImputer 模块包含四个重要参数,如表 5.1 所示。

表 5.1　SimpleImputer 模块包含的重要参数

参数	含义
missing_values	要填充的缺失值,可以是字符型或数值型,默认为 np.nan 或 None
strategy	填充策略,可以是均值(mean)、中位数(median)、众数(most_frequent)和常数(constant)4 种方式
fill_value	当参数 strategy 是 constant 时采用,可输入字符串或数字表示要填充的值,默认为 0
copy	默认为 True,将创建特征矩阵的副本,反之将缺失值填补到原来的特征矩阵中

SimpleImputer 模块包含 5 个方法,如表 5.2 所示。

表 5.2　SimpleImputer 模块包含的方法及其含义

方法名称	含义
fit(X[,y])	通过 fit()方法可以计算矩阵 X 缺失的相关值,以便填充其他缺失数据矩阵时使用
transform(X)	给定一个矩阵 X,通过 transform 方法转换,即用 fit()方法计算得到的值填充相应的缺失值
fit_transform(X[,y])	fit()和 transform()方法相结合,即先采用 fit()方法计算相关值,再转换填入
get_params([deep])	获取模块参数
set_params(**params)	设置模块参数

下面以一个实例来演示利用 SimpleImputer 处理缺失值的过程。

```
#导入库
import numpy as np
import matplotlib.pyplot as plt
import pandas as pd
#导入数据集
dataSet = pd.read_csv('data.csv')
#dataSet 导入的数据集
```

缺失值处理
代码

查看 dataSet 数据集，如图 5.2 所示。

	index	country	age	salary	purchased
0	0	France	44.0	72000.0	No
1	1	Spain	27.0	48000.0	Yes
2	2	Germany	30.0	54000.0	No
3	3	France	38.0	61000.0	No
4	4	Spain	40.0	NaN	Yes
5	5	France	35.0	58000.0	Yes
6	6	Spain	NaN	52000.0	No
7	7	France	48.0	79000.0	Yes
8	8	Germany	50.0	83000.0	No
9	9	France	37.0	67000.0	Yes

图 5.2　dataSet 数据集

可以看到 age 列有缺失值，当数据集比较大时，也可以直接调用 dataSet.info()查看数据集的统计信息。

对于 age 列，解决方法是取其他行的平均值代替该缺失值。

```
from sklearn.model_selection import train_test_split
from sklearn.impute import SimpleImputer
#取出缺失值所在列的数值，Sklearn 库中的特征矩阵必须是二维才能传入
age=dataSet['age'].values.reshape(-1,1)
#用 SimpleImputer 方法进行缺失值插补，这里采用均值填充策略
imp_mean =SimpleImputer(missing_values=np.nan,strategy='mean')
#fit_transform 一步完成调取结果
```

```
imp_mean = imp_mean.fit_transform(age)
 #填充好的数据传回dataSet['age']列
dataSet['age']=imp_mean
#检验是否还有空值，为0说明空值均已被填充
dataSet['age'].isnull().sum()
```

从图 5.2 可以看出，salary 列也有缺失值，我们用众数填充 salary 列。

```
#取出缺失值所在列的数值，Sklearn库中的特征矩阵必须是二维才能传入，使用reshape(-1,1)
升维
salary=dataSet['salary'].values.reshape(-1,1)
#导入模块
from sklearn.impute import SimpleImputer
#实例化，众数填充
imp_most_frequent=SimpleImputer(missing_values=np.nan,strategy='most_
frequent')
#fit_transform一步完成调取结果
imp_most_frequent=imp_most_frequent.fit_transform(salary)
#填充好的数据传回dataSet['salary']列
dataSet['salary']=imp_most_frequent
#检验是否还有空值，为0说明空值均已被填充
dataSet['salary'].isnull().sum()
```

处理完后，我们查看 dataSet 数据集，可以得到图 5.3 所示的结果。从图 5.3 可以看出，缺失值的两列数据已补充完整。

	index	country	age	salary	purchased
0	0	France	44.000000	72000.0	No
1	1	Spain	27.000000	48000.0	Yes
2	2	Germany	30.000000	54000.0	No
3	3	France	38.000000	61000.0	No
4	4	Spain	40.000000	48000.0	Yes
5	5	France	35.000000	58000.0	Yes
6	6	Spain	38.777778	52000.0	No
7	7	France	48.000000	79000.0	Yes
8	8	Germany	50.000000	83000.0	No
9	9	France	37.000000	67000.0	Yes

图 5.3 填充处理缺失值后的数据集

5.3　特征编码

机器学习模型需要的数据是数字型的，因为只有数字型才能进行计算，但平时处理的某些数据很多是一些英文符号或者中文汉字。特征编码是将各种各样的非数值型特征值转换为数值型数据的过程，编码实际上是一个特征值量化的过程。常见的特征编码有特征二元化和独热（one-hot）编码。

1. 特征二元化

特征二元化是将数值型的属性转换成布尔型的属性。例如，性别项取值"男""女"可分别用 1、0 表示，成绩"及格"和"不及格"也可分别用 1 和 0 表示。

下面将通过一个具体案例说明利用 Sklearn 库自带的工具对数据进行特征二元化处理，将 X 转换成 0，1 形式的二进制数据。

```
from sklearn.preprocessing import Binarizer
X=[ [1,2,3,4,5], [5,4,3,2,1], [3,3,3,3,3], [1,1,1,1,1]]
#将上述二维数组按照阈值 2.5 转换成二进制数据
binarizer=Binarizer(threshold=2.5)
print("after transform:",binarizer.transform(X))
```

本案例中，设定阈值为 2.5，转换后的数据为

```
[[0 0 1 1 1] [1 1 1 0 0] [1 1 1 1 1] [0 0 0 0 0]]
```

即大于 2.5 的数值用 1 表示，反之用 0 表示。

2. 独热编码

当独热编码构建一个映射时，将这些非数值属性映射到整数。其采用 N 位状态寄存器对 N 个可能的取值进行编码，每个状态都由独立的寄存器位表示，并且在任意时刻只有其中一位有效。

如性别特征，这里的特征有两个状态：["男","女"]，按照 N 位状态寄存器对 N 个状态进行编码的原理，编码应该是两位。相应的独热编码如下：男=> 10、女 => 01。再如运动特征：["足球","篮球","羽毛球","乒乓球"]，这里特征有 4 种状态，所以 $N=4$，足球=>1000、篮球=> 0100、羽毛球=>0010、乒乓球=>0001。当一个样本为["男","乒乓球"]时，完整的特征数字化的结果为[1,0，| 0,0,0,1]。

下面将通过一个具体实例说明利用 Sklearn 库自带的工具对特征值进行独热编码处理，OneHotEncoder 方法可见 Sklearn 官方文档说明，这里不再赘述。

```
from sklearn.preprocessing import OneHotEncoder
X=[[0,0,3],  [1,1,0],
   [0,2,1],
```

```
                          [1,0,2]]
encoder=OneHotEncoder(sparse=False)  #不产生稀疏矩阵
encoder.fit(X)
print("after transform[0,0,3]:",encoder.transform([[0,0,3]]))
print("after transform:[1,1,0]:",encoder.transform([[1,1,0]]))
print("after transform:[0,2,1]:",encoder.transform([[0,2,1]]))
print("after transform:[1,0,2]:",encoder.transform([[1,0,2]]))
```

输出结果如下。

```
after transform[0,0,3]:[[1. 0. 1. 0. 0. 0. 0. 0. 1.]]
after transform:[1,1,0]:[[0. 1. 0. 1. 0. 1. 0. 0. 0.]]
after transform:[0,2,1]:[[1. 0. 0. 0. 1. 0. 1. 0. 0.]]
after transform:[1,0,2]:[[0. 1. 1. 0. 0. 0. 0. 1. 0.]]
```

运行结果说明：对于输入数组，把每行当作一个样本，把每列当作一个特征。

上例中的第一个特征（即第一列取值）是[0,1,0,1]，也就是说它有两个取值 0 和 1，那么独热编码就会使用两位来表示这个特征，用[1,0]表示 0，用[0,1]表示 1，在上例输出结果中的前两位[1,0]也就是表示该特征为 0，[0,1]表示 1。

第二个特征（即第二列取值）是[0,1,2,0]，它有 3 个取值，那么独热编码就会使用 3 位表示这个特征，[1,0,0]表示 0，[0,1,0]表示 1，[0,0,1]表示 2，在上例的输出结果中，第一个样本第三位到第五位[…1,0,0…]表示该特征为 0。

同理，第三个特征（即第三列取值）是[3,0,1,2]，它有 4 个取值，那么独热编码就会使用 4 位来表示这个特征，[1,0,0,0]表示 0，[0,1,0,0]表示 1，[0,0,1,0]表示 2，[0,0,0,1]表示 3，在上例输出结果中第一个样本的最后四位[…0,0,0,1]表示该特征为 3。

5.4　数据标准化和正则化

5.4.1　数据标准化

数据标准化是按比例缩放数据，将样本的属性缩放到某个小的特定区间。进行数据标准化的原因如下：一是因为某些算法要求样本数据具有零均值和单位方差；二是样本的不同属性具有不同量级时，去除数据的单位限制，将其转换为无量纲的纯数值，便于不同单位或量级的指标能够进行比较和加权，消除数量级的影响。

常见数据标准化方法包括 min-max 规范化方法（min-max normalization）、z-score 正规化方法和归一化方法。

1. min-max 规范化方法

min-max 规范化方法也称离差标准化，其中 max 为样本数据的最大值，min 为样本数据的最小值。经过对原始数据的线性变换，使结果落到[0,1]区间。

设数据序列 $x_1, x_2, x_3, \cdots, x_n$，利用式（5-1）对其 min-max 进行归一化处理。

$$y_i = \frac{x_i - \min_{1 \leq j \leq n} \{x_j\}}{\max_{1 \leq j \leq n} \{x_j\} - \min_{1 \leq j \leq n} \{x_j\}} \tag{5-1}$$

经过处理后，生成新序列 $y_1, y_2, y_3, \cdots, y_n \in [0,1]$ 且无量纲。这种方法有一个缺陷，当有新数据加入时，可能导致 max 和 min 变化，需要重新定义。

下面将通过一个具体实例说明利用 Sklearn 自带的 MinMaxScaler 方法对特征值进行 min-max 规范化处理，MinMaxScaler 方法可参见 Sklearn 官方文档说明，这里不再赘述。

```
#MinMaxScaler
from sklearn.preprocessing import MinMaxScaler
X=[[1,5,1,2,10],
   [2,6,3,2,7],
   [3,7,5,6,4],
   [4,8,7,8,1]]
scaler=MinMaxScaler(feature_range=(0,1))
scaler.fit(X)
print("data_max_ is:",scaler.data_max_)
print("data_min_ is:",scaler.data_min_)
print("after transform:",scaler.transform(X))
```

数据标准化和正则化.ipynb

运行结果如下：

```
data_max_ is: [ 4.  8.  7.  8.  10.]
data_min_ is: [1.  5.  1.  2.  1.]
after transform:
 [[0.          0.          0.          0.          1.        ]
  [0.33333333  0.33333333  0.33333333  0.          0.66666667]
  [0.66666667  0.66666667  0.66666667  0.66666667  0.33333333]
  [1.          1.          1.          1.          0.        ]]
```

【思考与提高】

将上述代码稍作修改，将特征数值范围调整为[0,2]。转换后的样本特征数据是什么呢？

2. z-score 正规化方法

z-score 正规化方法基于原始数据的均值（mean）和标准差（standard deviation）进行数据的标准化。数据标准化之后，样本集的所有属性的均值都是 0，标准差都是 1。

设数据序列 $x_1, x_2, x_3, \cdots, x_n$，利用式（5-2）对其进行 z-score 正规化处理。

$$y_i = \frac{x_i - \overline{x}}{s} \tag{5-2}$$

其中，$\overline{x} = \dfrac{1}{n}\sum\limits_{i=1}^{n}x_i$，$s = \sqrt{\dfrac{1}{n}\sum\limits_{i=1}^{n}(x_i - \overline{x})^2}$。

新序列 $y_1, y_2, y_3, \cdots, y_n$ 的均值为 0，方差为 1，且无量纲。z-score 正规化方法适用于数据序列的最大值和最小值未知的情况，也有超出取值范围的离群数据的情况。

下面将通过一个具体实例说明利用 sklearn.preprocessing.StandardScaler 方法对特征值进行 z-score 正规化处理，StandardScaler 方法可参见 Sklearn 官方文档说明，这里不再赘述。

```
from sklearn.preprocessing import StandardScaler
#StandardScaler:z-score
X=[[1,5,1,2,10],
   [2,6,3,2,7],
   [3,7,5,6,4],
   [4,8,7,8,1]]
scaler=StandardScaler()
scaler.fit(X)
print("mean_ is:",scaler.mean_)
print("var_ is:",scaler.var_)
print("after transfrom:",scaler.transform(X))
```

运行结果如下。

```
mean_ is: [2.5 6.5 4. 4.5 5.5]
var_ is: [ 1.25 1.25 5. 6.75 11.25]
after transfrom:
[[-1.34164079 -1.34164079 -1.34164079 -0.96225045 1.34164079]
 [-0.4472136 -0.4472136 -0.4472136 -0.96225045 0.4472136 ]
 [ 0.4472136 0.4472136 0.4472136 0.57735027 -0.4472136 ]
 [1.34164079 1.34164079 1.34164079 1.34715063 -1.34164079]]
```

【思考与提高】

如何解释上面案例经 z-score 进行正规化处理后得到的运行结果呢？

3. 归一化方法

设正项序列 $x_1, x_2, x_3, \cdots, x_n$，对其按式（5-3）进行变换：

$$y_i = \frac{x_i}{\sum\limits_{i=1}^{n}x_i} \tag{5-3}$$

经过变换后，生成新序列 $y_1, y_2, y_3, \cdots, y_n \in [0,1]$ 且无量纲，并且有 $\sum\limits_{i=1}^{n}y_i = 1$。

5.4.2 数据正则化

数据正则化是指将样本的某个范数（如 L1 范数）缩放到单位 1。正则化的过程是针对单个样本的，将每个样本缩放到单位范数。正则化主要用于防止过拟合，在训练模型时，要最小化损失函数，这样很有可能出现过拟合的问题（参数过多，模型过于复杂），所以可以在损失函数后面加上正则化约束项，转而求约束函数和正则化约束项之和的最小值。

Normalization 的主要思想是计算每个样本的 p-范数，然后将该样本中的每个元素除以该范数，这样处理的结果使得每个处理后样本的 p-范数（L1-范数，L2-范数）等于 1。

p-范数的计算公式见式（5-4），该方法主要应用于文本分类和聚类。

$$L_p = \|x\|_p = \sqrt[p]{\sum_{i=1}^{n} x_i^p}, \quad x = (x_1, x_2, x_3, \cdots, x_n) \tag{5-4}$$

下面是一个数据正则化的实例，它采用 sklearn.preprocessing.StandardScaler 方法对特征值进行正则化处理，Normalizer 方法可参见 Sklearn 官方文档说明，这里不再赘述。

```
#Normalizer
from sklearn.preprocessing import Normalizer
X=[[1,2,3,4,5],
   [5,4,3,2,1],
   [1,3,5,2,4],
   [2,4,1,3,5]]
#NORM_L2，采用 L2-范数正则化数组
normalizer=Normalizer(norm='l2')
print("after transform:",normalizer.transform(X))
```

运行结果如下。

```
after transform:
 [[0.13483997  0.26967994  0.40451992  0.53935989  0.67419986]
 [0.67419986  0.53935989  0.40451992  0.26967994  0.13483997]
 [0.13483997  0.40451992  0.67419986  0.26967994  0.53935989]
 [0.26967994  0.53935989  0.13483997  0.40451992  0.67419986]]
```

5.5 特 征 选 择

当特征维度超过一定界限时，分类器的性能随着特征维度的增加而下降（而且维度越多，训练模型的时间花费越大），这就是所说的维灾难现象。导致分类器下降的原因往往是这些高维度特征中含有无关特征和冗余特征，因此特征选择的主要目的是去除特征中的无关特征和冗余特征。特征选择（排序）对于数据分析、机器学习中的建模非常重要，好的特征选择能够提升模型的性能，更能帮助我们理解数据的特点、底层结构，这对进一步改善模型、算法都有重要作用。

特征选择

特征选择主要有两个功能：一是减少特征、降维，使模型泛化能力更强，减少过拟合；二是增强对特征和特征值之间的理解。常用的特征选择方法有过滤式特征选择、包裹式特征选择和嵌入式特征选择。

5.5.1 过滤式特征选择

过滤式特征选择（filter）先对数据集进行特征选择，再训练学习器。特征选择过程与后续学习器无关。

1. 过滤式特征选择法——VarianceThreshold 法

使用 VarianceThreshold 法，先计算各特征的方差，再根据阈值选择方差大于阈值的特征。

下面的实例可调用 sklearn.feature_selection.VarianceThreshold 方法实现特征值选取，具体参数和使用方法可查阅官方文档说明。

```
from sklearn.feature_selection import VarianceThreshold
#VarianceThreshold
X=[[100,1,2,3],
   [100,4,5,6],
   [100,7,8,9],
   [101,11,12,13]]
#方差阈值设为1
selector=VarianceThreshold(1)
selector.fit(X)
#输出各特征的方差
print("Variances is %s"%selector.variances_)
#筛选方差大于阈值的特征输出
print("After transform is %s"%selector.transform(X))
#输出选中特征列的索引
print("The support is %s"%selector.get_support(True))
#将要被移除的特征列数值填入0，输出最后的特征值
print("After   reverse   transform   is   %s"%selector.inverse_transform
(selector.transform(X)))
```

特征选择.
ipynb

运行结果如下。

```
Variances is [ 0.1875 13.6875 13.6875 13.6875]
After transform is
[[ 1  2  3]
 [ 4  5  6]
 [ 7  8  9]
 [11 12 13]]
The support is [1 2 3]
After reverse transform is
```

```
[[ 0  1  2  3]
 [ 0  4  5  6]
 [ 0  7  8  9]
 [ 0  11 12 13]]
```

可见 VarianceThreshold 特征选择法选取方差大于阈值的特征，本例中各特征的方差值是[0.1875 13.6875 13.6875 13.6875]，方差阈值为 1，所以选取后 3 列特征，选取特征索引是[1 2 3]。

2. 过滤式特征选择法——SelectKBest 法

SelectKBest 法是一种相关系数法，先计算各个特征在某个特征指标下对目标值的得分以及相关系数的 P 值，选取得分值较高的几个特征。

下面的实例调用 sklearn.feature_ selection.SelectKBest 方法实现特征值选取，具体参数和使用方法可查阅官方文档说明。

```
#SelectKBest
from sklearn.feature_selection import SelectKBest
X= [[1,2,3,4,5],
    [5,4,3,2,1],
    [3,3,3,3,3],
    [1,1,1,1,1]]
Y=[0,1,0,1]
print("before transform:",X)
#考察特征指标 f_classif，选取得分较高的 3 个特征
selector=SelectKBest(score_func=f_classif,k=3)
selector.fit(X,Y)
#模型训练后查看各特征的得分
print("scores_:",selector.scores_)
#特征得分的 p_value 值
print("pvalues_:",selector.pvalues_)
#最终选取的 3 个特征索引
print("selected index:",selector.get_support(True))
#返回选取的特征组
print("after transform:",selector.transform(X))
```

运行结果如下。

```
scores_: [0.2 0.  1.  8.  9. ]
pvalues_: [0.69848865 1.  0.42264974 0.10557281 0.09546597]
selected index: [2 3 4]
after transform:
  [[3 4 5]
```

```
[3 2 1]
[3 3 3]
[1 1 1]]
```

本例从 5 个特征中选取得分较高的 3 个特征，最终根据 SelectKBest 方法和模型的拟合选取后 3 列为模型的特征。

5.5.2 包裹式特征选择

包裹式特征选择（wrapper）直接把最终要使用的学习器的性能作为特征子集的评价准则。常用方法有 LVW（Las Vegas Wrapper）——一种典型的包裹式特征选择方法，它在拉斯维加斯方法框架下使用随机策略搜索子集，并以最终分类器的误差作为特征子集评价准则。换言之，包裹式特征选择的目的就是给定学习器选择最有利于其性能，量身定做的特征子集，这是与过滤式特征选择最大的区别。

1. 包裹式特征选择法——RFE 法

递归消除特征（Recursive Feature Elimination，RFE）法使用一个机器学习模型进行多轮训练，每轮训练后，移除若干权值系数的特征，再基于新的特征集进行下一轮训练。对特征含有权重的预测模型（如线性模型对应参数 coefficients），RFE 法通过递归减小考察的特征集规模来选择特征。首先，预测模型在原始特征上训练，每个特征指定一个权重，拥有最小绝对值权重的特征被踢出特征集。如此往复递归，直至剩余的特征数量达到所需的特征数量。

下面的实例通过调用 sklearn.feature_selection.RFE 方法实现包裹式特征选择。RFE 具体属性和方法可参见 Sklearn 官方文档说明。

```
#RFE
from sklearn.feature_selection import RFE
from sklearn.datasets import make_friedman1
from sklearn.svm import SVR
X, y = make_friedman1(n_samples=50, n_features=10, random_state=0)
print("Before transform,X=",X)
estimator = SVR(kernel="linear")
selector = RFE(estimator, n_features_to_select=5, step=1)
selector = selector.fit(X, y)
print("After transform: %s"%selector.transform(X))
print("Ranking %s"%selector.ranking_)
print("selected index:",selector.get_support(True))
```

运行结果如下。

```
Ranking [1 1 1 1 1 6 4 3 2 5]
selected index: [0 1 2 3 4]
```

本实例选取 Sklearn 的官方数据集 make_friedman1，数据集包含 50 个样本，10 个特征，调用的 RFE 法采用线性核函数的 SVR 模型拟合选取 5 个特征。运行结果表明，此例选择前 5 个特征。

2. 包裹式特征选择法——RFECV 法

RFECV 法通过交叉验证的方式执行 RFE 法，以选择最佳数量的特征：对于一个数量为 d 的 feature 的集合，它所有子集的数量是 $2^d - 1$（包含空集）。RFECV 需要指定一个外部的学习算法，比如支持向量机，通过该算法计算所有子集的 validation error，选择 error 最小的子集为挑选的特征。

下面的实例可调用 sklearn.feature_selection.RFECV 方法实现，具体属性和方法可参见 Sklearn 官方文档。

```
#RFECV
from sklearn.feature_selection import RFECV
from sklearn.datasets import make_friedman1
from sklearn.svm import SVR
X, y = make_friedman1(n_samples=50, n_features=10, random_state=0)
print("Before transform,X=",X)
estimator = SVR(kernel="linear")
#CV=5，使用 5 折交叉验证
selector = RFECV(estimator, step=1, cv=5)
selector = selector.fit(X, y)
print("After transform: %s"%selector.transform(X))
print("Ranking %s"%selector.ranking_)
print("selected index:",selector.get_support(True))
```

运行结果如下。

```
Ranking [1 1 1 1 1 6 4 3 2 5]
selected index: [0 1 2 3 4]
```

本实例选取 Sklearn 的官方数据集 make_friedman1，数据集包含 50 个样本，10 个特征，调用的 RFECV 法采用线性核函数的 SVR 模型，设置 5 折交叉验证。运行结果表明，此例选择前 5 个特征。

5.5.3　嵌入式特征选择

嵌入式（embedding）特征选择是在学习器训练过程中自动选择特征，将特征选择过程与学习器训练过程融为一体，两者在同一个优化过程中完成。

嵌入式特征选择 SelectFromModel 模型通过 Sklearn 内置的机器学习模型提供的特征重要性指标 coef_或 feature_importance 选择特征，即如果特征的 coef_或 feature_importance 的值低于预设的阈值，则移除低于阈值的特征。其中，阈值的设定可以指定，也可以通过启发式方法选择合适的阈值。

下面的实例通过调用 sklearn.feature_selection.SelectFromModel 方法实现嵌入式特征选择，具体属性和方法可参见 Sklearn 官方网站中的文档。

```
from sklearn.feature_selection import SelectFromModel
from sklearn.linear_model import LogisticRegression
X = [[ 0.87, -1.34,  0.31 ],
     [-2.79, -0.02, -0.85 ],
     [-1.34, -0.48, -2.55 ],
     [ 1.92,  1.48,  0.65 ]]
y = [0, 1, 0, 1]
selector = SelectFromModel(estimator=LogisticRegression()).fit(X, y)
print("coef:",selector.estimator_.coef_)
print("threshold:",selector.threshold_)
print("selected index:",selector.get_support(True))
print("After transform: %s"%selector.transform(X))
```

运行结果如下。

```
coef: [[-0.3252302 0.83462377 0.49750423]]
threshold: 0.5524527319086915
selected index: [1]
After transform: [[-1.34] [-0.02] [-0.48] [ 1.48]]
```

本实例中，系数阈值通过 LogisticRegression 模型训练设为 0.5524527319086915，移除系数低于阈值的特征，最终只保留第二列，即索引号 1 的特征列。

5.6　稀疏表示和字典学习

为普通稠密表达的样本找到合适的字典，将样本转换为合适的稀疏表达形式，从而使学习任务简化，模型复杂度得以降低，通常称为"字典学习"（dictionary learning），也称"稀疏编码"（sparse coding）。实际上，字典学习侧重于学习和应用的过程，而稀疏编码侧重于对样本进行稀疏表达的过程，由于字典学习和稀疏编码通常是在同一个优化求解过程中完成的，因此不做进一步区分，统称为字典学习。

假设我们用一个 $M \times N$ 的矩阵表示数据集 X，每行代表一个样本，每列代表样本的一个属性，一般而言，该矩阵是稠密的，即大多数元素不为 0。稀疏表示的含义是寻找一个系数矩阵 A（$K \times N$）及一个字典矩阵 B（$M \times K$），使得 $B \times A$ 尽可能地还原数据集 X，且矩阵 A 尽可能地稀疏。矩阵 A 便是 X 的稀疏表达形式。

字典学习的目标是查找一个字典（一组原子），可以用它的稀疏代码形式表示数据。字典学习可使用 sklearn.decomposition.DictionaryLearning 方法实现，具体属性和方法可参见 Sklearn 官方网站中的文档。

下面是一个字典学习的实例。

```
#DictionaryLearning
import numpy as np
from sklearn.decomposition import DictionaryLearning
X=[[1,2,3,4,5],
   [6,7,8,9,10],
   [10,9,8,7,6],
   [5,4,3,2,1]]
print("before transform:",X)
dct=DictionaryLearning(n_components=3)
dct.fit(X)
print("components is :",dct.components_)
print("after transform:",dct.transform(X))
```

稀疏表示和
字典学习

稀疏表示和
字典学习.
ipynb

运行结果如下。

```
components is :
[[-4.47213595e-01 -4.47213595e-01 -4.47213595e-01 -4.47213595e-01 -4.47213595e-01]
[-6.32455532e-01 -3.16227766e-01 1.16973429e-15 3.16227766e-01 6.32455532e-01]
[8.95362645e-01 -1.02127894e-01 2.92916270e-01 -2.83206194e-01 1.47952485e-01]]
 after transform:
[[ -6.70820393 0. 0. ]
 [-17.88854382 0. 0. ]
 [-17.88854382 0. 0. ]
 [ -6.70820393 0. 0. ]]
```

可见转换后的字典形式是一种稀疏矩阵的表示形式。

5.7　主成分分析

主成分分析（Principle Component Analysis, PCA）是数据降维的一个方法。原始的统计数据中有很多变量，可以采用主成分分析法将原始数据降维为少数变量的数据。

下面是一个主成分分析法的实例。

```
import numpy as np
from sklearn.decomposition import PCA
X = np.array([[-1, -1], [-2, -1], [-3, -2], [1, 1], [2, 1], [3, 2]])
pca = PCA(n_components=2)
pca.fit(X)
PCA(copy=True, n_components=2, whiten=False)
print(pca.explained_variance_ratio_)
```

主成分分析.
ipynb

运行结果如下。

```
[0.99244289 0.00755711]
```

本例先创建一个 PCA 对象,其中参数 n_components 表示保留的特征数,如果不输入 n_components,即采用默认值,此时 n_components=min(样本数,特征数)。如果设置成 "mle",那么会自动确定保留的特征数。本例输出 explained_variance_ratio_ 参数的值,即单个变量方差贡献率为[0.99244289　0.00755711],表明第一个特征的单个变量方差贡献率已经达到 99%,意味着几乎保留了所有的信息,所以这里只需保留一个特征即可。

将上例中的 n_components 参数设置成 mle,explained_variance_ratio 参数运行结果为 [0.99244289],发现自动保留了一个特征。

```
import numpy as np
from sklearn.decomposition import PCA
X = np.array([[-1, -1], [-2, -1], [-3, -2], [1, 1], [2, 1], [3, 2]])
pca = PCA(n_components='mle')
pca.fit(X)
print(pca.explained_variance_ratio_)
```

5.8　本　章　小　结

本章介绍了数据预处理的流程和方法,主要包括缺失值处理方法、特征编码方法、特征标准化和正则化方法、特征选择方法、数据稀疏表示、字典学习方法和主成分分析方法。

在此基础上,我们在 Windows 10+Anaconda 3+Jupyter Notebook 环境下,利用 Sklearn 库自带的数据预处理工具以具体的实例实现了以下数据的预处理操作。

① 特征编码,包括特征二元化和特征独热编码。

② 特征标准化和正则化,包括 MinMaxScaler、MaxAbsScaler、StandardScaler、Normalizer 方法。

③ 特征选择,包括 VarianceThreshold、SelectKBest、RFE、RFECV、SelectFromModel 方法。

④ 数据降维,用稀疏表示方法和字典学习模型对数据进行降维。

⑤ 主成分分析,利用主成分分析方法将多个变量降维成少数变量。

5.9　本　章　习　题

一、简答题

1. 请简述数据预处理的流程和方法。

2. 常见的缺失值处理方法有哪些?其中 Sklearn 库自带了处理缺失值模块 SimpleImputer, 请简述 SimpleImputer 的常见参数和方法。

3. 特征编码包括哪些方法?请简述它们的处理转换方法。

4. 为什么要对数据进行标准化处理?常见的数据标准化法有哪些方法?

5. 选择特征的原因有哪些？请简述常见的特征选择方法。

6. 对数据进行降维处理有哪些方法？

二、上机实战与提高

1. 对于 5.2 节的利用 Sklean 库中 SimpleImputer 模块填补缺失值处理方法，用常数 30 填充实例中数据集中的"age"列缺失值，用中位数填充"salary"列缺失值。

2. 假设输入含 4 个样本，5 个特征的数据，即 4 行 5 列的数据 X，经过独热编码，其特征值如何变化呢？请利用 Klearn 库自带的工具尝试独热编码。

```
X=[[1,2,3,4,5],
   [5,4,3,2,1],
   [3,3,3,3,3],
   [1,1,1,1,1]]
```

3. 可以写出特征[[1,2,3,4],[4,3,2,1],[3,3,2,3],[5,6,7,8]]采用 L2-范数正则化之后的值吗？请利用 Klearn 库自带的工具尝试 L2 正则化处理。

第 **6** 章
KNN 算法

 **内容导读**

　　KNN（K Nearest Neighbor，K 近邻分类）算法的基本原理是根据离它最近的 K 个点的类别来判断预测值 x 的类别，即它在分类决策上只依据最近邻的一个或者多个样本的类别来决定待分样本所属的类别。KNN 是一种有监督学习的分类算法，是最简单、最常用的分类算法之一。因算法思路简单，易理解和实现，无须估计参数，不仅可以用于分类，而且可以用于预测，并广泛应用于文本分类、聚类分析、预测分析、模式识别、图像处理等领域。

　　本章介绍 KNN 算法的基本概念和原理，并以手写字识别、网站约会配对和乳腺癌诊断 3 个应用实例展示 KNN 算法功能的强大。项目的代码、操作步骤和参考视频均可扫描二维码下载和观看。

学习目标和要求

◇　掌握 KNN 算法的基本原理。

◇　了解 KNN 算法的重要参数。

◇　了解 KNN 算法的特点。

◇　通过实例学会用 KNN 算法实现手写字识别。

◇　通过实例学会用 KNN 算法实现网站约会配对。

◇　通过实例学会用 KNN 算法实现乳腺癌诊断。

思 维 导 图

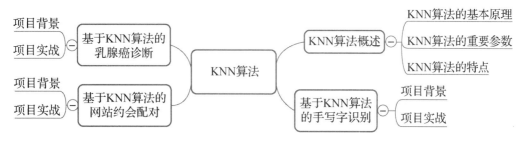

6.1　KNN 算法概述

6.1.1　KNN 算法的基本原理

KNN 算法的意思是 K 个最近的邻居，每个样本都可以用它最接近的 K 个近邻值表示，它是数据挖掘分类技术中最简单的方法之一。

KNN 算法的基本思想是通过测量不同特征值之间的距离进行分类的，如果一个样本在特征空间中的 K 个最相似（即特征空间中最近邻）的样本中的大多数属于某个类别，则该样本也属于这个类别，其中 K 通常是不大于 20 的整数。KNN 算法中，选择的邻居都是已经正确分类的对象。该算法在分类决策上只依据最近邻的一个或者几个样本的类别来决定待分样本所属的类别。由于 KNN 算法主要靠周围有限的近邻的样本，而不是靠判别类域的方法来确定所属类别的，因此对于类域的交叉或重叠较多的待分样本集来说，KNN 算法比其他方法更适合。

下面通过一个简单的例子进行说明，如图 6.1 所示，绿色圆是要待分类的样本，它应归为红色三角形类还是蓝色正方形类？如果 $K=3$，以绿色圆为圆心，周边包含近邻 3 个样本的区域中，由于红色三角形占比最大，为 2/3，因此绿色圆将被赋予红色三角形类；如果 $K=5$，以绿色圆为圆心，周边包含近邻 5 个样本的区域中，由于蓝色正方形占比最大，为 3/5，因此绿色圆被赋予蓝色正方形类。

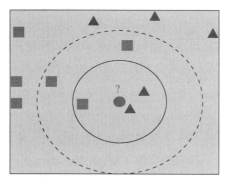

图 6.1　KNN 分类示例

KNN 算法
概述

总的来说，KNN 算法就是在训练集数据和标签已知的情况下，输入测试数据，将测试数据的特征与训练集中对应的特征进行比较，找到训练集中与之最相似的前 K 个数据，则该测试数据对应的类别就是 K 个数据中出现次数最多的分类。

KNN 算法的实现分为以下 5 个步骤。

（1）计算测试数据与各个训练数据之间的距离。

（2）按照距离的递增关系排序。

（3）选取距离最小的 K 个点。

（4）确定前 K 个点所在类别的出现频率。

（5）返回前 K 个点中出现频率最高的类别作为测试数据的预测分类。

6.1.2　KNN 算法的重要参数

从图 6.1 可知，待分类样本最终分类结果和 K 的取值密切相关，不同的取值 K，分类结果可能完全不同。因此算法中 K 的取值至关重要，另外，KNN 算法是寻找 K 个距离最近的已知样本点，那么 KNN 算法中距离又是如何度量的呢？

1. 参数 K 的取值和取法

（1）参数 K 的取值。

K：临近数，即在预测目标点时取几个临近的点来预测。K 的取值过大或过小都会影响分类效果。

当 K 的取值过小时，一旦有噪声成分存在，对预测会产生较大影响，例如取 K 值为 1 时，最近的一个点是噪声，就会出现偏差，K 值的减小就意味着整体模型变得复杂，容易发生过拟合。

当 K 的取值过大时，就相当于使用较大邻域中的训练实例进行预测，学习的近似误差会增大。这时与输入目标点较远的实例也会对预测起作用，使预测发生错误。K 值的增大就意味着整体的模型变得简单；极端情况下即 $K=N$ 时，也就是取全部的实例，即取实例中某分类下最多的点，就对预测没有什么实际的意义了。

K 的取值尽量取奇数，以保证计算后会产生较多类别；如果取偶数则可能会产生相等的情况，不利于预测。

（2）参数 K 的取值法。

K 的取值常用的方法是从 $K=1$ 开始，使用检验集估计分类器的误差率。重复该过程，每次 K 增加 1，允许增加一个近邻。选取产生最小误差率的 K。

一般 K 的取值不超过 20，上限是 n 的开方，随着数据集的增大，K 的值也要增大。

2. KNN 算法的距离度量

在 KNN 算法中，通过计算对象间的距离作为各个对象之间的非相似性指标，避免了对象之间的匹配问题。距离就是平面上两个点的直线距离。常用的距离度量方法包括欧氏距离（Euclidean distance）、曼哈顿距离（Manhattan distance）、余弦值（cos）、相关度（correlation）等。

（1）欧氏距离。欧氏距离又称欧几里得距离，两个点或元组 $P_1=(x_1,y_1)$ 和 $P_2=(x_2,y_2)$ 的欧氏距离计算公式见式（6-1），其几何意义是求两点之间的直线距离，如图 6.2 所示。

$$\text{Euclidean distance}(d) = \sqrt{(x_2 - x_1)^2 + (y_2 - y_1)^2} \qquad (6\text{-}1)$$

式（6-1）是二维数据距离计算公式，当数据涉及多个维度时，设 P_1、P_2 是 n 维空间的点，点 P_1 的坐标为（$x_1,x_2,\cdots,x_n$），点 P_2 的坐标为（$y_1,y_2,\cdots,y_n$），则 P_1、P_2 间的欧氏距离是多个维度各自求差，其距离公式见式（6-2）。

$$E(x,y) = \sqrt{\sum_{i=1}^{n}(x_i - y_i)^2} \qquad (6\text{-}2)$$

（2）曼哈顿距离。两个点或元组 $P_1=(x_1,y_1)$ 和 $P_2=(x_2,y_2)$ 的曼哈顿距离计算公式见式（6-3），曼哈顿距离用来表示两个点在标准坐标系上的绝对轴距总和，如图 6.3 所示，P_1 和 P_2 两点的曼哈顿距离为 BP_2 和 AP_2 两条线段长度总和，以两点对角线为中心的折线长度总和为其等效距离。

$$\text{Manhattan distance}(d) = |x_2 - x_1| + |y_2 - y_1| \qquad (6\text{-}3)$$

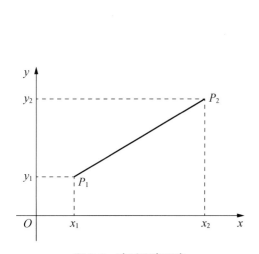

图 6.2　欧氏距离示意　　　　　图 6.3　曼哈顿距离示意

当数据涉及多个维度时，设 P_1、P_2 是 n 维空间的点，点 P_1 坐标为（$x_1,x_2,\cdots,x_n$），点 P_2 坐标为（$y_1,y_2,\cdots,y_n$），则 P_1、P_2 间的曼哈顿距离是多个维度各自求差，其距离公式见式（6-4）。

$$d(x,y) = \sqrt{\sum_{i=1}^{n}|x_i - y_i|} \qquad (6\text{-}4)$$

3. 分类决策的准则

（1）投票表决。少数服从多数，输入实例的 K 个最近邻中哪个种类（label）的实例点最多，则分为该类。

（2）加权投票法（改进）。根据距离的远近，对 K 个近邻的投票做加权，距离越近权重越大（权重为距离的倒数）。

6.1.3　KNN 算法的特点

KNN 算法的特点如下。

KNN 算法是最简单有效的分类算法，且容易实现。当训练数据集很大时，需要大量的存储空间，而且需要计算待测样本和训练数据集中所有样本的距离，所以非常耗时。

KNN 算法对随机分布的数据集分类效果较差，对类内间距小、类间间距大的数据集分类效果好，而且对边界不规则数据的分类效果好于线性分类器的。

KNN 算法对样本不均衡的数据分类效果不好，需要改进。改进的方法是对 K 个近邻数据赋予权重，比如距离测试样本越近，权重越大。

KNN 算法很耗时，时间复杂度为 $O(n)$，一般适用于样本较少的数据集，当数据较多时，为了提高速度，可以以树的形式呈现数据，常用的数据树有 kd-tree 和 ball-tree。

6.2　基于 KNN 算法的手写字识别

6.2.1　项目背景

在 20 世纪 60 年代，美国 IBM 公司开始进行对印刷体汉字的模式识别研究工作。1996年，Casey 和 Nag 用模板匹配法成功地识别出 1000 个印刷体汉字，在全球范围内，展开了汉字识别工作。就在此时，对手写汉字识别的研究掀起了高潮。因为汉字在日语中占有一定的地位，因此手写体汉字识别一开始是由日本率先尝试研究的，在 20 世纪 80 年代，我国开始研究手写汉字。

手写体汉字识别根据数据采集方式的不同可以划分为联机手写体汉字识别和脱机手写体汉字识别两大类。联机手写汉字识别所处理的手写文字是书写者通过物理设备（如数字笔、数字手写板或者触摸屏）在线书写获取的文字信号，书写的轨迹通过定时采样即时输入计算机中。脱机手写体汉字识别所处理的手写文字是通过扫描仪或摄像头等图像捕捉设备采集到的手写文字二维图片。由于识别的对象不同，因此这两类手写体汉字识别技术采用的方法和策略不尽相同。前者的识别对象是一系列按时间排列的采样点信息，后者的识别对象则是丢失了书写笔顺信息的二维像素信息。由于没有笔顺信息，加之拍照扫描设备在不同光照、分辨率、书写纸张等条件下，数字化会带来一定的噪声干扰，脱机手写体汉字识别比联机手写体汉字识别更加困难。

手写体汉字识别是一个极具挑战性的模式识别及机器学习问题，主要表现在以下方面。

（1）书写方式随意，不规整，无法达到印刷体要求。

（2）汉字字符级别比较繁杂，极具变化特点。

（3）诸多汉字在外形上相似，容易混淆。

（4）要求具备庞大的训练数据，但采集困难，特别是随意性、无约束性手写，对应数据库的构建显得力不从心。

可见，手写体汉字识别技术进步空间较大，需要综合各项技术，增加训练样本数据，提升识别率。

一般情况下，传统的手写中文单字识别系统主要包括数据预处理、特征提取和分类识别三部分。然而，近年来，传统的手写体汉字识别框架进展并不明显，急需寻找其他解决方案。深度学习满足了手写体汉字识别革新的需求。实践证明，在深度学习技术协助下，联机手写体汉字识别、脱机手写体汉字识别的识别率都大大提升，与原有的识别技术相比进步明显。

6.2.2　项目实战

1. 实战任务

利用训练数据集 train_data 和测试集 test_data 编写 KNN 算法，构建一个可以读取手写数字的应用程序，从而理解 KNN 算法的原理，并掌握识别手写汉字的方法。

数据样例读者自行下载。目录 trainingDigits 中包含了 1934 个例子，每个数字约有 200 个样本；testDigits 中包含 946 个测试数据，目录中文件名命名的规则是 txt 文件名的第一个数字为待识别的数字。项目使用 trainingDigits 中的数据训练分类器，testDigits 中的数据作为测试，两组数据没有重合。先将图像数据处理为一个向量，将 32 像素×32 像素的二进制图像信息转换为 1 像素×1024 像素的向量，再使用 KNN 分类器识别数字。

基于 KNN
的手写识别

2. 项目环境要求

Windows 10+Anaconda 3+PyCharm 社区版。

3. 项目实战步骤

下面对项目的关键步骤、要点和运行结果进行简单说明。

① 在 PyCharm 中新建手写识别项目，再将准备好的源数据 digits 目录放入项目下。

② 新建 Python 文件，导入项目所需的第三方包。

```python
import os
import numpy as np
#向 os 模块中导入函数 listdir，该函数可以列出给定目录的文件名
from os import listdir
import operator
```

基于 KNN
算法的手写
字识别代码

③ 将图片转换为向量形式。

```python
def img2vector(filename):
    """实现将图片转换为向量形式"""
    return_vector = np.zeros((1, 1024))
```

```
fr = open(filename)
for i in range(32):
    line = fr.readline()
    for j in range(32):
        return_vector[0, 32 * i + j] = int(line[j])
return return_vector
```

④ 实现 K 近邻分类的代码如下，其中 inx 用于分类的输入向量；data_set 表示训练样本集；标签向量为 labels，标签向量的元素数目与矩阵 data_set 的行数相等；k 表示选择最近邻居的数目。

```
def classify0(inx, data_set, labels, k):
    """实现 k 近邻"""
    diff_mat = inx - data_set                           # 各个属性特征做差
    sq_diff_mat = diff_mat ** 2                         # 各个差值求平方
    sq_distances = sq_diff_mat.sum(axis=1)             # 按行求和
    distances = sq_distances ** 0.5                     # 开方
    sorted_dist_indicies = distances.argsort()
                         # 按照从小到大排序排列，并输出相应的索引值
    class_count = {}  # 创建一个字典，存储 k 个距离中的不同标签的数量
    for i in range(k):
        vote_label = labels[sorted_dist_indicies[i]] # 求出第 i 个标签
        # 访问字典中值为 vote_label 标签的数值再加 1
        # class_count.get(vote_label, 0)中的 0 表示查询到 vote_label 时的默认值
        class_count[vote_label] = class_count.get(vote_label, 0) + 1
        # 对获取的 k 个近邻的标签类进行排序
        sorted_class_count = sorted(class_count.items(), key=operator.
                            itemgetter(1), reverse=True)
        # 标签类最多的就是未知数据的类
        return sorted_class_count[0][0]
```

⑤ 调用第③步、第④步中的函数 img2vector(filename)和 classify0(inx, data_set, labels, k)，实现手写数字 KNN 分类，代码如下。

```
def hand_writing_class_test():
    """手写数字 KNN 分类"""
    hand_writing_labels = []                            # 手写数字类别标签
    # 获得文件中目录列表，训练数据集
    training_file_list = os.listdir('digits/trainingDigits')
```

```
        m = len(training_file_list)   # 求文件中目录的文件数（训练数据集）
        training_mat = np.zeros((m, 1024))     # 创建训练数据矩阵，特征属性矩阵
        for i in range(m):
            file_name_str = training_file_list[i]          # 获取单个文件名
            # 将文件名中的空格去掉，这里的[0]是指取出文件名
            file_str = file_name_str.split(' ')[0]
            class_num_str = int(file_str.split('_')[0])   # 取出数字类别
            # 将数字类别添加到类别标签矩阵中
            hand_writing_labels.append(class_num_str)
            # 将图像格式转换为向量形式
            training_mat[i, :] = img2vector('digits/trainingDigits/%s' %
                                    file_name_str)
        test_file_list = os.listdir('digits/testDigits')
                                       # 获得文件中目录列表，测试数据集
        error_count = 0                # 错误分类数
        m_test = len(test_file_list)   # 测试数据集数
        for i in range(m_test):
            file_name_str = test_file_list[i]      # 获取单个文件名（测试数据集）
            # 取出文件名（测试数据集）
            file_str = file_name_str.split('.')[0]
            class_num_str = int(file_str.split('_')[0])  # 取出数字类别（测试数据集）
            # 将图像格式转换为向量形式（测试数据集）
            vector_under_test = img2vector('digits/testDigits/%s' % file_name_str)
            # KNN 分类，以测试数据集为未知数据，训练数据集为训练数据
            classifier_result = classify0(vector_under_test, training_mat,
    hand_writing_labels, 3)
            # 输出分类结果和真实类别
            print('the classifier came back with: %d, the real answer is: %d' %
    (classifier_result, class_num_str))
            # 计算错误分类数
            if classifier_result != class_num_str:
                error_count += 1
        # 输出错误分类数和错误率
        print("\n the total number of errors is: %d" % error_count)
        print("\n the total error rate is: %f" % (error_count / float(m_test)))
```

⑥ 调用 hand_writing_class_test()输出结果。手写数字识别的运行结果如图 6.4 所示。

从运行结果可知，利用 KNN 分类器正确识别了手写数字图片，在 946 个测试样本中，识别错误有 10 个，错误识别率是 0.010571，说明识别正确率高达 99%。

```
the classifier came back with: 9, the real answer is: 9
the classifier came back with: 9, the real answer is: 9
the classifier came back with: 9, the real answer is: 9
the classifier came back with: 9, the real answer is: 9
the classifier came back with: 9, the real answer is: 9
the classifier came back with: 9, the real answer is: 9
the classifier came back with: 9, the real answer is: 9
the classifier came back with: 9, the real answer is: 9
the classifier came back with: 9, the real answer is: 9
the classifier came back with: 9, the real answer is: 9
the classifier came back with: 9, the real answer is: 9
the classifier came back with: 9, the real answer is: 9
the classifier came back with: 9, the real answer is: 9
the classifier came back with: 9, the real answer is: 9

the total number of errors is: 10

the total error rate is: 0.010571
```

图 6.4　手写数字识别的运行结果

6.3　基于 KNN 算法的网站约会配对

6.3.1　项目背景

海伦女士一直通过在线约会网站寻找适合自己的约会对象。尽管约会网站会推荐不同的人选，但她并不是喜欢每个人。她发现可以将自己交往过的人分为不喜欢的人、魅力一般的人、极具魅力的人。

40920	8.326976	0.953952	largeDoses
14488	7.153469	1.673904	smallDoses
26052	1.441871	0.805124	didntLike
75136	13.147394	0.428964	didntLike
38344	1.669788	0.134296	didntLike
72993	10.141740	1.032955	didntLike
35948	6.830792	1.213192	largeDoses
42666	13.276369	0.543880	largeDoses
67497	8.631577	0.749278	didntLike
35483	12.273169	1.508053	largeDoses

图 6.5　海伦收集的样本数据

海伦将收集的约会数据存放在文本文件 datingTestSet.txt 中，每个样本数据占一行，总共有 1000 行。海伦收集的样本数据如图 6.5 所示，最后一列是分类标签：不喜欢的人（didntLike）、魅力一般的人（smallDoses）和极具魅力的人（largeDoses）。图 6.5 中主要包含以下 3 种特征，通过这 3 种特征进行分类模型预测。

（1）每年获得的飞行常客里程数。

（2）玩视频游戏所消耗时间占比。

（3）每周消费的冰淇淋升数。

6.3.2　项目实战

1. 实战任务

学习 KNN 算法的原理，实现基于 KNN 的约会网站配对效果改进算法，具体包括：①收集数据。提供文本文件，数据集另有附件 datingTestSet.txt。②准备数据。使用 Python 解析文本文件和预处理。③分析数据。进行可视化处理。④测试算法。用文本文件的部分数据作为测试样本，计算错误率。测试样本与非测试样本的区别在于，测试样本是已经完成分类的数据，如果预测分类与实际类别不同，则标记为一个错误。⑤使用算法。使用 K 近邻算法进行分类，海伦可以输入一些特征数据来判断对方是否为自己喜欢的类型。

2. 实战环境要求

实战环境为 Windows 10+Anaconda 3+PyCharm 社区版。

基于 KNN 的网站的约会配对

3. 实战步骤

下面对项目的关键步骤、要点和运行结果进行简单说明。

① 新建网站约会配对项目，导入 datingTestSet.txt 文本文件、准备数据.py 文件。运行准备数据.py 文件，将数据集分割、转换成特征矩阵和分类标签，转换后的数据如图 6.6 所示。其中，分类标签已转换成数字 1、2、3，1 代表不喜欢，2 代表魅力一般，3 代表极具魅力。

```
[[4.0920000e+04 8.3269760e+00 9.5395200e-01]
 [1.4488000e+04 7.1534690e+00 1.6739040e+00]
 [2.6052000e+04 1.4418710e+00 8.0512400e-01]
 ...
 [2.6575000e+04 1.0650102e+01 8.6662700e-01]
 [4.8111000e+04 9.1345280e+00 7.2804500e-01]
 [4.3757000e+04 7.8826010e+00 1.3324460e+00]]
[3, 2, 1, 1, 1, 1, 3, 3, 1, 3, 1, 1, 2, 1, 1,

Process finished with exit code 0
```

基于 KNN 的网站约会配对代码

图 6.6　转换后的数据

② 安装 Matplotlib，以可视化图片形式分析特征数据之间的关系，如每年获得的飞行常客里程数与玩视频游戏所消耗时间占比，每年获得的飞行常客里程数与每周消费的冰淇淋升数，玩视频游戏所消耗时间占比与每周消费的冰淇淋升数。运行数据分析.py 文件，得到特征之间关系的散点如图 6.7 所示。

③ 对特征数据归一化，运行归一化数值.py 文件，结果如图 6.8 所示。

④ 建立 KNN 算法实现分类，取样本数据集的 10% 进行测试，测试分类结果如图 6.9 所示。

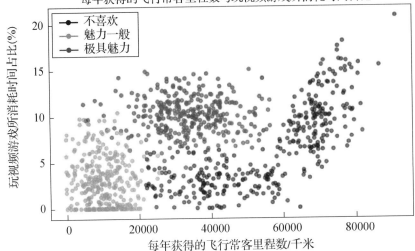

(a) 每年获得的飞行常客里程数与玩视频游戏所消耗时间占比

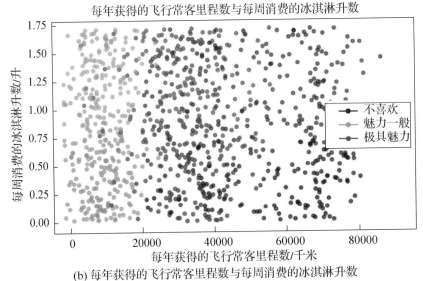

(b) 每年获得的飞行常客里程数与每周消费的冰淇淋升数

图 6.7　特征之间关系的散点

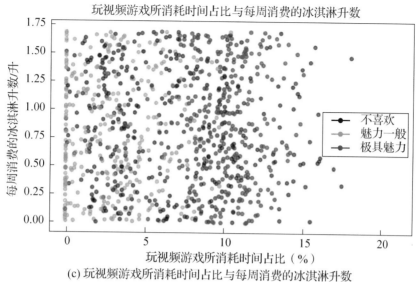

(c) 玩视频游戏所消耗时间占比与每周消费的冰淇淋升数

图 6.7　特征之间关系的散点（续）

```
[[0.44832535 0.39805139 0.56233353]
 [0.15873259 0.34195467 0.98724416]
 [0.28542943 0.06892523 0.47449629]
 ...
 [0.29115949 0.50910294 0.51079493]
 [0.52711097 0.43665451 0.4290048 ]
 [0.47940793 0.3768091  0.78571804]]
[9.1273000e+04 2.0919349e+01 1.6943610e+00]
[0.        0.        0.001156]
```

图 6.8　特征数据归一化结果

```
4测试算法                    ×
分类结果:1        真实类别:1
分类结果:1        真实类别:1
分类结果:3        真实类别:3
分类结果:2        真实类别:3
分类结果:1        真实类别:1
分类结果:2        真实类别:2
分类结果:1        真实类别:1
分类结果:3        真实类别:3
分类结果:3        真实类别:3
分类结果:2        真实类别:2
分类结果:2        真实类别:1
分类结果:1        真实类别:1
错误率:4.000000%

Process finished with exit code 0
```

图 6.9　测试分类结果

KNN 分类器算法主要代码如下。

```python
def classify0(inX, dataSet, labels, k):
    dataSetSize = dataSet.shape[0]
    diffMat = np.tile(inX, (dataSetSize, 1)) - dataSet
    sqDiffMat = diffMat**2
    sqDistances = sqDiffMat.sum(axis=1)
    distances = sqDistances**0.5
    sortedDistIndices = distances.argsort()
```

```
classCount = {}
for i in range(k):
    voteIlabel = labels[sortedDistIndices[i]]
    classCount[voteIlabel] = classCount.get(voteIlabel, 0) + 1
sortedClassCount = sorted(classCount.items(), key=operator.itemgetter(1),
reverse=True)
return sortedClassCount[0][0]
```

⑤ 输入约会对象的 3 个特征值，输出预测结果。如依次输入 10、1000、1，得到的预测结果如图 6.10 所示。

```
玩视频游戏所耗时间占比：10
每年获得的飞行常客里程数：1000
每周消费的冰淇淋升数：1
你可能有些喜欢这个人

Process finished with exit code 0
```

图 6.10　网站约会配对运行结果

使用 KNN 算法进行约会配对关键代码如下。

```
def classifyPerson():
    resultList = ['讨厌', '有些喜欢', '非常喜欢']
    precentTats = float(input("玩视频游戏所耗时间占比："))
    ffMiles = float(input("每年获得的飞行常客里程数："))
    iceCream = float(input("每周消费的冰淇淋升数："))
    filename = "datingTestSet.txt"
    datingDataMat, datingLabels = file2matrix(filename)
    normMat, ranges, minVals = autoNorm(datingDataMat)
    inArr = np.array([ffMiles, precentTats, iceCream])
    norminArr = (inArr - minVals) / ranges
    classifierResult = classify0(norminArr, normMat, datingLabels, 3)
    print("你可能%s这个人" % (resultList[classifierResult-1]))
    if __name__ == "__main__":
    #datingClassTest()
    classifyPerson()
```

6.4　基于 KNN 算法的乳腺癌诊断

6.4.1　项目背景

如果机器学习能够自动识别癌细胞，那么它将为医疗系统提供十分重要的数据。对乳腺癌细胞的定期检查能够起到提前对乳腺癌进行预防和治疗的作用。传统情况下，判断乳腺细胞是否为癌细胞要经过一系列取样、细针抽活检、显微镜观察的过程，并且要求观察人员具备一定的医学知识和经验。自动化的过程能提高检测过程的效率，从而可以让医生在诊断上花更少的时间，在治疗疾病上花更多的时间。自动化的筛查系统还能通过去除该过程中的内在主观人为因素提供更高的检测准确性。

　　本项目从带有异常乳腺肿块的女性身上的活检细胞的检测数据入手，应用 KNN 算法识别乳腺细胞，研究机器学习用于检测癌症的功效。

6.4.2　项目实战

1. 实战任务

通过试验数据构建 KNN 算法模型，实现基于 KNN 的乳腺癌诊断算法。具体包括以下 3 个步骤：① 数据预处理；② 切分数据集；③ 构建模型。

乳腺癌诊断算法数据集（breast-cancer-wisconsin.data）共 699 行，11 列，数据集内容如图 6.11 所示。

```
          C_D  C_T  U_C_Si  U_C_Sh  M_A  S_E_C_S  B_N  B_C  N_N  M  Class
0     1000025    5       1       1    1        2    1    3    1  1      2
1     1002945    5       4       4    5        7   10    3    2  1      2
2     1015425    3       1       1    1        2    2    3    1  1      2
3     1016277    6       8       8    1        3    4    3    7  1      2
4     1017023    4       1       1    3        2    1    3    1  1      2
..        ...  ...     ...     ...  ...      ...  ...  ...  ... ..    ...
694    776715    3       1       1    1        3    2    1    1  1      2
695    841769    2       1       1    1        2    1    1    1  1      2
696    888820    5      10      10    3        7    3    8   10  2      4
697    897471    4       8       6    4        3    4   10    6  1      4
698    897471    4       8       8    5        4    5   10    4  1      4

[699 rows x 11 columns]
```

图 6.11　乳腺癌诊断算法数据集内容

其中 11 列数据分别如下。

① 示例代码号码 C_D。

② 块厚度 C_T，取值范围为 1～10。

③ 细胞大小的一致性 U_C_Si，取值范围为 1～10。

④ 电池形状的均匀性 U_C_Sh，取值范围为 1～10。

⑤ 边缘附着力 M_A，取值范围为 1～10。

⑥ 单个上皮细胞大小 S_E_C_S，取值范围为 1～10。

⑦ 裸核 B_N，取值范围为 1～10。

⑧ 平淡的染色质 B_C，取值范围为 1～10。

⑨ 正常核仁 N_N，取值范围为 1～10。

⑩ 有丝分裂 M，取值范围为 1～10。

⑪ 分类 Class：其中 2 为良性，4 为恶性。

2. 项目环境要求

项目环境为 Windows 10+Anaconda 3+PyCharm 社区版。

3. 实战步骤

下面对项目的关键步骤、要点和运行结果进行简单说明。

（1）新建网站配对项目，导入数据源文件 breast_data.csv。

（2）安装 Pandas、Sklearn 包，编写程序读取数据文件 breast_data.csv，查看数据统计描述和数据分布情况，主要代码如下。

```
breast_cancer_data = pd.read_csv('breast_data.csv',header=None,names =
                    ['C_D','C_T','U_C_Si','U_C_Sh','M_A','S_
                    E_C_S','B_N','B_C','N_N','M','Class'])
```

基于 KNN 的乳腺癌诊断

基于 KNN 的乳腺癌诊断代码

```
#打印数据
print(breast_cancer_data)
#查看维度
print('查看维度:')
print(breast_cancer_data.shape)
#查看数据
print('查看数据')
breast_cancer_data.info()
breast_cancer_data.head(25)
#数据统计描述
print('数据统计描述')
print(breast_cancer_data.describe())
#数据分布情况
print('数据分布情况')
print(breast_cancer_data.groupby('Class').size())
```

（3）数据预处理，并分析数据特征，用可视化图形展现。

将 breast_cancer_data["B_N"]列缺失值填入均值，分割特征列和标签列，将数据的第 2 列到第 10 列设为特征列，第 11 列设为标签列。

主要代码如下，数据特征的图形化展示如图 6.12 所示。

```
#缺失数据处理
mean_value = breast_cancer_data[breast_cancer_data["B_N"]!="?"]["B_N"].
astype(np.int).mean()
    breast_cancer_data = breast_cancer_data.replace('?',mean_value)
    breast_cancer_data["B_N"] = breast_cancer_data["B_N"].astype(np.int64)
#数据的可视化处理
#单变量图表
#箱线图
breast_cancer_data.plot(kind='box',subplots=True,layout=(3,4),sharex=
False,sharey=False)
```

```
pyplot.show()
 #直方图
breast_cancer_data.hist()
pyplot.show()
 #多变量的图表
 #散点矩阵图
scatter_matrix(breast_cancer_data)
pyplot.show()
 #分离数据集
array = breast_cancer_data.values
X = array[:,1:9]
y = array[:,10]
validation_size = 0.2
seed = 7
 #train 训练，validation 验证确认
X_train,X_validation,y_train,y_validation = train_test_split(X,y,test_
size=validation_size,random_state=seed)
```

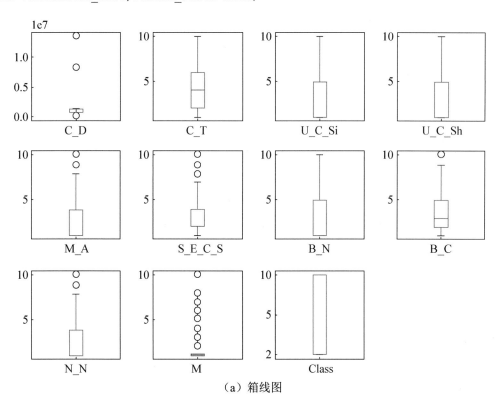

（a）箱线图

图 6.12　数据特征的图形化展示

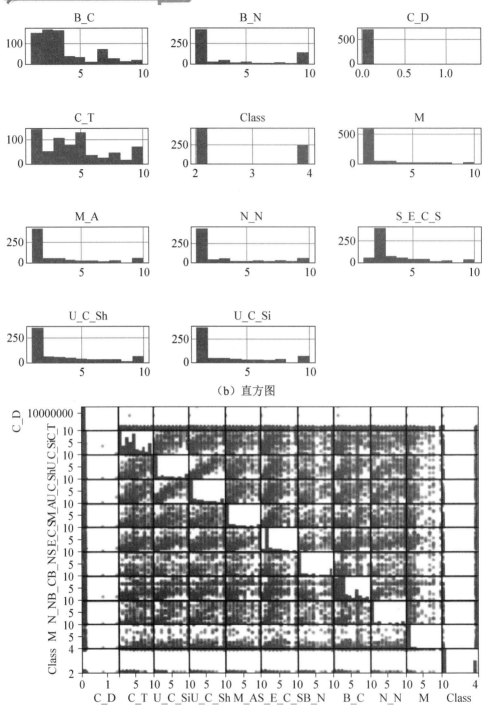

（b）直方图

图 6.12　数据特征的图形化展示（续）

（4）使用 Sklearn 自带的机器学习工具，如逻辑回归、线性判别分析、K 近邻、决策树分类器、高斯贝叶斯、支持向量机分别对本数据集进行分类，并评估算法的分类正确率。主要代码如下，各种分类算法在本数据集上的评估结果如图 6.13 所示。

```
models = {}
models['LR'] = LogisticRegression()
models['LDA'] = LinearDiscriminantAnalysis()
models['KNN'] = KNeighborsClassifier()
models['CART'] = DecisionTreeClassifier()
models['NB'] = GaussianNB()
models['SVM'] = SVC()
num_folds = 10
seed = 7
kfold = KFold(n_splits=num_folds,random_state=seed)
#使用评估数据集评估算法
results = []
for name in models:
    result = cross_val_score(models[name],X_train,y_train,cv=kfold,
    scoring = 'accuracy')
    results.append(result)
    msg = '%s:%.3f(%.3f)'%(name,result.mean(),result.std())
    print(msg)
#评估算法（图标显示）
fig = pyplot.figure()
fig.suptitle('Algorithm Comparison')
ax = fig.add_subplot(111)
pyplot.boxplot(results)
ax.set_xticklabels(models.keys())
pyplot.show()
```

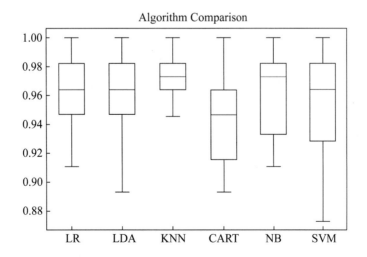

图 6.13　各种分类算法在数据集上的评估结果（图标显示）

图 6.13 所示为逻辑回归（LR）、线性判别分析（LDA）、K 近邻分类（KNN）、决策树分类器（CART）、高斯贝叶斯分类器（NB）、支持向量机（SVM）分类器分类算法的比较结果。其中，纵坐标表示分类正确率，从试验结果来看，KNN 算法与逻辑回归、线性判别分析、决策树分类器、高斯贝叶斯分类器、支持向量机相比，在此示例上分类正确率最高，达 97.3%，高斯贝叶斯分类器次之。

以下是各类算法的平均分类的正确率，括号内是方差值。

LR:0.961(0.026)

LDA:0.959(0.030)

KNN:0.973(0.018)

CART:0.944(0.028)

NB:0.962(0.031)

SVM:0.953(0.036)

（5）因为 KNN 算法在此示例上分类正确率最高，所以选用 KNN 算法在测试集上预测分类结果。KNN 算法的分类报告结果如图 6.14 所示。

```
#使用 KNN 算法在测试集上预测分类结果
knn = KNeighborsClassifier()
knn.fit(X=X_train,y=y_train)
predictions = knn.predict(X_validation)
print('最终使用 KNN 算法')
print(accuracy_score(y_validation,predictions))
print(confusion_matrix(y_validation,predictions))
print(classification_report(y_validation,predictions))
```

```
最终使用KNN算法
0.9714285714285714
[[89  2]
 [ 2 47]]
              precision    recall  f1-score   support

           2       0.98      0.98      0.98        91
           4       0.96      0.96      0.96        49

    accuracy                           0.97       140
   macro avg       0.97      0.97      0.97       140
weighted avg       0.97      0.97      0.97       140
```

图 6.14　KNN 算法的分类报告结果

6.5　本　章　小　结

KNN 算法选择最近 K 个已知实例，根据少数服从多数的投票法则，将未知实例归类为 K 个最近邻样本中最多数的类别。简单来说，KNN 可以看成：有一个已经知道分类的数据集，当一个新数据进入时，就开始与训练数据中的每个点求距离，再挑选离这个训练数据最近的 K 个点并确定这几个点属于什么类型，采用少数服从多数的投票原则，对新数据进行归类。本章介绍了 KNN 算法的基本原理以及算法中最重要参数的计算方法。

KNN 思路简单、易于实现，是分类算法中最常用的算法之一，广泛应用于文本分类、聚类分析、预测分析、模式识别、图像处理等领域。本章通过手写识别、网站约会配对和乳腺癌诊断 3 个应用实例展示 KNN 算法的应用，希望读者在项目实战中加深对 KNN 算法的理解。

6.6　本　章　习　题

一、简答题

1. 简述 KNN 算法的基本原理。
2. KNN 算法的重要参数有哪些？分别如何取值和计算？

二、上机实战与提高

1. 上机实现 6.2 节至 6.4 节中的实战项目。
2. 试着自己设计本章的 3 个实战项目的改进方案。

第 **7** 章

回归分析应用

 内容导读

回归分析（Regression Analysis）是确定两种或两种以上变量间相互依赖的定量关系的一种统计分析方法。在机器学习中，回归分析是一种预测性的建模技术，它研究的是因变量与自变量之间的关系，是用一个或多个自变量来预测因变量的数学方法，是一类预测变量为连续值的有监督的学习方法。回归分析基于观测数据建立变量间的依赖关系来分析数据的内在规律，广泛用于预测、因子关系分析、控制等问题。

本章首先介绍回归分析的由来和定义；其次介绍常用回归方法的函数形式及求解方法，主要包括一元和多元线性回归模型、逻辑回归模型、多项式回归模型以及回归模型评价指标；最后以实际案例展示了线性回归、多项式回归和逻辑回归的应用，加深读者对回归分析的理解。

本章的项目代码、操作步骤和参考视频均可扫描二维码下载和观看。

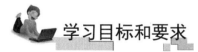 学习目标和要求

◇　了解回归分析的由来和定义。

◇　掌握线性回归的分类和原理。

◇　掌握逻辑回归的定义。

◇　理解逻辑回归与线性回归的关系。

◇　掌握多项式回归的定义及形式。

◇　了解回归模型的评价指标。

◇　通过鲍鱼年龄预测案例，学会使用线性回归模型解决具体问题。

◇　通过使用逻辑回归模型预测病马死亡率，掌握逻辑回归模型的具体应用。

◇　通过简单的实例掌握多项式回归的应用。

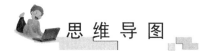

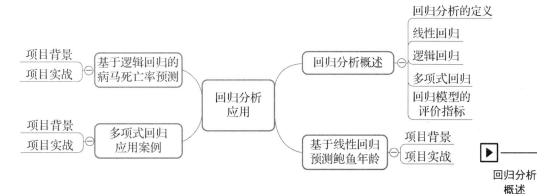

7.1　回归分析概述

7.1.1　回归分析的定义

回归（Regression）概念最早由英国生物统计学家高尔顿和他的学生皮尔逊在研究父母和子女的身高遗传特性时提出来的。1855 年，高尔顿发表《遗传的身高向平均数方向的回归》一文，他通过观察 1078 对夫妇的身高数据，以每对夫妇的平均身高作为自变量，取他们的一个成年儿子的身高作为因变量，分析儿子身高与父母身高之间的关系发现，当父母越高或越矮时，子女的身高会比一般儿童高或矮，他将儿子与父母平均身高的这种现象拟合出一种线性关系，分析出儿子身高 y 与父母平均身高 x 的关系：

$$y = 33.73 + 0.516x （单位：in）$$

根据换算公式 1in=0.0254m，1m=39.37in。单位换算成米后：

$$y = 0.8567 + 0.516x （单位：m）$$

假如父母辈的平均身高为 1.75m，则预测子女的身高为 1.7597m。

这种趋势及回归方程表明父母身高每增加一个单位时，其成年儿子的身高平均增加 0.516 个单位。这就是回归一词最初在遗传学上的含义。

目前，在统计学中，回归分析指的是确定两种或两种以上变量间相互依赖的定量关系的一种统计分析方法。回归分析按照涉及的自变量数量，分为一元回归分析和多元回归分析；按照因变量数量，可分为简单回归分析和多重回归分析；按照自变量与因变量之间的关系类型，可分为线性回归分析和非线性回归分析。

在机器学习中，回归分析是一种预测性的建模技术，它研究的是因变量与自变量之间的关系，是用一个或多个自变量来预测因变量的数学方法，是一类预测变量为连续值的有监督的学习方法。在回归模型中，需要预测的变量叫作因变量，用来解释因变量变化的变量叫作自变量，如图 7.1 所示，横坐标"广告投入"是因变量，纵坐标"销量"是自变量。这种技术通常用于预测分析、时间序列模型以及发现变量之间的因果关系。

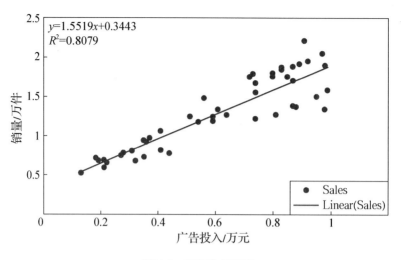

图 7.1　回归分析示意

7.1.2　线性回归

线性回归（Linear Regression）通常是人们在学习预测模型时首选的技术之一。线性回归中，因变量是连续的，自变量可以是连续的也可以是离散的，回归线（最佳拟合直线）的性质是线性的。

线性回归使用最佳拟合直线在因变量（Y）和一个或多个自变量（X）之间建立一种关系。根据自变量是一个或多个，线性回归分为一元线性回归和多元线性回归。

1. 一元线性回归

一元线性回归可表示为

$$y = w_1 x + w_0 \tag{7-1}$$

式中，w_0、w_1 为回归系数，给定训练集 $D = \{(x_1, y_1), \cdots, (x_n, y_n)\}$，我们的目标是找到一条直线 $\hat{y} = \hat{w}_1 x + \hat{w}_0$，使得所有样本尽可能落在它的附近，如图 7.2 所示。

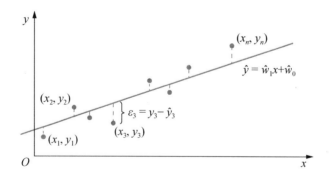

图 7.2　一元线性回归拟合直线示例

它的优化目标为

$$\min_{(w_0,w_1)} \sum_{i=1}^{n} (y_i - w_1 x_i - w_0)^2 \qquad (7\text{-}2)$$

记优化目标为 $L(w_1,w_0) = \sum_{i=1}^{n} (y_i - w_1 x_i - w_0)^2$，$L(w_1,w_0)$ 为二次凸函数，分别对 w_1、w_0 求导并令导数为零：

$$\begin{cases} \dfrac{\partial L(w_1,w_0)}{\partial w_1} = 2\sum_{i=1}^{n} (y_i - w_1 x_i - w_0)(-x_i) = 0 \\[4mm] \dfrac{\partial L(w_1,w_0)}{\partial w_0} = 2\sum_{i=1}^{n} (y_i - w_1 x_i - w_0)(-1) = 0 \end{cases} \qquad (7\text{-}3)$$

解上述线性方程组得：

$$\begin{cases} w_1 = \dfrac{n\sum\limits_{i=1}^{n} y_i x_i - \left(\sum\limits_{i=1}^{n} y_i\right)\left(\sum\limits_{i=1}^{n} x_i\right)}{n\sum\limits_{i=1}^{n} x_i^2 - \left(\sum\limits_{i=1}^{n} x_i\right)^2} \\[8mm] w_0 = \dfrac{\sum\limits_{i=1}^{n} y_i}{n} - \dfrac{\sum\limits_{i=1}^{n} x_i}{n} w_1 \end{cases} \qquad (7\text{-}4)$$

2. 多元线性回归

多元线性回归可表示为

$$y = w_1 x_1 + \cdots + w_d x_d + w_0 \qquad (7\text{-}5)$$

给定训练集 $D = \{(x_1,y_1), \cdots, (x_n,y_n)\}$，$x_i = (x_{i1}, x_{i2}, \cdots, x_{id})^{\mathrm{T}}$ 为 d 维特征向量。假设模型对 x_i 的预测值为 $\hat{y}_i = w_1 x_{i1} + \cdots + w_d x_{id} + w_0$，则多元线性优化目标为

$$L(w) = \min \sum_{i=1}^{n} (\hat{y}_i - y_i)^2 \qquad (7\text{-}6)$$

优化目标的几何意义如图 7.3 所示，即寻找一个超平面，使得训练集中的样本到超平面的误差平方和最小。

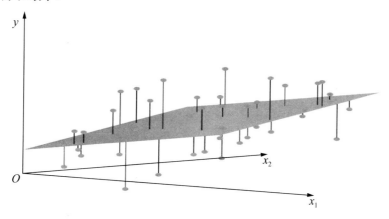

图 7.3　优化目标的几何意义

我们可以把多元线性回归方程转换为矩阵处理和运算。假设训练集的特征部分记为 $n \times (d+1)$ 矩阵 $\boldsymbol{X}$，其中，最后一列取值全为 1，标签部分记为 $\boldsymbol{y} = (y_1, y_2, \cdots, y_n)^{\mathrm{T}}$，参数记为 $\boldsymbol{w} = (w_1, w_2, \cdots, w_d, w_0)^{\mathrm{T}}$，那么多元线性回归模型为

$$\hat{\boldsymbol{y}} = \boldsymbol{X}\boldsymbol{w} \tag{7-7}$$

$$\boldsymbol{x} = \begin{bmatrix} x_{11} & x_{12} & \cdots & x_{1d} & 1 \\ x_{21} & x_{21} & \cdots & x_{2d} & 1 \\ \vdots & \vdots & & \vdots & 1 \\ x_{i1} & x_{i2} & \cdots & x_{id} & 1 \\ \vdots & \vdots & & \vdots & \vdots \\ x_{n1} & x_{n2} & \cdots & x_{nd} & 1 \end{bmatrix} \quad \boldsymbol{w} = \begin{bmatrix} w_1 \\ w_2 \\ \vdots \\ w_d \\ w_0 \end{bmatrix} \quad \hat{\boldsymbol{y}} = \begin{bmatrix} \hat{y}_1 \\ \hat{y}_2 \\ \vdots \\ \hat{y}_i \\ \vdots \\ \hat{y}_n \end{bmatrix} \quad \boldsymbol{y} = \begin{bmatrix} y_1 \\ y_2 \\ \vdots \\ y_i \\ \vdots \\ y_n \end{bmatrix}$$

拟合值 $\hat{\boldsymbol{y}}$ 和实际值 $\boldsymbol{y}$ 的差值为

$$\hat{\boldsymbol{y}} - \boldsymbol{y} = \begin{bmatrix} \hat{y}_1 - y_1 \\ \hat{y}_2 - y_2 \\ \vdots \\ \hat{y}_i - y_i \\ \vdots \\ \hat{y}_n - y_n \end{bmatrix} \tag{7-8}$$

最小化均方误差函数为

$$(\hat{\boldsymbol{y}} - \boldsymbol{y})^{\mathrm{T}} (\hat{\boldsymbol{y}} - \boldsymbol{y}) = \sum_{i=1}^{n} (\hat{y}_i - y_i)^2 \tag{7-9}$$

其优化目标函数记为

$$\begin{aligned} L(\boldsymbol{w}) &= \sum_{i=1}^{n} (\hat{\boldsymbol{y}}_i - \boldsymbol{y}_i)^2 \\ &= (\hat{\boldsymbol{y}} - \boldsymbol{y})^{\mathrm{T}} (\hat{\boldsymbol{y}} - \boldsymbol{y}) \\ &= (\boldsymbol{X}\boldsymbol{w} - \boldsymbol{y})^{\mathrm{T}} (\boldsymbol{X}\boldsymbol{w} - \boldsymbol{y}) \end{aligned} \tag{7-10}$$

当矩阵 $\boldsymbol{X}^{\mathrm{T}}\boldsymbol{X}$ 满秩时，令 $\dfrac{\partial L(\boldsymbol{w})}{\partial \boldsymbol{w}} = 2\boldsymbol{X}^{\mathrm{T}}(\boldsymbol{X}\boldsymbol{w} - \boldsymbol{y}) = 0$，可得：

$$\hat{\boldsymbol{w}} = (\boldsymbol{X}^{\mathrm{T}}\boldsymbol{X})^{-1} \boldsymbol{X}^{\mathrm{T}}\boldsymbol{y} \tag{7-11}$$

7.1.3 逻辑回归

1. 逻辑回归的定义

从大的类别上来说，逻辑回归（Logistic Regression，LR）是一种有监督的统计学习方法，主要用于对样本进行分类。

在线性回归模型中，输出一般是连续的，例如：对于每一个输入的 x，都有一个对应的输出 y。模型的定义域和值域都可以是[$-\infty$, $+\infty$]。但是对于逻辑回归，输入可以是连续的，但输出一般是离散的，即只有有限个输出值。逻辑回归是用来计算"事件= Success"

和"事件=Failure"的概率。当因变量的类型属于二元（1 / 0，真/假，是/否）变量时，应该使用逻辑回归。这里，Y 的值为 0 或 1，可以用下面的方程表示。

$$odds = \frac{p}{1-p} \tag{7-12}$$

式中，p 表示事件发生的概率，$1-p$ 则表示事件未发生的概率。

$$\ln(odds) = \ln\left(\frac{p}{1-p}\right) \tag{7-13}$$

$$logit(p) = \ln\left(\frac{p}{1-p}\right) = b_0 + b_1x_1 + b_2x_2 + b_3x_3 + \ldots + b_nx_n \tag{7-14}$$

上述式子中，p 表述具有某个特征的概率。

在这里使用的是变量二项分布（因变量），需要选择一个对于这个分布最佳的连续函数。它就是 logit() 函数。在上述方程中，通过观测样本的极大似然估计值来选择参数，而不是最小化平方和误差（如在普通回归使用的）。

例如，其值域可以只有两个值 {0, 1}，这两个值可以表示对样本的某种分类，高/低、患病/健康、阴性/阳性等，这就是最常见的二分类逻辑回归。

从整体上来说，通过逻辑回归模型，我们将整个实数范围内的 x 映射到了有限个点上，这样就实现了对 x 的分类。因为每输入一个 x，经过逻辑回归分析，就可以将它归入某一类 y 中。

2. 逻辑回归与线性回归的关系

逻辑回归也称广义线性回归模型，它与线性回归模型的形式基本相同，都使用 $ax+b$，其中 a 和 b 是待求参数，其区别在于它们的因变量不同。线性回归是求出一条拟合空间中所有点的线。逻辑回归的本质和线性回归的一样，但它增加了一个步骤，它使用 sigmoid() 函数转换线性回归的输出以返回概率值，然后可以将概率值映射到两个或更多个离散类。

如果给出学生的成绩，线性回归和逻辑回归的区别如下。

（1）线性回归可以帮助我们以 0～100 的等级预测学生的测试分数。线性回归预测是连续的（某个范围内的数字）。

（2）逻辑回归可以预测学生的成绩是否通过。逻辑回归预测是离散的（仅允许特定值或类别）。我们还可以查看模型分类背后的概率值。

总言之，逻辑回归算法和线性回归算法是类似的。但逻辑回归和线性回归最大的不同在于，逻辑回归因变量返回值是两个或多个离散类，主要用于分类工作。

线性回归的通用函数见式 7-5，但这样的函数无法进行分类工作，所以我们借助 Sigmoid Function 函数（式 7-15）将连续值转换成离散值。

$$g(x) = \frac{1}{1+e^{-x}} \tag{7-15}$$

我们将 $g(x)$ 映射在平面坐标轴上。可见，经过 Sigmoid Function 函数处理后得到的输出值被限定在 [0,1] 这个范围中，如图 7.4 所示。

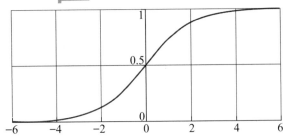

图 7.4　Sigmoid Function 函数的图像

我们将线性回归的通用函数式 7-5 使用 Sigmoid Function 函数转换成式 7-6 的逻辑回归函数。

$$h = \mathrm{g}(y) = \mathrm{g}\left(\frac{1}{1+\mathrm{e}^{-y}}\right) = \frac{1}{1+\mathrm{e}^{-(w_1x_1+w_2x_2+\cdots+w_dx_d+w_0)}} \tag{7-16}$$

在实际情况下，我们得到的 y 值是在 [0, 1] 区间中的一个数，通常我们可以选择一个阈值 x，如 0.5，当 $y>0.5$ 时，将 x 归到 1 这一类；当 $y<0.5$ 时，将 x 归到 0 这一类。在实际应用中，阈值是可以调整的，比如说一个比较保守的人，可能将阈值设为 0.9，也就是说有超过 90%的把握，才相信 x 属于 1 这一类。

例如，对垃圾邮箱进行分类，若阈值为 0.5，分为垃圾邮箱和正常邮箱。当用 Sigmoid Function 函数计算后，若阈值小于 0.5，则认为此邮箱是垃圾邮箱；若阈值大于 0.5，则认为此邮箱是非垃圾邮箱。

7.1.4　多项式回归

在一些情况下，有些预测变量和观测变量并不完全适合采用线性直线去拟合。前面介绍的线性回归分析技术、模型拟合都是一条直线，有时候，最佳拟合线不是直线，而是一条用于拟合数据点的曲线。

（1）研究人员假设的某些关系是曲线的，这种假设包括多项式项。

（2）检查残差。如果我们尝试将线性模型拟合到曲线数据，则预测变量（x 轴）上的残差（y 轴）的散点图将在中间具有许多正残差的斑块。因此，在这种情况下，线性回归是不合适的。

（3）通常，多元线性回归分析的假设是所有自变量都是独立的。在多项式回归模型中，该假设不满足。

对于一个回归方程，如果自变量的指数大于 1，那么它就是多项式回归（Polynomial Regression）。在一元回归分析中，如果因变量 y 与自变量 x 的关系为非线性的，但是又找不到适当的函数曲线来拟合，则可以采用一元多项式回归，式（7-17）是一元 m 次多项式回归函数：

$$y = b_0 + b_1x + b_2x^2 + \ldots + b_mx^m \tag{7-17}$$

二元二次多项式回归方程为

$$y = b_0 + b_1x_1 + b_2x_2 + b_3x_1^2 + b_4x_2^2 \tag{7-18}$$

对于图 7.5 中的数据，我们可以使用一元二次多项式来拟合，首先，一个标准的一元高阶多项式函数如下：

$$y(x,w) = w_0 + w_1 x + w_2 x^2 + \ldots + w_m x^m = \sum_{j=0}^{m} w_j x^j \qquad (7\text{-}19)$$

式中，m 表示多项式的阶数；x^j 表示 x 的 j 次幂；w 表示该多项式的系数。

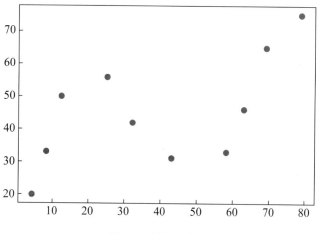

图 7.5　数据分布图

当我们使用上面的多项式拟合散点时，需要确定两个要素，分别为多项式系数 w 及多项式阶数 m，这也是多项式的两个基本要素。当然也可以手动指定多项式阶数 m 的值，这样就只需要确定多项式系数 w 的值了。得到一元二次多项式公式：

$$y(x,w) = w_0 + w_1 x + w_2 x^2 = \sum_{j=0}^{2} w_j x^j \qquad (7\text{-}20)$$

我们可以用将多项式的回归转换为线性回归的方式进行拟合，若我们令 $x_1 = x^1$，$x_2 = x^2$，$x_3 = x^3$，$x_m = x^m$，则式（7-19）可转换为如下多元线性回归形式：

$$y(x,w) = w_0 + w_1 x_1 + w_2 x_2 + \cdots + w_m x_m \qquad (7\text{-}21)$$

7.1.5　回归模型的评价指标

设 y_i 为真实值，$\bar{y}$ 为真实值的平均值，$\hat{y}_i$ 为模型估计值，它们反映在平面坐标轴上的关系如图 7.6 所示。

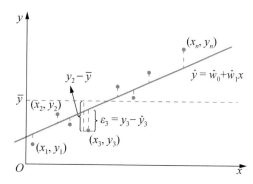

图 7.6　回归模型评价指标图

1. 均方误差

均方误差（Mean Square Error，MSE）是回归任务中最常用的性能度量，最小二乘估计也使用均方误差。它的计算式见式（7-22），是用真实值减去预测值，平方之后求和再取平均，也是线性回归的损失函数。

$$\text{MSE}(\boldsymbol{y}, \hat{\boldsymbol{y}}) = \frac{1}{n} \sum_{i=1}^{n} (y_i - \hat{y}_i)^2 \tag{7-22}$$

2. 均方根误差

均方根误差（Root Mean Square Error，RMSE）是在均方误差基础上开根号计算得到的，其计算式见式（7-23）。它与均方误差实际上意义相同，只不过是在某些情况下可以更好地描述数据。

$$\text{RMSE}(\boldsymbol{y}, \hat{\boldsymbol{y}}) = \sqrt{\frac{1}{n} \sum_{i=1}^{n} (y_i - \hat{y}_i)^2} \tag{7-23}$$

举个例子，我们用回归模型做房价预测，每平方米的价格是万元，我们预测结果也是万元。那么差值的平方单位应该是千万级别的。当用 MSE 描述回归模型误差时，结果是千万级别的，直观上不好判断；当使用 RMSE 描述回归模型误差，在结果上开根号时，误差数量级和房子单价数量级是同一个级别的，模型的误差结果是万元级别的。

3. 平均绝对误差

平均绝对误差（Mean Absolute Error，MAE），即平均绝对值误差，其计算见式（7-24）。它是一种线性分数，所有个体差异在平均值上的权重都相等，比如，10 与 0 之间的绝对误差是 5 与 0 之间绝对误差的两倍。平均绝对误差很容易理解，因为它就是对残差直接计算平均值，而均方根误差与均方误差相比，会对高的差异惩罚更多。

$$\text{MAE}(\boldsymbol{y}, \hat{\boldsymbol{y}}) = \frac{1}{n} \sum_{i=1}^{n} |y_i - \hat{y}_i| \tag{7-24}$$

4. 决定系数

决定系数计算见式（7-25），式中分母可以理解为原始数据的离散程度，分子为预测数据和原始数据的误差，二者相除可以消除原始数据离散程度的影响。决定系数通过数据的变化来表征数据拟合的好坏。理论上取值范围为（−∞, 1]，正常取值范围为[0, 1]，因实际操作中通常会选择拟合较好的曲线计算 R^2，因此很少出现−∞。决定系数越接近 1，表明方程的变量对 y 的解释能力越强，这个模型对数据拟合得较好；决定系数越接近 0，表明模型拟合得越差。一般取经验值 $R > 0.4$，拟合效果好。

$$R^2(\boldsymbol{y}, \hat{\boldsymbol{y}}) = 1 - \frac{SS_{\text{res}}}{SS_{\text{tot}}} = 1 - \frac{\sum_{i=1}^{n} (y_i - \hat{y}_i)^2}{\sum_{i=1}^{n} (y_i - \overline{y})^2} \tag{7-25}$$

采用决定系数评估回归模型有一个缺点：数据集的样本越大，R^2 越大。因此，不同数据集的模型结果比较会有一定的误差。

7.2　基于线性回归预测鲍鱼年龄

7.2.1　项目背景

我们将回归用于真实数据预测，本项目使用线性回归预测鲍鱼年龄。源数据集 abalone.txt 文件中记录了鲍鱼（图 7.7）的年龄，源数据来自 UCI 数据集，鲍鱼年龄可以根据鲍鱼的特征数据预测得到。

图 7.7　鲍鱼

鲍鱼数据集如图 7.8 所示，数据集是多维的，所以我们很难画出它的分布情况。数据集前几列数据是一些鲍鱼的特征，如性别[这里性别特征取值有 3 种：雄、雌和幼仔（鲍鱼雌雄异体，性成熟时，雄鲍性腺为奶黄色，雌鲍鱼性腺为浓绿色）]、长度、直径、高度、质量、去皮质量、内脏质量、外壳质量，最后一列代表的是鲍鱼的真实年龄，是我们要预测的结果变量。

1	0.455	0.365	0.095	0.514	0.2245	0.101	0.15	15
1	0.35	0.265	0.09	0.2255	0.0995	0.0485	0.07	7
-1	0.53	0.42	0.135	0.677	0.2565	0.1415	0.21	9
1	0.44	0.365	0.125	0.516	0.2155	0.114	0.155	10
0	0.33	0.255	0.08	0.205	0.0895	0.0395	0.055	7
0	0.425	0.3	0.095	0.3515	0.141	0.0775	0.12	8
-1	0.53	0.415	0.15	0.7775	0.237	0.1415	0.33	20
-1	0.545	0.425	0.125	0.768	0.294	0.1495	0.26	16
1	0.475	0.37	0.125	0.5095	0.2165	0.1125	0.165	9
-1	0.55	0.44	0.15	0.8945	0.3145	0.151	0.32	19
-1	0.525	0.38	0.14	0.6065	0.194	0.1475	0.21	14
1	0.43	0.35	0.11	0.406	0.1675	0.081	0.135	10
1	0.49	0.38	0.135	0.5415	0.2175	0.095	0.19	11
-1	0.535	0.405	0.145	0.6845	0.2725	0.171	0.205	10
-1	0.47	0.355	0.1	0.4755	0.1675	0.0805	0.185	10

图 7.8　鲍鱼数据集

7.2.2 项目实战

1. 实战任务

（1）利用数据集数据进行简单的线性回归并判别回归结果。

（2）利用局部加权线性回归改进回归模型，并通过预测鲍鱼年龄进行实战演练。

（3）对回归模型结果进行比较分析。

基于线性回归预测鲍鱼年龄

2. 项目环境要求

项目环境为 Windows 10+Anaconda 3+PyCharm 社区版。

3. 实战步骤和要点

下面对项目的关键步骤、要点和运行结果进行简单说明。

① 根据上文介绍的回归系数计算方法，求出回归系数向量，使用简单回归模型中的回归系数计算函数 standRegres(xArr,yArr)，代码如下。

```
def standRegres(xArr,yArr):
"""
函数说明:计算回归系数 w
Parameters:
xArr - x 数据集
yArr - y 数据集
Returns:
ws - 回归系数
"""
xMat = np.mat(xArr)
yMat = np.mat(yArr).T
xTx = xMat.T * xMat       #根据文中推导的公式计算回归系数
if np.linalg.det(xTx) == 0.0:
print("矩阵为奇异矩阵,不能求逆")
return
ws = xTx.I * (xMat.T*yMat)
return ws
```

基于线性回归预测鲍鱼年龄代码

② 调用 standRegres(xArr,yArr)函数返回回归系数向量，绘制回归曲线，使用绘制回归曲线函数 plotRegression()，代码如下。

```
def plotRegression():
    """
    函数说明:绘制回归曲线和数据点
    Parameters:
        无
```

```
Returns:
    无
"""
xArr, yArr = loadDataSet('ex0.txt')                    #加载数据集
ws = standRegres(xArr, yArr)                           #计算回归系数
xMat = np.mat(xArr)                                    #创建 xMat 矩阵
yMat = np.mat(yArr)                                    #创建 yMat 矩阵
xCopy = xMat.copy()                                    #深拷贝 xMat 矩阵
xCopy.sort(0)                                          #排序
yHat = xCopy * ws                                      #计算对应的 y 值
fig = plt.figure()
ax = fig.add_subplot(111)                              #添加 subplot
ax.plot(xCopy[:, 1], yHat, c = 'red')                 #绘制回归曲线
#绘制样本点
ax.scatter(xMat[:,1].flatten().A[0], yMat.flatten().A[0], s = 20, c =
'blue',alpha = .5)
plt.title('DataSet')                                  #绘制 title
plt.xlabel('X')
plt.show()
```

　　运行上述代码，将计算得到的回归系数向量 **ws** 直接代入方程得到因变量，绘制拟合曲线，如图 7.9 所示。

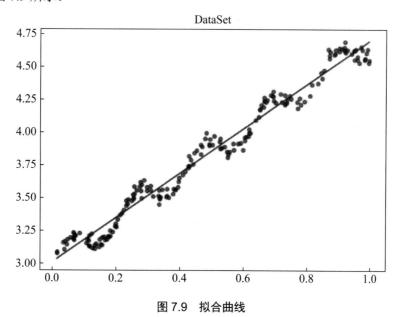

图 7.9　拟合曲线

为了判断拟合曲线的拟合效果，我们使用 corrcoef()方法比较预测值 yHat 与真实值 yMat 的相关性，实现代码如下。

```
#拟合值与真实值的相关性计算
if __name__ == '__main__':
    xArr, yArr = loadDataSet('ex0.txt')        #加载数据集
    ws = standRegres(xArr, yArr)               #计算回归系数
    xMat = np.mat(xArr)                        #创建 xMat 矩阵
    yMat = np.mat(yArr)                        #创建 yMat 矩阵
    yHat = xMat * ws
    print(np.corrcoef(yHat.T, yMat))
```

图 7.10 所示为预测值和真实值相关性的运行结果，可以看到对角线上的数据是 1.0，因为 yMat 与自己的匹配是完美的，而 yHat 与 yMat 的相关系数约为 0.99。

```
D:\Python\venv\Scripts\python.exe D:/Python/比较预测值和真实值的相关性.py
[[1.          0.98647356]
 [0.98647356 1.          ]]

Process finished with exit code 0
```

图 7.10　预测值和真实值相关性的运行结果

③ 局部加权线性回归的应用。

线性回归的一个问题是可能出现欠拟合现象，因为它求的是具有最小均方误差的无偏估计。显而易见，如果模型欠拟合，则不能取得好的预测效果。所以有些方法允许在估计中引入一些偏差，从而降低预测的均方误差。

其中一个方法是局部加权线性回归（Locally Weighted Linear Regression，LWLR）。在该方法中，我们为待预测点附近的每个点赋予一定的权重。与 KNN 算法相同，这种算法每次预测均需要先选取对应的数据子集。

该算法解除回归系数 W 的形式如下：

$$\hat{\omega} = \left(X^{\mathrm{T}}WX\right)^{-1}X^{\mathrm{T}}Wy \tag{7-26}$$

式中，W 是一个矩阵，这个公式中 W 被用来给每个点赋予权重。

LWLR 使用"核"（与支持向量机中的核类似）对附近的点赋予更高的权重。核的类型可以自由选择，最常用的核就是高斯核，高斯核对应的权重如下：

$$W(i,i) = \left(\frac{\left|x^i - x\right|^2}{-2k^2}\right) \tag{7-27}$$

根据式（7-27），编写局部加权线性回归，通过改变 k 的值，可以调节回归效果。

图 7.11 所示为使用局部加权线性回归的运行效果，可以看到，当 k 值越小，拟合效果越好。但是当 k 值过小时，会出现过拟合的情况，例如 k 等于 0.003 的时候。

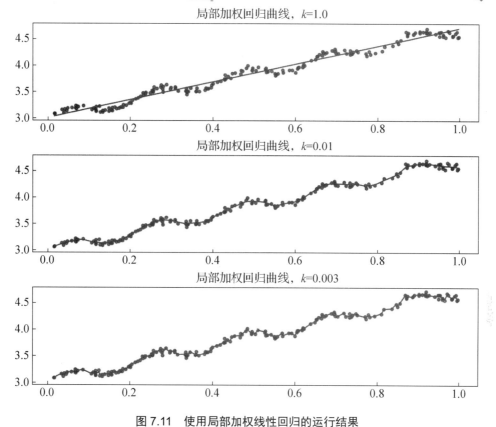

图 7.11 使用局部加权线性回归的运行结果

图 7.12 所示为使用局部加权线性回归预测鲍鱼数据集上的鲍鱼年龄结果，并分别展示了 $k=0.1$、$k=1$、$k=10$ 的误差值。

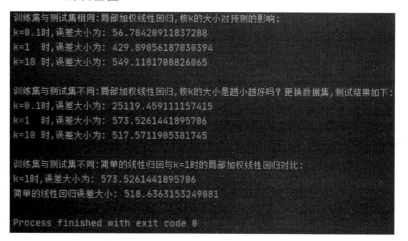

图 7.12 使用局部加权线性回归预测鲍鱼数据集上的鲍鱼年龄结果

本节主要介绍了简单的线性回归和局部加权线性回归；在局部加权线性回归中，过小的核可能导致过拟合现象，即训练集表现良好，而测试集表现一般。

7.3 基于逻辑回归的病马死亡率预测

7.3.1 项目背景

使用逻辑回归预测患疝气病的马的存活问题。原始数据集 horseColicTraining.txt 和 horseColicTest.txt 分别是训练集和测试集，其中训练集包含 299 个样本，测试集包含 67 个样本，每个样本含 21 个特征值和 1 个类别标签，类别标签表示存活和未能存活。这种病不一定源自马的肠胃问题，也可能是其他问题引起的。该数据集中包含了医院检测马疝病的一些指标，有的指标比较主观，有的指标难以测量（例如马的疼痛级别）。

本项目利用逻辑回归和随机梯度上升算法来预测病马的生死，是一种二分类问题，当预测概率大于或等于 0.5 时，认为是正例；当预测概率小于 0.5 时，认为是反例。

7.3.2 项目实战

1. 实战任务

① 收集数据：给定数据文件。

② 准备数据：用 Python 解析文本文件，读取训练集和测试集数据，将数据处理分成四个集合，训练特征集 trainingSet、训练标签集 trainingLabels、测试特征集 testSet 和测试标签集 testLabels。

③ 对数据归一化并加上偏置值处理。

④ 训练算法：使用随机梯度下降法优化算法，找到最佳的回归系数。

⑤ 使用 sigmoid()函数转化成逻辑回归分类问题。

⑥ 测试算法：使用测试集数据计算逻辑回归错误率，评价逻辑回归分类效果。

基于逻辑回归的病马死亡率预测

⑦ 使用算法：用收集到的马的症状数据预测马的生死概率，并输出预测结果。

通过实战，达到如下目的。

① 学习逻辑回归原理。

② 利用已有数据集，预测病马的死亡率，进一步理解逻辑回归的原理。

2. 项目环境要求

项目环境为 Windows 10+Anaconda 3+PyCharm 社区版。

基于逻辑回归的病马死亡率预测代码

3. 实战步骤和要点

下面对项目的关键步骤、要点和运行结果进行简单说明。

① 数据预处理。本项目中对数据处理主要包括两个部分：一是将训练集和测试集分成了四个集合，训练特征集、训练标签集、测试特征集和测试标签集，利用 loadDataSet()函数实现了数据集的读

取和分割；二是避免数据溢出，本项目利用 normalization()函数对数据进行归一化处理，并加上偏置值处理。具体处理细节可下载源代码查看，这里不作详述。

② 本项目是逻辑回归问题，需要将多元线性回归问题转换为二分类问题，这里需要利用 sigmoid()函数实现这种转换，函数定义如下。

```
#sigmoid()函数，参数 inX 表示要转换的多元线性回归数据
def sigmoid(inX):
    if inX >= 0:  # 对 sigmoid()函数优化，避免出现极大的数据溢出
        return 1.0/(1 + np.exp(-inX))
    else:
        return np.exp(inX)/ (1 + np.exp(inX))
```

③ 使用随机梯度下降法优化算法计算多元线性回归系数，实现代码如下。

```
def stocGradDesc2(dataSet,classLabels):
    a = np.array(dataSet)
    b = np.array(classLabels)
    m,n = a.shape
    # 创建与列数相同的矩阵的系数矩阵，1 行 n 列
    weight3 = np.ones((1,n))
    for j in range(500):
        dataIndex = list(range(m))
        for i in range(m):
            #alpha 值随着 i 和 j 的增大而减小，但因存在常数 0.01，故 alpha 值不会为 0
            alpha = 4/(1.0+j+i)+0.01
            #通过随机选取样本来更新回归系数。 随机产生一个 0~len()之间的一个值
            # random.uniform(x, y) 方法将随机生成[x,y]范围内的一个实数
            randIndex = int(np.random.uniform(0,len(dataIndex)))
            # sum(dataMatrix[i]*weights)为了求 f(x)的值，f(x)=a1*x1+b2*x2+..+nn*xn
            h = sigmoid(np.sum(a[randIndex]*weight3))
            error = h - b[randIndex]
            weight3 = weight3 - alpha*a[randIndex]*error
            del(dataIndex[randIndex])
    return weight3
```

④ 逻辑分类函数，根据回归系数和特征向量计算 sigmoid()函数的值。

函数目标：分类函数，根据回归系数和特征向量计算 sigmoid()函数的值，当 sigmoid()函数值大于 0.5 时，返回 1，否则返回 0。

函数参数有两个：一个是 inX，即特征向量（features）；另一个是 weights，即使用随机梯度下降法优化算法计算得到的回归系数。

返回值有两个：如果 prob 计算后值大于 0.5，则函数返回 1，否则返回 0，即一个二分类问题。

```
def classifyLogistic(inX,weight):
    prob = sigmoid(np.sum(inX*weight))
    if(prob>0.5):
        return 1
    else:
        return 0
```

⑤ 利用测试集数据计算训练得到的逻辑回归模型的错误率，评价逻辑回归分类效果。其主要实现代码如下，运行结果如图 7.13 所示。需要注意的是，因算法中采用随机梯度下降法优化算法计算回归系数，每次运行结果稍有不同，逻辑回归错误率也会不相等。

```
errorCount = 0.0
for i in range(numData):
    if(classifyLogistic(result_test[i],weight)!=testLabels[i]):
        errorCount+=1
print('the error rate is %.2f%%'%(100*errorCount/float(numData)))
```

```
the error rate is 29.85%

Process finished with exit code 0
```

图 7.13   逻辑回归错误率运行结果

7.4   多项式回归应用案例

7.4.1   项目背景

在有些情况下，预测变量和观测变量并不完全适合用线性直线拟合。前面介绍的线性回归分析技术、模型拟合都是一条直线，但有时最佳拟合线不是直线，而是一条用于拟合数据点的曲线。

已知有一组如图 7.14 所示的温度和压力对应关系数据。试分别用简单线性回归和多项式回归拟合温度与压力的关系，其中温度为自变量 x，压力为因变量 y，观察拟合效果，理解多项式回归的特殊用途。

序号	温度/℃	压力/MPa
1	0	0.0002
2	20	0.0012
3	40	0.006
4	60	0.03
5	80	0.09
6	100	0.27

图 7.14   温度和压力对应关系数据

7.4.2　项目实战

1. 实战任务

① 读取案例数据集，并在数据集上做线性回归，作图可视化观察拟合效果。
② 利用多项式回归拟合数据关系，并观察拟合效果。
③ 比较两种回归方法的拟合效果，体会多项式回归的特殊功能。

2. 项目环境要求

项目环境为 Windows 10+Anaconda 3+PyCharm 社区版。

3. 实战要点和结果分析

下面对项目的关键步骤、要点和运行结果进行简单说明。
① 导入第三方库。

```
# Importing the libraries
import numpy as np
import matplotlib.pyplot as plt
import pandas as pd
from sklearn.linear_model import LinearRegression
from sklearn.preprocessing import PolynomialFeatures
```

② 读取案例数据集，并确定自变量和因变量列。

```
datas = pd.read_csv('data.csv')
X = datas.iloc[:, 1:2].values
y = datas.iloc[:, 2].values
```

③ 线性回归拟合数据关系并可视化输出线性回归拟合结果，主要代码如下。

```
#调用线性回归
lin = LinearRegression()
lin.fit(X, y)
# Visualising the Linear Regression results
plt.scatter(X, y, color = 'blue')
plt.plot(X, lin.predict(X), color = 'red')
plt.title('线性')
plt.xlabel('温度/℃')
plt.ylabel('压力/MPa')
plt.show()
```

可视化输出线性回归拟合结果如图 7.15 所示。

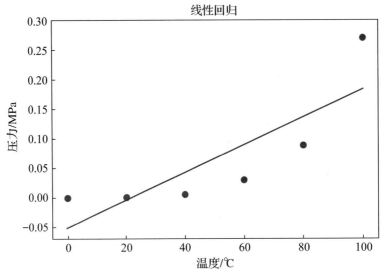

图 7.15　可视化输出线性回归拟合结果

④ 调用多项式回归拟合数据关系，并可视化输出多项式回归拟合结果，主要代码如下。

```
#调用多项式回归函数进行拟合
poly = PolynomialFeatures(degree = 4)
X_poly = poly.fit_transform(X)
poly.fit(X_poly, y)
# Visualising the Polynomial Regression results
plt.scatter(X, y, color = 'blue')
plt.plot(X, lin2.predict(poly.fit_transform(X)), color = 'red')
plt.title('多项式回归')
plt.xlabel('温度/℃')
plt.ylabel('压力/MPa')
plt.show()
```

可视化输出多项式回归拟合结果如图 7.16 所示。

由上述两种回归方法的拟合效果可知，多项式回归在本数据集上的拟合效果更好，体现了多项式回归的特殊用途。

⑤ 分别用两种回归方法预测 $T=110℃$ 时的压力值，运行结果如图 7.17 所示。从图 7.17 可知，线性回归得到的压力值为 0.20675333MPa，多项式回归得到的压力值为 0.43295877MPa。

```
# Predicting a new result with Linear Regression
print(lin.predict(110.0))
# Predicting a new result with Polynomial Regression
print(lin2.predict(poly.fit_transform(110.0)))
```

多项式回归
0.30
0.25
0.20
0.15
0.10
0.05
0.00
压力/MPa
0
20
40
60
80
100
温度/℃

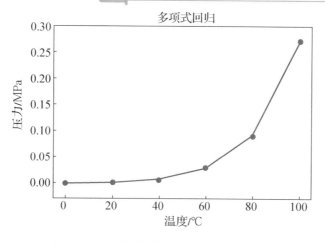

图 7.16　可视化输出多项式回归拟合结果

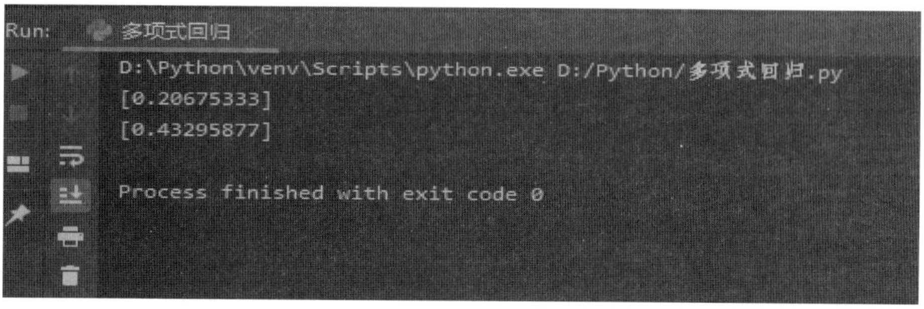

Run:
多项式回归
D:\Python\venv\Scripts\python.exe D:/Python/多项式回归.py
[0.20675333]
[0.43295877]
Process finished with exit code 0

图 7.17　T=110℃时线性回归和多项式回归结果的预测

7.5　本 章 小 结

回归分析是利用数据统计原理，对大量的统计数据进行数学处理，并确定因变量与某些自变量的关系，建立一个相关性较好的回归方程（函数表达式），并加以应用，用于预测未来的因变量变化的分析方法。

在机器学习中，回归分析是一种预测性的建模技术。它研究的是因变量与自变量之间的关系，广泛用于预测分析、时间序列模型以及探寻变量之间的因果或依赖关系。

根据因变量和自变量数量，回归分析可以分为一元回归分析和多元回归分析；按因变量和自变量的函数表达式，回归分析可以分为线性回归分析和非线性回归分析。在机器学习中，常见的回归分析方法有线性回归和多项式回归（非线性回归），本章提到的一元线性回归和多元线性回归是线性回归的两种形式，而逻辑回归实际上也是一种线性回归，是通过 sigmoid()函数将连续值的线性回归问题转换为具有多个离散值的逻辑回归问题，用于分类问题中。当因变量取值只有两种“0”和“1”时，是一种二分类问题。

本章首先介绍了回归分析的定义和概念；然后重点探讨了线性回归、逻辑回归和多项式回归的函数形式，以及回归系数的求解；最后通过三个案例分别展示了线性回归、逻辑回归和多项式回归的应用，希望学习本章的内容后，读者能够加深对回归分析的理解。

7.6 本章习题

一、简答题

1. 线性回归按自变量数量分为哪两种类型？请分别写出这两种类型的线性回归方程的表示形式。

2. 逻辑回归与线性回归有何异同点？线性回归如何转换为逻辑回归？

3. 什么叫作多项式回归？它与线性回归有哪些区别？多项式回归如何转换为线性回归？

4. 简述回归模型的评价指标。

二、上机实战与提高

1. 上机实现 7.2 节至 7.4 节的实战项目。

2. 对于 7.3 节的项目（使用逻辑回归的病马死亡率预测），尝试直接调用第三方库 Sklearn. linear_model 中的 LogisticRegression 方法，在本数据集上进行逻辑回归并比较回归效果。

第 **8** 章

其他机器学习技术

 **内容导读**

机器学习是人工智能及模式识别领域的共同研究热点，其理论和方法已被广泛应用于解决工程应用和科学领域的复杂问题。从 20 世纪 50 年代开始，经过不断地发展和应用，机器学习诞生了大量经典的算法。总体上，机器学习算法可以分为有监督学习、无监督学习、强化学习 3 种类型。除了前面章节介绍的回归、KNN 算法外，机器学习常用算法还包括 Apriori 关联规则算法、决策树算法、AdaBoost 分类器，等等。

本章将介绍 Apriori 关联规则算法、决策树算法、AdaBoost 分类器的基本思想和算法流程，并以案例方式展示算法的具体应用。另外，算法都会涉及算法参数的设置，本章最后将介绍一种网格搜索法优化模型参数算法。

本章的项目代码、操作步骤和参考视频均可扫描二维码下载和观看。

学习目标和要求

✧　了解 Apriori 关联分析的概念。

✧　掌握 Apriori 算法的原理、流程和实现步骤。

✧　学会使用 Apriori 算法解决实际问题。

✧　掌握决策树算法的基本概念和构造算法。

✧　学会用决策树算法解决具体分类问题。

✧　掌握 AdaBoost 分类器的原理和应用。

✧　了解网格搜索法的定义和概念。

✧　学会利用网格搜索法优化模型参数算法。

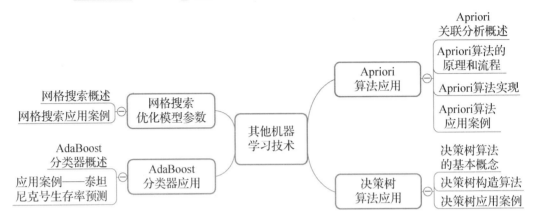

8.1　Apriori 算法应用

8.1.1　Apriori 关联分析概述

关联规则是反映一个事物与其他事物之间的相互依存性和关联性，从数据中寻找形如"由于某些事件的发生而引起另外一些事件的发生"之类的规则，用于从大量数据中挖掘有价值的数据项之间的相关关系。

在美国的沃尔玛超市，将啤酒与纸尿裤这样两个奇怪的东西放在一起进行销售，这两个看起来没有关联的东西的销量却大大增加。事后证明这个案例确实有根据，美国的太太们常叮嘱她们的丈夫下班后为小孩买纸尿裤，而丈夫们在买纸尿裤后又随手买回了他们喜欢的啤酒。在这样的场景下，如何找出物品之间的关联规则呢？Apriori 算法就是一种快速寻找关联规则的算法，以超市为例要寻找这种关联关系有两个步骤。

（1）找频繁项集。找出频繁一起出现的物品集的集合，称为频繁项集。比如，一个超市的频繁项集可能有{{啤酒,纸尿裤},{鸡蛋,牛奶},{香蕉,苹果}}。

（2）根据关联规则找关联物品，在频繁项集的基础上，使用关联规则算法找出其中物品的关联结果。

下面以超市为例，介绍 Apriori 算法的几个关键概念。表 8.1 为某超市部分购买商品记录。

Apriori 算法
理论

1. 支持度（Support）

支持度可以理解为物品当前的流行程度。计算公式如下：

$$支持度 = \frac{包含物品的记录数量}{总的记录数量}$$

表 8.1　某超市部分购买商品记录

交易编号	购买商品
0	牛奶，洋葱，肉豆蔻，芸豆，鸡蛋，酸奶
1	莳萝，洋葱，肉豆蔻，芸豆，鸡蛋，酸奶
2	牛奶，苹果，芸豆，鸡蛋
3	牛奶，饼干，玉米，芸豆，酸奶
4	玉米，洋葱，芸豆，冰淇淋，鸡蛋

以表 8.1 中超市的记录为例：一共有 5 个交易，牛奶出现在 3 个交易中，故{牛奶}的支持度为 $\frac{3}{5}$；鸡蛋出现在 4 个交易中，故{鸡蛋}的支持度是 $\frac{4}{5}$；牛奶和鸡蛋在交易中同时出现的次数是 2，故{牛奶，鸡蛋}的支持度为 $\frac{2}{5}$。

2. 置信度（Confidence）

置信度可以理解为如果购买物品 A，购买物品 B 的可能性。计算公式如下：

$$置信度（A \rightarrow B）= \frac{包含物品A和B的记录数量}{包含A的记录数量}$$

例如，已知（牛奶，鸡蛋）一起购买的次数是 2 次，鸡蛋的购买次数是 4 次，那么 Confidence（牛奶→鸡蛋）的计算公式是：Confidence（牛奶→鸡蛋）$= \frac{2}{4}$。

3. 项集

项集是指若干个项的集合。表 8.1 所示购买记录中的{牛奶,洋葱,肉豆蔻,芸豆,鸡蛋,酸奶},{牛奶,苹果,芸豆,鸡蛋}就是项集。

4. 频繁项集

数据集中会频繁出现项集、序列或子结构。频繁项集是指支持度大于或等于最小支持度(min_sup)的集合。设最小支持度是 0.6，表 8.1 中的{洋葱}、{牛奶}、{芸豆}、{酸奶}、{鸡蛋}、{芸豆, 洋葱}、{洋葱, 鸡蛋}、{牛奶, 芸豆}、{酸奶, 芸豆}、{芸豆, 洋葱, 鸡蛋}都是频繁项集。

5. k 项频繁项集

频繁项集中集合元素数为 k，则称 k 项频繁项集。如{洋葱}、{牛奶}、{芸豆}、{酸奶}、{鸡蛋}是 1 项频繁项集，{芸豆, 洋葱}、{洋葱, 鸡蛋}、{牛奶, 芸豆}、{酸奶, 芸豆}是 2 项频繁项集；{芸豆, 洋葱, 鸡蛋}是 3 项频繁项集。

Apriori 的作用是根据物品间的支持度找出物品中的频繁项集。通过上面的讲解我们知道，支持度越高，说明物品越受欢迎。那么如何确定最小支持度呢？要根据具体案例，主观确定一个最小支持度参数，项集中大于或等于支持度参数的则是要找的频繁项集。

根据支持度的计算公式，最直接的方法是遍历所有组合计算它们的支持度，找出所有的频繁项集。但这种方法效率太低，假设有 N 个物品，那么一共需要计算 2^N-1 次，并随着物品的增加，组合数量呈指数增长。Apriori 就是一种找出频繁项集的高效算法。它的核心原理是某个项集是频繁的，那么它的所有子集也是频繁的。

8.1.2 Apriori 算法的原理和流程

Apriori 算法是一种挖掘布尔关联规则频繁项集的算法。Apriori 算法利用频繁项集性质的先验知识，通过逐层搜索的迭代方法，即将 k 项集用于探察 $(k+1)$ 项集，来穷尽数据集中的所有频繁项集。首先找到 1 项频繁项集集合 $L1$，然后用 $L1$ 找到 2 项频繁项集集合 $L2$，接着用 $L2$ 找到 3 项频繁项集集合 $L3$，直到找不到 k 项频繁项集，找到每个 Lk 需要进行一次数据库扫描。频繁项集的所有非空子集也必须是频繁的。Apriori 算法通过减小搜索空间，来提高频繁项集逐层产生的效率。Apriori 算法由连接和剪枝两个步骤组成。

下面通过一个实例解释 Apriori 算法的原理。表 8.2 所示是一份交易单，第 1 列是交易号，第 2 列是项集合，其中 I1 至 I5 可看作 5 种商品。

表 8.2　交易单

交易号	项集合
T100	I1, I2, I5
T200	I2, I4
T300	I2, I3
T400	I1, I2, I4
T500	I1, I3
T600	I2, I3
T700	I1, I3
T800	I1, I2, I3, I5
T900	I1, I2, I3

下面通过频繁项集合找出关联规则。假设我们的最小支持度阈值为 2，即支持度计数小于 2 的都要删除。

表 8.2 第 1 行（第 1 项交易）表示：I1、I2 和 I5 一起被购买。

图 8.1 描述了 $C1$ 至 $L1$ 的过程：只需查看支持度计数是否大于或等于阈值，然后进行取舍。如图 8.2 所示的 $C2$，因为 $C1$ 中所有阈值都大于或等于 2，故 $L1$ 中的项集都保留。

$C1$

扫描数据，对每个候选计数

项集	支持度计数
{I1}	6
{I2}	7
{I3}	6
{I4}	2
{I5}	2

比较候选支持度计数与最小支持度计数

$L1$

项集	支持度计数
{I1}	6
{I2}	7
{I3}	6
{I4}	2
{I5}	2

图 8.1　$C1$ 至 $L1$ 的过程

	项集
$C2$	{I1, I2}
	{I1, I3}
	{I1, I4}
	{I1, I5}
	{I2, I3}
	{I2, I4}
	{I2, I5}
	{I3, I4}
	{I3, I5}
	{I4, I5}

$L1$	项集	支持度计数
	{I1}	6
	{I2}	7
	{I3}	6
	{I4}	2
	{I5}	2

由 $L1$ 产生候选 $C2$

Lk−1用于产生候选 Ck

图 8.2　$L1$ 至 $C2$ 的过程

$L1$ 至 $C2$ 的过程分为以下三步：

（1）遍历产生 $L1$ 中所有可能的组合，即{I1,I2}…{I4,I5}。

（2）拆分遍历产生的每个组合，以保证频繁项集的所有非空子集也是频繁的，即将{I1,I2}拆分为 I1、I2，由于 I1 和 I2 在 $L1$ 中都为频繁项，因此该组合保留。

（3）对于剩下的 $C2$，根据原数据集进行支持度计数。

图 8.3 所示是 $C2$ 至 $L2$ 的转换过程，在此过程中只需查看支持度是否大于或等于阈值，然后进行取舍。

	项集	支持度计数
	{I1, I2}	4
	{I1, I3}	4
$C2$	{I1, I4}	1
	{I1, I5}	2
	{I2, I3}	4
	{I2, I4}	2
	{I2, I5}	2
	{I3, I4}	0
	{I3, I5}	1
	{I4, I5}	0

扫描数据，对每个候选计数

比较候选支持度计数与最小支持度计数

$L2$	项集	支持度计数
	{I1, I2}	4
	{I1, I3}	4
	{I1, I5}	2
	{I2, I3}	4
	{I2, I4}	2
	{I2, I5}	2

图 8.3　$C2$ 至 $L2$ 的转换过程

图 8.4 所示是 $L2$ 至 $C3$ 的转换过程。首先生成{I1,I2,3}、{I1,I2,I4}、{I1,I2,I5}……为什么最后只剩{I1,I2,I3}和{I1,I2,I5}呢？因为进行了剪枝过程：{I1,I2,I4}拆分为{I1,I2}和

{I1,I4}和{I2,I4}。然而{I1,I4}在 *L*2 中不存在，即为非频繁项，所有剪枝删除。然后对 *C*3 中剩下的组合进行计数，发现{I1,I2,I3}和{I1,I2,I5}的支持度计数为 2，迭代结束。

*L*2

项集	支持度计数
{I1, I2}	4
{I1, I3}	4
{I1, I5}	2
{I2, I3}	4
{I2, I4}	2
{I2, I5}	2

由*L*2产生
候选*C*3

*C*3

项集
{I1, I2, I3}
{I1, I2, I5}

图 8.4　*L*2 至 *C*3 的转换过程

可以看到整个算法过程就是 $Ck \rightarrow Lk \rightarrow Ck+1$ 的过程。

8.1.3　Apriori 算法实现

1. 创建 *L*1 项频繁项集并转换为 frozenset 类型数据

根据 Apriori 算法的步骤创建候选集 *C*1，并由此创建 *L*1 项频繁项集。

```
Data = {'user1':['I1','I2','I5'],
        'user2':['I2','I4'],
        'user3':['I2','I3'],
        'user4':['I1','I2','I4'],
        'user5':['I1','I3'],
        'user6':['I2','I3'],
        'user7':['I1','I3'],
        'user8':['I1','I2','I3','I5'],
        'user9':['I1','I2','I3']
        }
```

▶
Apriori 算法
实战

对 Data 进行变换，使用 frozenset 类型存储数据记录。在 Python 中，集合类型 set 是可变的，不存在哈希值。frozenset 是冻结的集合类型，不可变，存在哈希值。因此，使用 frozenset 类型存储的频繁项，可以作为字典的 key 保存下来，有利于后续创建频繁项集集合（key 为频繁项，value 为支持度）。其他数据类型（如 OrderedDict、namedtuple 等）可以参考 Python 的 collection 模块。

```
data = {v: frozenset(Data[v]) for v in Data}
data
```

转换后的数据如图 8.5 所示。

```
{'user1': frozenset({'I1', 'I2', 'I5'}),
 'user2': frozenset({'I2', 'I4'}),
 'user3': frozenset({'I2', 'I3'}),
 'user4': frozenset({'I1', 'I2', 'I4'}),
 'user5': frozenset({'I1', 'I3'}),
 'user6': frozenset({'I2', 'I3'}),
 'user7': frozenset({'I1', 'I3'}),
 'user8': frozenset({'I1', 'I2', 'I3', 'I5'}),
 'user9': frozenset({'I1', 'I2', 'I3'})}
```

图 8.5　转换后的数据

2. 生成 1 项频繁项集

由于频繁项的长度为 1，因此可以通过统计 data 中各个元素出现的频次，直接生成 1 项频繁项集。项集使用 Python 中的字典类型存储，key 表示频繁项，value 表示对应的支持度，最小支持度为 2。

```
freq_1 = {}
for item in data:
    for record in data[item]:
        if frozenset([record]) in freq_1:
            freq_1[frozenset([record])] += 1
        else:
            freq_1[frozenset([record])]  = 1


freq_1 = {v:freq_1[v] for v in freq_1 if freq_1[v] >= 2}
freq_1
```

输出 1 项频繁项集 freq_1 的结果，如图 8.6 所示。

3. 生成 k 项频繁项集

从 $k \geqslant 2$ 开始，根据得到的$(k-1)$项频繁项集，生成 k 项频繁项集。这个过程由函数 getFrequentItemSetWithSupport()实现，并返回 k 项频繁项集。具体来说，分为以下三个步骤：

（1）连接步：生成候选集 Ck。

（2）剪枝步：生成 k 项频繁项集。

（3）选择符合设定条件（满足最小支持度）的频繁项，生成最终结果。

在连接步中，我们将$(k-1)$项频繁项集与自身联结，生成 k 项候选集 candidate_items。在剪枝步中，我们使用先验性质过滤候选项集，减小运算量。

这个先验性质就是频繁项集的所有非空子集必然是频繁项集。

getFrequentItemSetWithSupport()函数用来寻找 k 项频繁项集。

```
{frozenset({'I2'}): 7,
 frozenset({'I5'}): 2,
 frozenset({'I1'}): 6,
 frozenset({'I4'}): 2,
 frozenset({'I3'}): 6}
```

图 8.6　输出 1 项频繁项集 freq_1 的结果

输入参数：

> frequent_k: (k-1)项频繁项集
> min_support：最小支持度
> item_list：业务数据记录

返回参数：

> k项频繁项集：{频繁项：支持度；频繁项：支持度}

```
# 当 k >= 2 时
def getFrequentItemSetWithSupport(frequent_k,min_support,k,item_list):
    items = frequent_k.keys()
    #k 项候选集
    candidate_items = []
    current_k = {}
    ### 连接步，生成候选集
    candidate_items = [m.union(n) for m in items for n in items if m !=
n and len(m.union(n)) == k]
        ### 剪枝步，剔除含有非频繁项子集的项集
        final_candidate = set()
        for candidate in candidate_items:
            sub_items = getSubset(candidate, (k - 1))
            if set(items) > set(sub_items):
                final_candidate.add(candidate)
            else:
                continue
    # 遍历数据集 data，统计 final_candidate 中的元素，保留支持度大于最小阈值的频繁项
     for record in item_list.items():
        for item in final_candidate:
                #数据记录 record 中含有频繁项 item
                if item.issubset(record[1]):
                    if item in current_k:
                        current_k[item] += 1
                    else:
                        current_k[item] = 1
        return {v: current_k[v] for v in current_k if current_k[v] >= min_support}
```

在函数 getFrequentItemSetWithSupport()中，我们自定义两个函数 getSubset()和 getAllSubsets()，分别返回项集的 k 项子集及所有非空子集。比如，项集 frozenset({'I1', 'I2', 'I5'})，它的 2 项子集应为

```
frozenset({'I1', 'I2'})
frozenset({'I1', 'I5'})
frozenset({'I2', 'I5'})
```

我们使用以下代码，实现上述功能。

```python
def getSubset(item, k):
    import itertools as its
    return [frozenset(item) for item in its.combinations(item, k)]
```

我们通过 getAllSubsets() 函数，找到它的所有非空真子集。

```python
def getAllSubsets(item):
    subsets = []
    for i in range(len(item) - 1):
        subsets.extend(getSubset(item, i + 1))
    return subsets
```

项集的子集可以通过排列组合得到，我们可以调用 itertools 中的 combinations() 函数具体实现返回子集的功能。

至此，反复调用 getFrequentItemSetWithSupport()，得到完整的 k 项频繁项集集合，直到达到停止条件，k 项频繁项集为空。

当数据记录的长度很长时，算法需要逐个检查 k 项频繁项集是否为空；另外，在具体任务中寻找的频繁项长度也不会过长，因此可以选择通过控制 k 的取值来获取指定的 k 项频繁项集集合。

```python
k = 2
final_itemsets= []
final_itemsets.append(freq_1)
min_support = 2
min_conf = 0.6
frequent_k_minus_1 = freq_1
#while frequent_k != {}:
while k <= 3:
    print(frequent_k_minus_1)
    frequent_k = getFrequentItemSetWithSupport(frequent_k_minus_1, min_support, k, data)
    final_itemsets.append(frequent_k)
    frequent_k_minus_1 = frequent_k
    k += 1
```

查看 final_itemsets 变量，可得所有 k 项频繁项集，如图 8.7 所示。

4. 生成关联规则

生成频繁项集之后，我们可以直接得到同时满足最小支持度和最小置信度的强关联规则。例如，对于频繁项集{'A','B'}来说，关联规则 A→B 的置信度如下：

```
conf(A→B)=support({A,B})/support({A})
```

```
[[{frozenset({'I2'}): 7,
  frozenset({'I5'}): 2,
  frozenset({'I1'}): 6,
  frozenset({'I4'}): 2,
  frozenset({'I3'}): 6},
 {frozenset({'I2', 'I5'}): 2,
  frozenset({'I1', 'I2'}): 4,
  frozenset({'I1', 'I5'}): 2,
  frozenset({'I2', 'I4'}): 2,
  frozenset({'I2', 'I3'}): 4,
  frozenset({'I1', 'I3'}): 4},
 {frozenset({'I1', 'I2', 'I5'}): 2, frozenset({'I1', 'I2', 'I3'}): 2}]
```

图 8.7　所有 k 项频繁项集

生成关联规则主要有以下几个步骤：

（1）对于 k 项频繁项集中的每个元素 value，调用 getAllSubsets()函数得到 value 的所有非空子集。找到非空集中的 condition，并删除 condition 的所有剩余元素 conclusion_items。

（2）根据置信度公式计算 Confidence。

（3）将所有满足条件（大于等于 min_conf）的潜在关联规则[(condition，conclusoin_items), confidence]放入 association_rules 中。

代码如下：

```
association_rules = []
for item_set in final_itemsets[1:]:
    for value in item_set:
        print('frequent item set: ', value)
        #形如 if condition, then conclusion
        for condition in getAllSubsets(value):
            print(' condition: ', condition, end='')
            conclusion_items = frozenset(x for x in value if x not in condition)
            print(' conclusion: ', conclusion_items, end='')
            if len(conclusion_items) > 0:
                confidence = float(final_itemsets[len(value) - 1][value])/
                        final_itemsets[len(condition) - 1][condition]
                print(confidence)
                if confidence > min_conf:
                    association_rules.append([[condition, conclusion_
                                    items],confidence])
            print('')
```

最后输出所有置信度大于 0.6 的关联规则 association_rules，结果如下。

```
[[[frozenset({'I5'}),frozenset({'I2'})],1.0],
 [[frozenset({'I1'}),frozenset({'I2'})],0.6666666666666666],
```

```
[[frozenset({'I5'}),frozenset({'I1'})],1.0],
[[frozenset({'I4'}),frozenset({'I2'})],1.0],
[[frozenset({'I3'}),frozenset({'I2'})],0.6666666666666666],
[[frozenset({'I3'}),frozenset({'I1'})],0.6666666666666666],
[[frozenset({'I1'}),frozenset({'I3'})],0.6666666666666666],
[[frozenset({'I5'}),frozenset({'I1', 'I2'})],1.0], [[frozenset({'I2',
'I5'}), frozenset({'I1'})], 1.0], [[frozenset({'I1', 'I5'}),
frozenset({'I2'})], 1.0]]
```

8.1.4　Apriori 算法应用案例

1. 项目背景

在电商领域中，好的推荐算法能带来更高的销售业绩。例如，淘宝或京东的网店使用产品推荐技术向潜在用户推荐产品。各种在线视频网站中，推荐算法也具有较强的应用空间，可以根据用户对电影的评分数据来推荐电影。

本案例使用一份电影评分数据集，包括 movies 和 ratings 两部分。其中，movies 部分记录电影的基本信息，ratings 部分记录用户对电影的评论情况。本案例首先在电影评分数据集上运行 Apriori 算法，再找出有价值的关联规则，分析不同类型电影之间的关系，挖掘电影数据集的关联规则。

2. 项目任务

（1）熟悉 Apriori 算法思想和算法流程。
（2）对数据集预处理。
（3）生成 1 项频繁项集。
（4）生成 k 项频繁项集。
（5）生成关联规则。
（6）关联规则转换。

3. 项目环境要求

Apriori 算法
代码

项目环境为 Windows 10+Anaconda 3+ Jupyter Notebook。

4. 实战步骤和要点

下面对项目的关键步骤、要点和运行结果进行简单说明。

（1）本项目数据集 ml-latest-small 可通过扫描二维码下载得到。

（2）项目核心步骤与 Apriori 算法实现步骤基本一致，只不过开始添加了数据预处理，筛选了评分大于 3 的电影进行分析，并统计每部电影被用户评论的次数，设置最小支持度为 50。

（3）项目按照 Apriori 算法的核心步骤：生成 1 项频繁项集→生成 k 项频繁项集→生成关联规则的过程找到关联规则。

（4）将关联规则进行转换，即将上述关联规则的电影 ID 转换成具体影片名称。

本案例通过对电影数据集的关联规则进行挖掘，可以应用于视频网站，根据用户观影记录向用户推荐关联规则较强的其他电影，实现个性化推荐。同样的原理，将案例进一步拓展也可以应用于电商领域的商品个性化推荐。

8.2　决策树算法应用

8.2.1　决策树算法的基本概念

决策树算法是一种逼近离散函数值的方法。它是一种典型的分类方法，首先对数据进行处理，利用归纳算法生成可读的规则和决策树，然后使用决策对新数据进行分析。本质上，决策树是通过一系列规则产生决策分支从而实现分类的算法。

决策树算法最早产生于 20 世纪 60 年代，昆兰于 1979 年前后提出了 ID3 算法，此算法的目的是减少树的深度，但是它忽略了叶子数目的研究。C4.5 算法在 ID3 算法的基础上进行了改进，在预测变量的缺值处理、剪枝技术、派生规则等方面进行了较大改进，既适用于分类问题，又适用于回归问题。

决策树与逻辑回归的分类区别也在于此，逻辑回归是将所有特征转换为概率后，将大于某个概率阈值的划分为一类，小于某个概率阈值的划分为另一类；而决策树是对每一个特征做划分。另外，逻辑回归只能找到线性分割（输入特征 x 与 logit 之间是线性的，除非对 x 进行多维映射），而决策树可以找到非线性分割。

决策树模型更接近人的思维方式，可以产生可视化的分类规则，产生的模型具有可解释性（可以抽取规则）。决策树模型拟合出来的函数其实是分区间的阶梯函数。

决策树的组成元素包括根节点、分支、子节点、叶子节点，如图 8.8 所示。其中，根节点是最重要的特征；根节点与子节点是一对，先有根节点，才会有子节点，在决策树中增加子节点相当于在数据中切一刀；叶子节点是最终分类标签，所有的数据最终都会落到叶子节点。

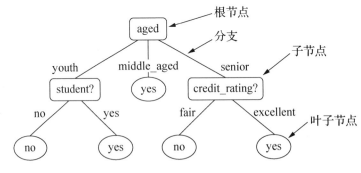

图 8.8　决策树的组成元素

在构造决策树的过程中，需要用到信息熵和基尼系数等参数，作为建树依据。

1. 信息熵

信息熵（entropy）是决策树构建过程中最为常见的一种构建方式，熵在信息论中的含义是随机变量的不确定度，熵越大，表示不确定性越大；熵越小，表示不确定性越小。随机变量 X 的熵的表达式如下：

$$H(X) = -\sum_{i=1}^{n} p_i \log p_i \tag{8-1}$$

式中，n 为 X 的 n 种不同的离散取值；p_i 为 X 取值为 x_i 的概率，$\log$ 为以 2 或者 e 为底的对数。例如，X 有两个可能的取值，而这两个取值各为 $\frac{1}{2}$ 时，X 的熵最大，此时 X 具有最大的不确定性，$H(X) = -\left(\frac{1}{2}\log\frac{1}{2} + \frac{1}{2}\log\frac{1}{2}\right) = \log 2$；如果一个值概率大于 $\frac{1}{2}$，另一个值概率小于 $\frac{1}{2}$，则不确定性减小，对应的熵也会减小。例如，一个概率为 $\frac{1}{3}$，另一个概率为 $\frac{2}{3}$，则对应的熵 $H(X) = -\left(\frac{1}{3}\log\frac{1}{3} + \frac{2}{3}\log\frac{2}{3}\right) = \log 3 - \frac{2}{3}\log 2$，熵小于两个概率各为 $\frac{1}{2}$ 的熵。

式（8-1）是单个变量的信息熵计算公式，由单个变量信息熵很容易推广到多个变量的联合熵，式（8-2）是两个变量 X 和 Y 的联合熵表达式。

$$H(X,Y) = -\sum_{x_i \in X}\sum_{y_i \in Y} p(x_i, y_i)\log p(x_i, y_i) \tag{8-2}$$

根据联合熵，可以得到条件熵的表达式 $H(X|Y)$，条件熵类似于条件概率，它表示在已知随机变量 Y 的条件下随机变量 X 的不确定性。计算表达式见式（8-3）。

$$H(X|Y) = -\sum_{x_i \in X}\sum_{y_i \in Y} p(x_i, y_i)\log p(x_i|y_i) = \sum_{j=1}^{n} p(y_j) H(X|y_j) \tag{8-3}$$

2. 信息增益

用式（8-1）减去式（8-3），即 $H(X) - H(X|Y)$ 度量了随机变量 X 在已知 Y 值后不确定性减少的程度，这个度量在信息论中称为互信息，记为 $I(X,Y)$。在决策树 ID3 算法中叫作信息增益（Information Gain）。ID3 算法就是用信息增益来判断当前节点应该用什么特征来构建决策树。信息增益越大，越适合用来分类。

3. 基尼系数（Gini index/coefficient）

分类与回归树（Classification And Regression，CART）算法使用基尼系数来代替信息增益比，基尼系数代表了模型的纯度，基尼系数越小，纯度越高，特征越好。这与信息增益比是相反的。

在分类问题中，假设有 K 个类别，第 k 个类别的概率为 p_k，则基尼系数的计算公式见式（8-4）。

$$\text{Gini}(p) = \sum_{k=1}^{K} p_k(1 - p_k) = 1 - \sum_{k=1}^{K} p_k^2 \tag{8-4}$$

如果是二分类问题，计算就更加简单了，如果属于第一个样本输出的概率是 p，则基

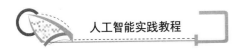

尼系数的表达式见式（8-5）。

$$Gini(p) = 2p(1-p) \tag{8-5}$$

对于一个给定的样本 D，假设有 K 个类别，第 k 个类别的数量为 C_k，则样本 D 的基尼系数表达式见式（8-6）。

$$Gini(D) = 1 - \sum_{k=1}^{K} \left(\frac{|C_k|}{|D|} \right)^2 \tag{8-6}$$

对于样本 D，如果根据特征 A 的某个值 a，把 D 分成 D_1 和 D_2 两部分，则在特征 A 的条件下，D 的基尼系数表达式见式（8-7）。

$$Gini(D, A) = \frac{|D_1|}{|D|} Gini(D_1) + \frac{|D_2|}{|D|} Gini(D_2) \tag{8-7}$$

比较基尼系数表达式和熵模型的表达式，二次运算比对数运算要简单很多，尤其是二分类的计算。与熵模型的度量方式相比，基尼系数对应的误差有多大呢？对于二分类，基尼系数和熵之半的曲线如图 8.9 所示。

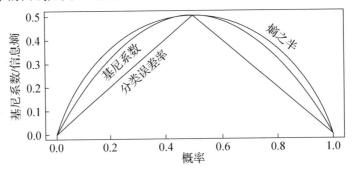

图 8.9　基尼系数和熵之半的曲线

从图 8.9 可以看出，基尼系数和熵之半的曲线非常接近，仅在角度为 45° 附近误差稍大。因此，基尼系数可以作为熵模型的一个近似替代。CART 算法就是使用基尼系数选择决策树的特征。同时，为了进一步简化，CART 算法每次仅对某个特征的值进行二分，而不是多分，这样 CART 算法建立起来的是二叉树，而不是多叉树。这样可以进一步简化基尼系数的计算，建立一个更加简洁的二叉树模型。

8.2.2　决策树构造算法

决策树构造分为以下两步进行。

第一步，决策树的生成：由训练样本集生成决策树的过程。一般情况下，训练样本数据集是根据实际需要由历史数据生成的、有一定综合程度的用于数据分析处理的数据集。

第二步，决策树的剪枝：决策树的剪枝是对上一阶段生成的决策树进行检验、校正和修剪的过程，主要是用新的样本数据集（称为测试数据集）中的数据校验决策树生成过程中产生的初步规则，将影响预衡准确性的分枝剪除。

下面以 CART 算法为例，分别介绍 CART 建立算法和剪枝算法。

1. CART 建立算法

算法输入是训练集 D、基尼系数的阈值、样本个数阈值；输出是决策树 T。

算法从根节点开始，用训练集递归地建立 CART。

① 对于当前节点的数据集为 D，如果样本数小于阈值或者没有特征，则返回决策子树，当前节点停止递归。

② 计算样本集 D 的基尼系数，如果基尼系数小于阈值，则返回决策树子树，当前节点停止递归。

③ 计算当前节点现有的各个特征的特征值对数据集 D 的基尼系数。

④ 在计算出来的各个特征的特征值对数据集 D 的基尼系数中，选择基尼系数最小的特征 A 和对应的特征值 a。根据这个最优特征和最优特征值，把数据集划分成 D_1 和 D_2 两部分，同时建立当前节点的左右节点，左节点的数据集 D 为 D_1，右节点的数据集 D 为 D_2。

⑤ 对左右子节点的递归重复步骤①～④，生成决策树。

对生成的决策树做预测时，假如测试集里的样本 A 落到了某个叶子节点，而节点里有多个训练样本，则对于 A 的类别预测采用的是这个叶子节点中概率最大的类别。

2. CART 剪枝算法

输入：CART 建立算法得到的原始决策树 T_0。输出：最优决策子树 T_a。

算法主要过程如下。

① 初始化 $\alpha_{\min} = \infty, k = 0, T = T_0$，最优子树集合 $\omega = \{T\}$。

② 从叶子节点开始，自下而上计算各内部节点 t 的训练误差损失函数 $C_a(T_t)$（分类树为基尼系数），叶子节点数 $|T_t|$，以及正则化阈值 $\alpha = \min\left\{ \dfrac{C(T) - C(T_t)}{|T_t|}, \alpha_{\min} \right\}$，得到所有节点 α 值的集合 M，更新 $\alpha_{\min} = \alpha$。

③ $\alpha_k = \alpha_{\min}$。

④ 自上而下地访问子树的内部节点 t，当 $\dfrac{C(T) - C(T_t)}{|T_t| - 1} \leqslant \alpha_k$ 时，进行剪枝，并决定叶子节点 t 的值。如果是分类树，则是概率最大的类别；如果是回归树，则是所有样本输出的均值。这样得到 α_k 对应的最优子树 T_k。

⑤ 最优子树集合 $\omega = \omega \bigcup T_k$，$M = M - \{a_k\}$。

⑥ 如果 M 不为空，则 $k = k + 1$，$T = T$，回到步骤②执行递归，否则就已经得到了所有的可选最优子树集合 ω。

⑦ 采用交叉验证在集合 ω 中选择最优决策子树 T_a。

8.2.3 决策树应用案例

1. 项目背景——选择隐形眼镜镜片的类型

眼科医生是如何判断患者需要佩戴哪种类型隐形眼镜的？根据决策树的工作原理，可以帮助医生判断需要佩戴隐形眼镜的镜片类型及是否适合佩戴隐形眼镜。

隐形眼镜数据集包含眼部状态的观察特征以及医生推荐的隐形眼镜镜片的类型。推荐的结果包括硬材质（hard）镜片、软材质（soft）镜片以及不适合佩戴隐形眼镜（no lenses）。数据来源于 UCI 数据库，数据集 classifierStorage.txt 一共有 24 组数据，数据的标签依次是 age、prescript、astigmatic、tearRate、class，也就是第一列是年龄，第二列是症状，第三列是是否散光，第四列是眼泪数量，第五列是最终的分类标签，如图 8.10 所示。

基于决策树的隐形眼镜选择

young	myope	no	reduced	no lenses
young	myope	no	normal	soft
young	myope	yes	reduced	no lenses
young	myope	yes	normal	hard
young	hyper	no	reduced	no lenses
young	hyper	no	normal	soft
young	hyper	yes	reduced	no lenses
young	hyper	yes	normal	hard
pre	myope	no	reduced	no lenses
pre	myope	no	normal	soft
pre	myope	yes	reduced	no lenses
pre	myope	yes	normal	hard
pre	hyper	no	reduced	no lenses
pre	hyper	no	normal	soft
pre	hyper	yes	reduced	no lenses
pre	hyper	yes	normal	no lenses
presbyopic	myope	no	reduced	no lenses
presbyopic	myope	no	normal	no lenses
presbyopic	myope	yes	reduced	no lenses
presbyopic	myope	yes	normal	hard
presbyopic	hyper	no	reduced	no lenses
presbyopic	hyper	no	normal	soft
presbyopic	hyper	yes	reduced	no lenses
presbyopic	hyper	yes	normal	no lenses

图 8.10　隐形眼镜的数据集

根据这些数据集利用 Sklearn 工具构造决策分类树，帮助医生自动根据患者的眼部特征推荐佩戴眼镜的镜片类型。

2. 实战任务

使用 Graphviz 可视化决策树

① 使用 Sklearn 中的 DecisionTreeClassifier 构建决策树。

② 使用 Graphviz 可视化决策树，需要安装 Pydotplus 和 Graphviz。

③ 编写代码产生决策树并生成决策树图片输出。

通过上述实战内容，达到以下目的。

① 了解眼科医生是如何判断患者需要佩戴隐形眼镜的。

② 学习决策树的工作原理。

③ 实现决策树选择隐形眼镜镜片类型的算法。

3. 项目环境要求

项目环境为 Windows 10+Anaconda 3+PyCharm 社区版。

4. 决策树 Sklearn 工具介绍

本应用案例内容使用的是 DecisionTreeClassifier 和 export_graphviz 模块，前者用于决策分类树的构建，后者用于决策树的可视化。

DecisionTreeClassifier 和 export_graphviz 模块的参数及方法可查阅官方文档，在此不再赘述。

5. 实战步骤和要点

基于决策树
的隐形眼镜
选择代码

下面对项目的关键步骤、要点和运行结果进行简单说明。

① 运行"生成 pandas 数据.py"文件，读取数据文件 lenses.txt 并生成 pandas 数据。

② 使用 pip install pydotplus 命令安装 pydotplus 库。运行"数据序列化.py"文件，实现将 pandas 数据序列化，图 8.11（a）所示是序列化前的 pandas 数据格式，图 8.11（b）所示是序列化后的结果。

	age	prescript	astigmatic	tearRate
0	young	myope	no	reduced
1	young	myope	no	normal
2	young	myope	yes	reduced
3	young	myope	yes	normal
4	young	hyper	no	reduced
5	young	hyper	no	normal
6	young	hyper	yes	reduced
7	young	hyper	yes	normal
8	pre	myope	no	reduced
9	pre	myope	no	normal
10	pre	myope	yes	reduced
11	pre	myope	yes	normal
12	pre	hyper	no	reduced
13	pre	hyper	no	normal
14	pre	hyper	yes	reduced
15	pre	hyper	yes	normal
16	presbyopic	myope	no	reduced
17	presbyopic	myope	no	normal
18	presbyopic	myope	yes	reduced
19	presbyopic	myope	yes	normal
20	presbyopic	hyper	no	reduced
21	presbyopic	hyper	no	normal
22	presbyopic	hyper	yes	reduced
23	presbyopic	hyper	yes	normal

（a）数据序列化前

	age	prescript	astigmatic	tearRate
0	2	1	0	1
1	2	1	0	0
2	2	1	1	1
3	2	1	1	0
4	2	0	0	1
5	2	0	0	0
6	2	0	1	1
7	2	0	1	0
8	0	1	0	1
9	0	1	0	0
10	0	1	1	1
11	0	1	1	0
12	0	0	0	1
13	0	0	0	0
14	0	0	1	1
15	0	0	1	0
16	1	1	0	1
17	1	1	0	0
18	1	1	1	1
19	1	1	1	0
20	1	0	0	1
21	1	0	0	0
22	1	0	1	1
23	1	0	1	0

（b）数据序列化后

图 8.11　pandas 数据序列化

③ Graphviz。到 Graphviz 的官方网站下载安装文件。选择对应的版本，这里选择 Windows 下的 Stable 版本 graphviz-install-2.44.1-win64.exe，安装完成后，将 graphviz 安装目录下的 bin 文件夹路径添加到系统变量的 Path 环境变量中。

④ 运行"可视化决策树.py"文件，生成 tree.pdf 文件，结果如图 8.12 所示。

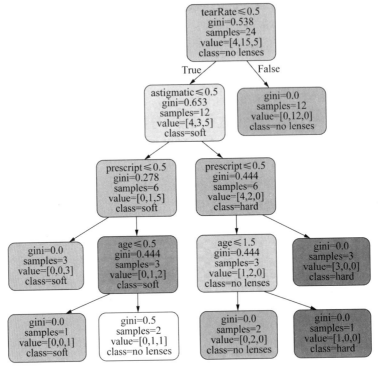

图 8.12　分类决策树结果

⑤ 利用分类决策树，输入眼睛特征参数，预测并判断自己适合何种材质的隐形眼镜。使用如下代码就可以看到预测结果。

```
print(clf.predict([[1,1,1,0]]))          #预测隐形眼镜的镜片类型
```

【练一练】　第⑤步输入 print(clf.predict([[1,1,1,0]]))后预测输出隐形眼镜镜片的类型结果是什么？

8.3　AdaBoost 分类器应用

8.3.1　AdaBoost 分类器概述

1. AdaBoost 分类器的定义

AdaBoost（Adaptive Boosting）算法是 1995 年 Freund 和 Schapire 在 Boosting 算法的基础上改进得到的。

AdaBoost 是一种迭代算法，其原理就是首先通过训练得到多个弱分类器，然后为它们

赋予权重，最后形成了一组弱分类器+权重的模型。其核心思想是针对同一个训练集训练不同的分类器（弱分类器），再把这些弱分类器集合起来，构成一个更强的最终分类器（强分类器）。

2. AdaBoost 算法流程

AdaBoost 算法其实是一个简单的弱分类算法的提升过程，这个过程通过不断的训练，可以提高对数据的分类能力。整个过程如下。

① 给训练数据中的每一个样本一个权重。

② 训练数据中的每一个样本得到第一个分类器。

③ 计算该分类器的错误率，根据错误率计算分配给分类器的权重（注意这里是分类器的权重）。

④ 增加第一个分类器中分类错误的样本权重，减小分类正确的样本权重（注意这里是样本的权重）。

⑤ 用新的样本权重训练数据，得到新的分类器，转到步骤③。

⑥ 直到步骤③中分类器错误率为 0，或者达到迭代次数。

⑦ 将所有弱分类器加权求和，得到分类结果（注意是分类器权重）。

从 AdaBoost 算法的描述过程可知，该算法在实现过程中根据训练集的大小初始化样本权值，使其满足均匀分布，在后续操作中通过公式改变和规范化算法迭代后样本的权值。样本被错误分类导致权值增大，反之权值相应减小，这表示被错分的训练样本集包括一个更高的权重。这就会使得在下轮训练样本集时，更注重于难以识别的样本。针对被错分样本的进一步学习得到下一个弱分类器，直到样本被正确分类。在达到规定的迭代次数或者预期的误差率时，则强分类器构建完成。

步骤③中，错误率的计算公式见式（8-8）。

$$\varepsilon = \frac{\text{未正确分类的样本数目}}{\text{所有样本数目}} \tag{8-8}$$

分类器的权重计算公式见式（8-9）。

$$\alpha = \frac{1}{2}\ln\left(\frac{1-\varepsilon}{\varepsilon}\right) \tag{8-9}$$

步骤④中，错误样本权重更改公式见式（8-10）。

$$D_i^{(t+1)} = \frac{D_i^{(t)}\mathrm{e}^{a}}{\mathrm{sum}(D)} \tag{8-10}$$

正确样本权重更改公式见式（8-11）。

$$D_i^{(t+1)} = \frac{D_i^{(t)}\mathrm{e}^{-a}}{\mathrm{sum}(D)} \tag{8-11}$$

总而言之，AdaBoost 就是多个弱分类器，可能基于单层决策树，也可能基于其他算法。每一个弱分类器得到一个分类结果，根据它的错误率分配这个分类器一个权重，还要更新样本的权重，基于这个权重矩阵，再训练出一个弱分类器，依此循环，直到错误率为 0，

就得到了一系列弱分类器，组成一个强分类器，将这些弱分类器的结果加权求和，能得到一个较为准确的分类。

8.3.2 应用案例——泰坦尼克号生存率预测

1. 项目背景

1912 年 4 月 15 日，泰坦尼克号在首航期间撞上冰山沉没，2224 名乘客和机组人员中 1517 人丧生，只有约 32% 的生存率。这场灾难导致乘客丧生的原因之一是船上没有足够的救生艇供乘客和船员使用。尽管在沉船事件中幸存下来有运气因素，但哪些人幸存哪些人丧生并非完全随机，有些群体比其他群体更有可能存活下来，比如妇女、儿童和上层阶级。所以，项目要做的工作就是通过对训练数据的特征与生存关系进行探索，构建合适的机器学习模型，再用这个模型预测测试文件中乘客的幸存情况，并将结果保存提交给 Kaggle Titanic 数据集。

训练数据集有 891 个样本、11 个特征和 1 个标签，其中 PassengerId（乘客 ID）、Pclass（社会阶层）、Name（乘客名字）、Sex（性别）、Age（年龄）、SibSp（兄弟姐妹和配偶的数量）、Parch（父母以及小孩的数量）、Ticket（船票编号）、Fare（船票费用）、Cabin（船舱编号）、Embarked（上船港口）是特征，Survived 是标签，如图 8.13 所示。

PassengerI	Survived	Pclass	Name	Sex	Age	SibSp	Parch	Ticket	Fare	Cabin	Embarked
1	0	3	Braund, Mr	male	22	1	0	A/5 21171	7.25		S
2	1	1	Cumings, M	female	38	1	0	PC 17599	71.2833	C85	C
3	1	3	Heikkinen,	female	26	0	0	STON/O2.	7.925		S
4	1	1	Futrelle, M	female	35	1	0	113803	53.1	C123	S
5	0	3	Allen, Mr. V	male	35	0	0	373450	8.05		S
6	0	3	Moran, Mr	male		0	0	330877	8.4583		Q
7	0	1	McCarthy,	male	54	0	0	17463	51.8625	E46	S
8	0	3	Palsson, M	male	2	3	1	349909	21.075		S
9	1	3	Johnson, M	female	27	0	2	347742	11.1333		S
10	1	2	Nasser, Mr	female	14	1	0	237736	30.0708		C
11	1	3	Sandstrom	female	4	1	1	PP 9549	16.7	G6	S
12	1	1	Bonnell, Mi	female	58	0	0	113783	26.55	C103	S
13	0	3	Saundercol	male	20	0	0	A/5. 2151	8.05		S
14	0	3	Andersson	male	39	1	5	347082	31.275		S
15	0	3	Vestrom, N	female	14	0	0	350406	7.8542		S
16	1	2	Hewlett, M	female	55	0	0	248706	16		S
17	0	3	Rice, Maste	male	2	4	1	382652	29.125		Q
18	1	2	Williams, N	male		0	0	244373	13		S
19	0	3	Vander Pla	female	31	1	0	345763	18		S
20	1	3	Masselmar	female		0	0	2649	7.225		C
21	0	2	Fynney, Mr	male	35	0	0	239865	26		S
22	1	2	Beesley, M	male	34	0	0	248698	13	D56	S

图 8.13　训练数据集

测试数据集如图 8.14 所示，共有 418 个样本，其结构和训练集数据相比，去掉了标签项 Survived，只有 11 个特征。

2. 实战任务

（1）利用 Sklearn 在 Kaggle Titanic 数据集上进行简单的实践。

（2）给定一些乘客的信息，预测该乘客是否在泰坦尼克号灾难中幸存下来。

（3）对数据集进行预处理、缺失值处理、特征选择。

（4）调用 Sklearn 工具，分别用 SVM、决策树、随机森林、逻辑回归、多项式贝叶斯、K 近邻和 AdaBoost 训练分类模型进行预测，最后在测试集上比较这几种算法的预测正确率。

PassengerI	Pclass	Name	Sex	Age	SibSp	Parch	Ticket	Fare	Cabin	Embarked
892	3	Kelly, Mr. Jan	male	34.5	0	0	330911	7.8292		Q
893	3	Wilkes, Mrs. J	female	47	1	0	363272	7		S
894	2	Myles, Mr. Th	male	62	0	0	240276	9.6875		Q
895	3	Wirz, Mr. Alb	male	27	0	0	315154	8.6625		S
896	3	Hirvonen, Mr	female	22	1	1	3101298	12.2875		S
897	3	Svensson, Mr	male	14	0	0	7538	9.225		S
898	3	Connolly, Mis	female	30	0	0	330972	7.6292		Q
899	2	Caldwell, Mr.	male	26	1	1	248738	29		S
900	3	Abrahim, Mrs	female	18	0	0	2657	7.2292		C
901	3	Davies, Mr. Jc	male	21	2	0	A/4 48871	24.15		S
902	3	Ilieff, Mr. Ylio	male		0	0	349220	7.8958		S
903	1	Jones, Mr. Ch	male	46	0	0	694	26		S
904	1	Snyder, Mrs.	female	23	1	0	21228	82.2667	B45	S
905	2	Howard, Mr.	male	63	1	0	24065	26		S
906	1	Chaffee, Mrs.	female	47	1	0	W.E.P. 573	61.175	E31	S
907	2	del Carlo, Mr	female	24	1	0	SC/PARIS 2	27.7208		C
908	2	Keane, Mr. D	male	35	0	0	233734	12.35		Q
909	3	Assaf, Mr. Ge	male	21	0	0	2692	7.225		C
910	3	Ilmakangas, I	female	27	1	0	STON/O2.	7.925		S
911	3	Assaf Khalil, N	female	45	0	0	2696	7.225		C
912	1	Rothschild, N	male	55	1	0	PC 17603	59.4		C

图 8.14　测试数据集

3. 项目环境要求

项目环境为 Windows 10+ Anaconda 3+Spyder。

4. 实战步骤和要点

下面对项目的关键步骤、要点和运行结果进行简单说明。
（1）导入本项目中要使用的第三方包。

```
import numpy as np
import pandas as pd
from sklearn.feature_extraction import DictVectorizer
from sklearn.svm import SVC
from sklearn.model_selection import cross_val_score
from sklearn.tree import DecisionTreeClassifier
from sklearn.ensemble import RandomForestClassifier
from sklearn.linear_model import LogisticRegression
from sklearn.naive_bayes import MultinomialNB
from sklearn.neighbors import KNeighborsClassifier
from sklearn.ensemble import AdaBoostClassifier
```

泰坦尼克号
生存率
预测

泰坦尼克号
生存率预测
代码

（2）读取项目数据集并观察样本数据统计特点，如哪些特征有缺失值等。

```
train_data = pd.read_csv('./dataset/train.csv')
```

```
test_data = pd.read_csv('./dataset/test.csv')
print ('训练数据信息: ')
x_train.info()
print ('-'*30)
print ('测试数据信息: ')
x_test.info()
```

（3）进行数据预处理，包括缺失值处理和特征选取。

① 使用登陆最多的港口来填充登陆港口的 NaN 值。

② 使用平均年龄来填充年龄中的 NaN 值。

③ 使用票价的均值填充票价中的 NaN 值。

④ 特征选取。

本项目中，因 PassengerId 是唯一值，直接去掉，不能作为特征；Name（乘客名字）和 Ticket（船票编号）与 PassengerId 类似，也直接去掉，不能作为特征；Cabin（船舱编号）特征的数值缺损太严重，所以删除这个特征。

对于每个特征的选取，我们可以用可视化的方式观察该特征是否与生存率有关系，并进行判断。项目中最后选取 Pclass、Sex、Age、SibSp、Parch、Fare、Embarked 七个特征作为本项目中的特征。

主要代码如下。

```
features = ['Pclass', 'Sex', 'Age', 'SibSp', 'Parch', 'Fare', 'Embarked']
x_train = train_data[features]
x_test = test_data[features]
y_train = train_data['Survived']
```

⑤ 将特征值转换成特征向量。

主要代码如下。

```
dvec = DictVectorizer(sparse=False)
x_train = dvec.fit_transform(x_train.to_dict(orient='record'))
x_test = dvec.transform(x_test.to_dict(orient='record')
```

（4）调用 Sklearn 工具，分别用支持向量机、决策树、随机森林、逻辑回归、多项式贝叶斯、K 近邻和 AdaBoost 训练分类模型进行预测。

```
#支持向量机
svc = SVC()
#决策树
dtc = DecisionTreeClassifier()
#随机森林
rfc = RandomForestClassifier()
#逻辑回归
lr = LogisticRegression()
```

```
#多项式贝叶斯
nb = MultinomialNB()
#K近邻
knn = KNeighborsClassifier()
#AdaBoost
boost = AdaBoostClassifier()
```

（5）在测试集上评估这几种算法的预测正确率，进行模型验证。

```
print ('模型验证:')
print ('SVM acc is', np.mean(cross_val_score(svc, x_train, y_train,
cv=10)))
    print ('DecisionTree acc is', np.mean(cross_val_score(dtc, x_train,
y_train, cv=10)))
    print ('RandomForest acc is', np.mean(cross_val_score(rfc, x_train,
y_train, cv=10)))
    print ('LogisticRegression acc is', np.mean(cross_val_score(lr, x_train,
y_train, cv=10)))
    print ('NaiveBayes acc is', np.mean(cross_val_score(nb, x_train, y_train,
cv=10)))
    print ('KNN acc is', np.mean(cross_val_score(knn, x_train, y_train,
cv=10)))
    print ('AdaBoost acc is', np.mean(cross_val_score(boost, x_train, y_train,
cv=10)))
```

（6）模型验证结果如下，可见 AdaBoost 算法的预测正确率最高，约为 0.81。

```
SVM acc is 0.7264374077857225
DecisionTree acc is 0.7834658381568494
RandomForest acc is 0.8014311655884688
LogisticRegression acc is 0.795800987402111
NaiveBayes acc is 0.6927267052547952
KNN acc is 0.7083591533310635
AdaBoost acc is 0.8104199296334128
```

PassengerId	Survived
892	0
893	0
894	0
895	0
896	0
897	0
898	1
899	0
900	1
901	0
902	0
903	0
904	1
905	1
906	1
907	1
908	0

（7）使用 AdaBoost 算法训练并预测测试集中的标签 Survived，将预测结果保存在 submission.csv 文件中，submission.csv 文件中包含 PassengerId 和 Survived 两列数据。AdaBoost 算法的预测结果如图 8.15 所示。

主要代码如下。

图 8.15　AdaBoost 算法的预测结果

```
#训练
boost.fit(x_train, y_train)
```

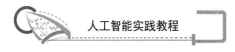
```
#预测
predict = boost.predict(x_test)
#保存结果
result = {'PassengerId': test_data['PassengerId'], 'Survived': y_predict}
result = pd.DataFrame(result)
result.to_csv('submission.csv',index=False)
```

8.4　网格搜索优化模型参数

8.4.1　网格搜索概述

网格搜索是指定参数值的一种穷举搜索方法，将估计函数的参数通过交叉验证的方法进行优化得到最优的学习算法。即对各个参数可能的取值进行排列组合，列出所有可能的组合结果，生成"网格"，然后将各组合用于 SVM 训练，并使用交叉验证对表现进行评估。在拟合函数尝试了所有的参数组合后，返回一个合适的分类器，自动调整至最佳参数组合，可以通过 clf.best_params_ 获得参数值。

简单来说，我们手动给出一个模型中想要改动的参数，程序自动使用穷举法将所用的参数都运行一遍。在决策树中，我们常常将最大树深作为需要调节的参数，AdaBoost 中将弱分类器的数量作为需要调节的参数。

1. 评分方法

为了确定搜索参数，也就是手动设定的调节变量的值中，哪个是最好的，需要使用一个比较理想的评分方式。这个评分方式是根据实际情况来确定的，可能是 accuracy、f1-score、f-beta、precise、recall 等。

2. 交叉验证

好的评分方式只使用一次就能说明某组的参数组合比另外的参数组合好，这显然是不严谨的，所以就有了"交叉验证"概念。交叉验证顾名思义就是重复使用数据，把数据分为训练集（Trading Set）、验证集（Validation Set）、测试集（Test Set），每次随机选出 n 组数据，用训练集训练出 n 个模型，测试集对 n 个模型进行评价，选出最终模型。交叉验证方法有简单交叉验证、k 折交叉验证和留一交叉验证。

（1）简单交叉验证。

首先，我们按照确定比例把数据划分为测试集和非测试集，比如测试集占 10%，非测试集占 90%；对于非测试集，我们把数据再按照固定比例随机划分出训练集、验证集，比如对于非测试集部分，训练集占 70%，验证集占 30%；然后对于非测试集部分，重新按照该比例获取训练集和验证集，共获取 n 组数据，再对 n 个训练集进行训练得到 n 个模型，最后用测试集部分数据对 n 个模型进行评价，得出最终模型。

（2）k 折交叉验证（k-Folder Cross Validation）。

k 折交叉验证是把数据集划分为 k 组，每次随机抽取 k-1 组作为训练集，剩下的一组作为测试集，随机抽取 n 次，得到 n 个模型，然后用损失函数评价最优的模型和参数。

（3）留一交叉验证（Leave-one-out Cross Validation）。

留一交叉验证是 k 折交叉验证的特例，此时 k 等于样本数 N，这样对于 N 个样本，每次选择 N-1 个样本来训练数据，留一个样本来验证模型预测的好坏。此方法主要用于样本量非常少的情况，比如，N 小于 50 时，一般采用留一交叉验证。

这三种验证的使用场景：如果只是对数据做一个初步的模型建立，而不进行深入分析，简单交叉验证就可以了；否则就用 k 折交叉验证；在样本量少的时候，使用 k 折交叉验证的特例留一交叉验证。

3. GridSearchCV

网格搜索（Grid Search）是一项模型超参数优化技术。在实际模型训练中，使用调试参数时网格搜索必不可少。比如，SVM 的惩罚因子 C、核函数 kernel、gamma 参数等，对于不同的数据使用不同的参数，结果效果可能差 1～5 个点，Sklearn 为我们提供了专门调试参数的函数 GridSearchCV()。

在 Sklearn 中，该技术由 GridSearchCV 类提供。GridSearchCV 可见 Sklearn 官方文档，下面是 GridSearchCV 类的方法原型、常见参数、属性和方法的介绍。

方法原型：class sklearn.model_selection.GridSearchCV(estimator, param_grid, *, scoring= None, n_jobs=None, iid='deprecated', refit=True, cv=None, verbose=0, pre_dispatch= '2*n_jobs', error_score=nan, return_train_score=False)。

（1）GridSearchCV 常用参数。

GridSearchCV 常用参数如表 8.3 所示。

表 8.3　GridSearchCV 常用参数

参数名称	参数说明
estimator	选择使用的分类器，并且传入除需要确定最佳参数之外的其他参数。每一个分类器都需要一个 scoring 参数或者 score 方法
param_grid	需要最优化的参数的取值，值为字典或者列表，例如 param_grid =param_ test1，param_test1 = {'n_estimators':range(10,71,10)}
scoring=None	模型评价标准，默认为 None，此时需要使用 score()函数；或者如 scoring= 'roc_auc'，根据所选模型不同，评价准则不同。字符串（函数名）或者可调用对象，需要其函数签名，形如：scorer(estimator, X, y)；如果是 None，则使用 estimator 的误差估计函数

参数名称	参数说明
refit=True	默认为 True，程序将会以交叉验证训练集得到的最佳参数，重新对所有可用的训练集与开发集进行拟合，作为最终用于性能评估的最佳模型参数。即在搜索参数结束后，用最佳参数结果再拟合一遍全部数据集
cv=None	交叉验证参数，默认为 None，使用三折交叉验证。指定 fold 数量，默认为 3，也可以是 yield 训练/测试数据的生成器
return_train_score=False	如果参数值为"False"，cv_results_属性将不包括训练分数

（2）GridSearchCV 属性。

GridSearchCV 常用属性如表 8.4 所示。

表 8.4　GridSearchCV 常用属性

属性名称	属性说明
cv_results_	dict of numpy (masked) ndarrays 具有键作为列标题和值作为列标题的 dict，可以导入 DataFrame 中。params 键用于存储所有参数候选项的参数设置列表
best_estimator_	通过搜索选择的估计器，即在左侧数据上给出最高分数（或指定的最小损失）的估计器。如果 refit = False，则不可用
best_score_	float 型，提供优化过程中观察到的最好的评分
best_params_	dict 型，描述了已取得最佳结果的参数组合
best_index_	int 型，对应最佳候选参数设置的索引（cv_results_数组）
grid_scores	给出不同参数情况下的评价结果

（3）GridSearchCV 方法。

GridSearchCV 常用方法如表 8.5 所示。

表 8.5　GridSearchCV 常用方法

方法名称	方法说明
decision_function(X)	使用找到的最佳参数在估计器上调用函数 decision_function()，其中，X 表示可索引，长度为 n_samples
fit(X[, y, groups])	根据设置的参数组合运行网格搜索
get_params([deep])	获取此分类器的参数
inverse_transform(Xt)	使用找到的最优参数在分类器上调用 inverse_transform
predict(X)	使用找到的最优参数对估计量进行预测，其中，X 表示可索引，长度为 n_samples
predict_log_proba(X)	利用优化后的最优参数调用模型 predict_log_proba()的方法
predict_proba(X)	利用优化后的最优参数调用模型 predict_proba()的方法
score(X[, y])	返回给定数据上的分数，X：[n_samples, n_features]输入数据，其中 n_samples 是样本的数量，n_features 是要素的数量。y：[n_samples]或[n_samples, n_output]，可选，相对于 X 进行分类或回归
set_params(**params)	给模型设置参数
transform(X)	利用优化后的最优参数调用模型 transform()的方法

8.4.2 网格搜索应用案例

1. 项目背景

测量数据：花瓣的长度和宽度，花萼的长度和宽度，所有测量结果都以厘米为单位。该类花包括 setosa（山鸢尾）、versicolor（变色鸢尾）、virginnica（维吉尼亚鸢尾）3 个品种。我们的目标是建立一个基础的机器学习的模型预测鸢尾花的品种，这是一个三分类（3 个品种鸢尾花分类标签）问题。在鸢尾花数据集中，花瓣的长度和宽度、花萼的长度和宽度是分类特征，品种是分类标签。

在 scikit-learn 的 datasets 模块中，可以调用一些基础的训练数据集，其中之一就是 load_iris 函数，载入 iris 数据集。如图 8.16 所示，数据集中有 150 个样本，除了 Id 列外，前 4 列是特征列，分别是 SepalLengthCm（花萼长度）、SepalWidthCm（花萼宽度）、PetalLengthCm（花瓣长度）、PetalWidthCm（花瓣宽度），最后 1 列是标签列，表示鸢尾花的 3 个品种。

Id	SepalLengthCm	SepalWidthCm	PetalLengthCm	PetalWidthCm	Species
1	5.1	3.5	1.4	0.2	Iris-setosa
2	4.9	3	1.4	0.2	Iris-setosa
3	4.7	3.2	1.3	0.2	Iris-setosa
4	4.6	3.1	1.5	0.2	Iris-setosa
5	5	3.6	1.4	0.2	Iris-setosa
6	5.4	3.9	1.7	0.4	Iris-setosa
7	4.6	3.4	1.4	0.3	Iris-setosa
8	5	3.4	1.5	0.2	Iris-setosa
9	4.4	2.9	1.4	0.2	Iris-setosa
10	4.9	3.1	1.5	0.1	Iris-setosa
11	5.4	3.7	1.5	0.2	Iris-setosa
12	4.8	3.4	1.6	0.2	Iris-setosa

图 8.16 鸢尾花数据集结构

项目中分别使用 KNN 分类器、逻辑回归分类器、SVM 分类器在本数据集上进行训练、建立机器学习模型，预测鸢尾花的品种。最后，使用本节学习的网络搜索方法优化 KNN 分类器中的参数 n_neighbors 和 p、逻辑回归分类器的参数 C，SVM 分类器（SVC）的参数 C，最后找出得分最高的分类器参数。

2. 实战任务

（1）学习网格搜索优化模型参数的相关原理。
（2）实现使用网格搜索优化模型参数的算法。
（3）熟悉 KNN 分类器参数、逻辑回归分类器参数和 SVM 分类器参数。

3. 项目环境要求

项目环境为 Windows 10+ Anaconda 3+PyCharm 社区版。

4. 实战步骤和要点

下面对项目的关键步骤、要点和运行结果进行简单说明。

使用网格搜索优化模型参数

（1）导入本项目中要使用的第三方包。

```
import pandas as pd
from sklearn.model_selection import train_test_split, GridSearchCV
from sklearn.neighbors import KNeighborsClassifier
from sklearn.linear_model import LogisticRegression
from sklearn.svm import SVC
```

（2）读取数据集，分割特征列和标签列，分割训练样本和测试样本。

使用网格搜索优化模型参数源代码

```
DATA_FILE = './dataSet/Iris.csv'
SPECIES_LABEL_DICT = {
    'Iris-setosa':          0,              # 山鸢尾
    'Iris-versicolor':      1,              # 变色鸢尾
    'Iris-virginica':       2               # 维吉尼亚鸢尾
}
# 使用的特征列
FEAT_COLS = ['SepalLengthCm', 'SepalWidthCm', 'PetalLengthCm', 'PetalWidthCm']
# 读取数据集
iris_data = pd.read_csv(DATA_FILE, index_col='Id')
iris_data['Label'] = iris_data['Species'].map(SPECIES_LABEL_DICT)
# 获取数据集特征
X = iris_data[FEAT_COLS].values
# 获取数据标签
y = iris_data['Label'].values
# 划分数据集
X_train, X_test, y_train, y_test = train_test_split(X, y, test_size=1/3,
random_state=10)
```

（3）定义 paramsOptimization()函数，调用 GridSearchCV 实现对以下分类器参数进行优化的目的，选取得分最高的参数。

```
KNeighborsClassifier(): n_neighbors,  p
Logistic Regression():C
VC():C
```

主要代码如下。

```
def paramsOptimization():
    """
    参数优化
    """
    model_dict = {'kNN':
```

```
( KNeighborsClassifier(),{'n_neighbors': [5, 15, 25], 'p': [1, 2]} ),
  'Logistic Regression': (LogisticRegression(), {'C': [1e-2, 1, 1e2]} ),
  'SVM':( SVC(),{'C': [1e-2, 1, 1e2]})
                } #模型名称+待优化参数+参数列表
for model_name, (model, model_params) in model_dict.items():
    #模型、参数、折数
    clf = GridSearchCV(estimator=model,param_grid=model_params, cv=5)
    #训练模型
clf.fit(X_train, y_train)   #训练
    #最佳模型的对象
 best_model = clf.best_estimator_
    #验证
 acc = best_model.score(X_test, y_test)
 print('{}模型的预测准确率:{:.2f}%'.format(model_name, acc * 100))
    #最好的模型名称和参数
 print('{}模型的最优参数:{}'.format(model_name, clf.best_params_))
```

（4）运行 paramsOptimization()函数，得出 3 个模型最优参数及预测准确率。
运行结果如下。

```
kNN 模型的预测准确率:100.00%
kNN 模型的最优参数:{'n_neighbors':15, 'p': 1}
Logistic Regression 模型的预测准确率:98.00%
Logistic Regression 模型的最优参数:{'C': 100.0}
SVM 模型的预测准确率:98.00%
SVM 模型的最优参数:{'C': 1}
```

从运行结果可知，KNN 模型的预测准确率最高，为 100%，逻辑回归和 SVM 分类器的预测准确率都为 98.0%。调用 GridSearchCV 进行优化三个分类模型的待优化参数，得出待优化参数的最优结果分别如下：KNN 模型的最优参数 n_neighbors=15，p=1；Logistic Regression 模型最优参数 C=100.0；SVM 模型的最优参数 C=1。

8.5 本 章 小 结

本章主要介绍了 Apriori 算法、决策树算法、AdaBoost 分类器及网格搜索优化模型参数方法及应用案例。

Apriori 算法是一种快速找出关联规则的高效算法，8.1 节介绍了 Apriori 关联规则分析算法的基本概念、算法原理和流程，并以简单案例实现了 Apriori 算法，最后案例以电影数据集的关联规则挖掘为应用，实现观影用户的电影个性化推荐，它主要通过用户观影记录向用户推荐关联规则较强的其他电影。

决策树算法是一种典型的分类算法，它通过一系列规则构造一棵决策树实现对数据进行分类。8.2 节介绍了信息熵、信息增益、基尼系数等概念，并以 CART 算法为例，介绍了 CART 分类树的建立算法和剪枝算法。最后为患者选择隐形眼镜镜片类型的应用案例，利用 Sklearn 工具中的 DecisionTreeClassifier 和 export_graphviz 模块实现根据患者眼部特征构建隐形眼镜选择决策树，帮助眼科医生为患者选择佩戴隐形眼镜镜片的类型作决策依据。

AdaBoost 算法是机器学习十大经典算法之一，是 boosting 类算法最著名的代表。它的核心思想是针对同一个训练集训练不同的分类器（弱分类器），然后把这些弱分类器集合起来，构成一个更强的强分类器。8.3 节介绍了 AdaBoost 算法基本概念和算法流程，并以泰坦尼克号生存率预测作为应用案例演示了 AdaBoost 算法的应用和预测效果。

网格搜索法是指定参数值的一种穷举搜索方法，将估计函数的参数通过交叉验证的方法进行优化来得到最优的学习算法。8.4 节介绍了网格搜索的基本概念和方法，介绍了 Sklearn 工具的 GridSearchCV 模块参数、属性和方法，最后将它分别应用于 KNN 分类器、逻辑回归分类器和 SVM 分类器在鸢尾花分类模型上的参数调优。

8.6 本 章 习 题

一、简答题

1. 什么是关联分析？
2. 什么是置信度、支持度、k 项频繁项集？简述 Apriori 算法的基本原理和算法用途。
3. 说出信息熵、信息增益和基尼系数的概念和计算公式。
4. 常见的决策树构建算法有哪几种？其中哪些基于信息熵？哪些基于基尼系数构建分类树？
5. 简述 CART 分类决策树建立的算法流程。
6. 简述 AdaBoost 算法的基本原理和算法流程。
7. 什么是网格搜索？它有什么作用？

二、上机实战与提高

1. 查阅 Sklearn 官方文档，熟悉 DecisionTreeClassifier 和 export_graphviz 模块的参数、属性和方法，并会使用这两个模块建立决策树。
2. 查阅 Sklearn 官方文档，熟悉 GridSearchCV 模块的参数、属性和方法，并会利用它实现对特定算法参数的优化。
3. 上机实现 8.1 节至 8.4 节的应用案例。

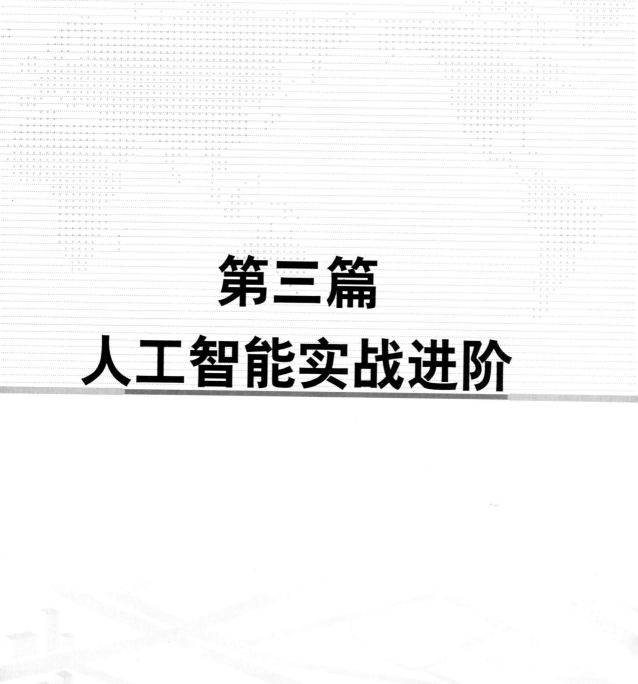

第三篇
人工智能实战进阶

第**9**章

自然语言处理

 内容导读

　　人工智能领域的一个重要应用就是自然语言处理，而中文语言处理是其中一个分支。处理中文时，往往需要对中文进行分词、词性的分析，句子含义的理解等。因此，本章将通过 6 个项目，讲解 Python 的中文分词库的使用方法，词重要性的计算方法，中文文本的意图识别方法，最大熵模型的构造方法，基于 jieba 和 Tkinter 库的信息检索的方法，MLP 词向量的计算方法。本章的项目代码、操作步骤和参考视频均可扫描二维码下载和观看。

学习目标和要求

◇　了解自然语言的处理过程。

◇　掌握 Python 的中文分词方法，包括 jieba 库分词、SnowNLP、THULAC、NLPIR、LTP。

◇　理解 TF-IDF 算法的过程、意图识别的方法、最大熵模型的构造方法。

◇　掌握 jieba 库和 Tkinter 库进行信息检索的方法。

◇　熟练掌握自然语言处理词向量的计算方法。

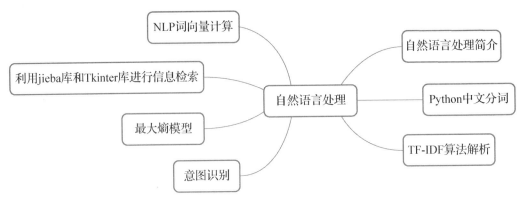

9.1 自然语言处理简介

自然语言处理（Natural Language Processing, NLP）主要研究人与计算机之间用自然语言进行有效通信的各种理论和方法。为了解析人类的语言，计算机通常首先对人类的语言（文本内容）进行切分词；其次过滤其中的停用词；再次通过特征提取的方式识别每个分词的含义；最后综合判断文本的意图。

自然语言处理的流程如下。

（1）利用已有的语料、网上下载或者抓取的语料获取语料（文本内容）。

（2）语料预处理，包含语料清洗、分词、词性标注、去停用词。

（3）特征工程，即将分词之后的字和词语表示成计算机能够计算的类型，通常采用词袋（Bag of words，BOW）模型和词向量方式实现。词袋模型不考虑词语原本在句子中的顺序，直接将每一个词语或者符号统一放置在一个集合（如 list）中，然后按照计数的方式对出现的次数进行统计。统计词频只是最基本的方式，TF-IDF（Term Frequency-Inverse Document Frequency，词频、逆向文件频率）是词袋模型的一个经典用法。词向量是将字、词语转换为向量矩阵的计算模型。常用的词表示方法如下。

- One-Hot：把每个词表示为一个很长的向量。这个向量的维度是词表的大小，其中绝大多数元素为 0，只有一个维度的值为 1，这个维度就代表了当前的词，如[0 0 0 0 0 0 0 1 0 0 0 0... 0]。

- Word2Vec：主要包含跳字（Skip-Gram）模型和连续词袋（Continuous Bag of Words，CBOW）模型，以及负采样（Negative Sampling）和层序 softmax（Hierarchical softmax）的训练方法。

- Doc2Vec：基于 Word2Vec 模型提出的段落向量，其优点是不固定句子长度，接受不同长度的句子做训练样本。Doc2Vec 是一个无监督学习算法，用于预测一个向量来表示不同的文档，该模型的结构克服了词袋模型的缺点。

- WordRank：其核心思想是将词向量学习问题转换为排序问题。
- FastText：是一种快速文本分类算法，在文本分类任务中，FastText（浅层网络）往往能取得与深度网络媲美的精度，却在训练时间上比深度网络快许多数量级。

（4）特征选择，用于选择合适的、表达能力强的特征。常见的特征选择方法包括 DF（Document Frequency，文档频数）、MI（Mutual Information，交互信息）、IG（Information Gain，信息增益）、CHI（Chi-square Test，卡方检验）、WLLR（Weighted Log Likelihood Ratio，加权对数似然比）、WFO（Weighted Frequency and Odds，加权频率和概率）六种。

（5）模型训练，对于不同的应用需要选择不同的模型，如传统的有监督和无监督等机器学习模型有 KNN、SVM、Naive Bayes（朴素贝叶斯）、决策树、GBDT（Gradient Boosting Decision Tree，梯度下降树）、K-Means 等，深度学习模型有 CNN、RNN、LSTM（Long Short Term Memory，长短期记忆）、Seq2Seq（Sequence to Sequence，序列到序列）、FastText（快速文本）、TextCNN（文本卷积神经网络）等。

在模型训练过程中容易出现如下问题。

（1）过拟合问题。此问题是指模型学习能力太强，以至于把噪声数据的特征也学到了，导致模型泛化能力下降，在训练集上表现很好，但是在测试集上表现很差。解决过拟合问题的方法如下。

- 增大数据的训练量。
- 增加正则化项，如 L1 正则和 L2 正则。
- 特征选取不合理，采用人工筛选特征和使用特征选择算法。
- 采用 Dropout 方法等。

（2）欠拟合问题。此问题是模型不能很好地拟合数据，表现为模型过于简单。解决欠拟合问题的方法如下。

- 添加其他特征项。
- 增大模型复杂度，比如神经网络增加更多的层、线性模型，通过添加多项式使模型泛化能力更强。
- 减少正则化参数。正则化的目的是防止过拟合，但是现在模型出现了欠拟合，则需要减少正则化参数。

（3）神经网络中的梯度消失和梯度爆炸问题。

9.2　Python 中文分词

9.2.1　项目背景

本项目的任务是实现中文文本的分词。对比下面两句中英文。

I can dance and sing.

我能跳舞和唱歌。

我们发现英语（属于拉丁语系）中词与词之间采用空格作为分隔符，而中文以字为基本的书写单位，词语之间没有明显的区分标记，因此需要对文本进行中文分词（Chinese

Word Segmentation）。中文分词是将一个汉字序列进行切分，得到一个个单独的词。分词效果对信息检索、实验结果有着很大的影响。为了实现分词，还需要设计分词的方法，下面主要介绍中文分词的实现方法。

1. 中文分词的方法

中文分词方法可以分为基于规则的分词方法、基于统计的分词方法、基于语义的分词方法和基于理解的分词方法。

（1）基于规则的分词方法。

基于规则的分词方法又称机械分词方法、基于字典的分词方法。它是按照一定的策略将待分析的汉字串与一个"充分大的"机器词典中的词条进行匹配。若在词典中找到某个字符串，则匹配成功。该方法有 3 个要素，即分词词典、文本扫描顺序和匹配原则。文本的扫描顺序分为正向扫描、逆向扫描和双向扫描。基于规则的分词方法又分为最大匹配法、逆向最大匹配法、逐词遍历法、设立切分标志法和最佳匹配法。

最大匹配法：假设自动分词词典中的最长词条所含汉字的个数为 i，则取被处理材料当前字符串序列中的前 i 个字符作为匹配字段，查找分词词典，若词典中存在这种 i 字词，则匹配成功，匹配字段作为一个词被切分出来；若词典中不存在这种 i 字词，则匹配失败，匹配字段去掉最后一个汉字，剩下的字符作为新的匹配字段，再进行匹配。重复上述过程，直到匹配成功。统计结果表明，该方法的错误率约为 0.59%。

逆向最大匹配法：该方法的分词过程与最大匹配法相同，不同的是从句子（或文章）末尾开始处理，每次匹配不成功时去掉前面一个汉字。统计结果表明，该方法的错误率约为 0.41%。

逐词遍历法：把词典中的词按照由长到短的顺序逐字搜索整个待处理的材料，直到把全部的词切分出来为止。无论分词词典多么大，被处理的材料多么小，都需要将分词词典匹配一遍。

设立切分标志法：利用文章中的符号或者特殊词进行切分，切分标志有自然和非自然之分。自然切分标志是指文章中出现的非文字符号，如标点符号等；非自然切分标志是利用词缀和不构成词的词（包括单音词、复音节词以及象声词等）。设立切分标志法首先收集众多切分标志，分词时先找出切分标志，把句子切分为一些较短的字段，再用最大匹配法、逆向最大匹配法等进行细加工。这种方法并非真正意义上的分词方法，只是自动分词的一种预处理方式，需要额外消耗时间扫描切分标志，增大存储空间以存放非自然切分标志。

最佳匹配法：该方法分为正向最佳匹配法和逆向最佳匹配法，其出发点是在词典中按词频的大小排列词条，以求缩短对分词词典的检索时间，达到最佳效果，从而降低分词的时间复杂度。事实上，这种方法也不是一种纯粹意义上的分词方法，只是增加了一个对分词词典的组织过程。最佳匹配法的分词词典的每条词的前面必须有指明长度的数据项，所以其空间复杂度有所增加，对提高分词精度没有影响，分词处理的时间复杂度有所降低。该方法的优点是简单和易实现；缺点是匹配速度慢，存在交集型和组合型歧义切分问题。

（2）基于统计的分词方法。

基于统计的分词方法又称无字典分词，其主要思想词是稳定的组合，因此在上下文中，相邻的字同时出现的次数越多，就越有可能构成一个词。因此字与字相邻出现的概率或频率能较好地反映成词的可信度。可以统计训练文本中相邻出现的各个字组合的频度，计算它们之间的互现信息。互现信息体现了汉字之间结合关系的紧密程度。当紧密程度高于某个阈值时，可以认为此字组可能构成了一个词。

该方法应用的主要统计模型有 N 元文法模型（N-gram Model）、隐马尔可夫模型（Hidden Markov Model，HMM）、最大熵模型（Maximum Entropy Model，MEM）、条件随机场（Conditional Random Fields，CRF）模型等。

在实际应用中，此类分词算法一般与基于词典的分词方法结合起来，既发挥了匹配分词切分速度快、效率高的特点，又利用了无词典分词结合上下文识别生词、自动消除歧义的优点。

（3）基于语义的分词方法。

基于语义的分词方法引入了语义分析，对自然语言自身的语言信息进行更多的处理，如扩充转移网络法、知识分词语义分析法、邻接约束法、综合匹配法、后缀分词法、特征词库法、矩阵约束法、语法分析法等。

① 扩充转移网络法：以有限状态机概念为基础进行分词。有限状态机只能识别正则语言，对有限状态机进行第一次扩充使其具有递归能力，形成递归转移网络（RTN）。在 RTN 中，弧线上的标志不仅可以是终极符（语言中的单词）或非终极符（词类），而且还可以调用名字为非终极符的子网络以外的子网络。计算机在运行某个子网络时可以调用其他子网络，还可以递归调用。词法扩充转移网络的使用，使分词处理和语言理解的句法处理阶段交互成为可能，并且有效地解决了汉语分词的歧义。

② 矩阵约束法的基本思想：建立一个语法约束矩阵和一个语义约束矩阵，其中元素分别表明具有一个词性的词和具有另一个词性的词相邻是否符合语法规则，属于某语义类的词和属于另一个词义类的词相邻是否符合逻辑，机器在切分时以之约束分词结果。

（4）基于理解的分词方法。

基于理解的分词方法是计算机通过模拟人对句子的理解，达到识别词的效果。其基本思想就是在分词的同时进行句法、语义分析，利用句法信息和语义信息来处理歧义现象。它通常包括分词子系统、句法语义子系统和总控部分 3 个部分。在总控部分的协调下，分词子系统可以获得有关词、句子等的句法和语义信息来判断分词歧义，即模拟了人对句子的理解过程。这种分词方法需要使用大量的语言知识和信息。目前，基于理解的分词方法主要有专家系统分词法、神经网络分词法、神经网络专家系统集成式分词法等。

① 专家系统分词法：从专家系统角度把分词的知识（包括常识性分词知识与消除歧义切分的启发性知识即歧义切分规则）从实现分词过程的推理机中独立出来，使知识库的维护与推理机的实现互不干扰，从而使知识库易于维护和管理。它还具有发现交集歧义字段和多义组合歧义字段的能力及一定的自学习功能。

② 神经网络分词法：模拟人脑并行，分布处理和建立数值计算模型。它将分散隐式的分词知识存入神经网络内部，通过自学习和训练修改内部权值，以达到正确的分词，最

后给出神经网络自动分词结果，如使用长短期记忆网络和门控循环单元（Gated Recurrent Unit，GRU）网络等神经网络模型等。

③ 神经网络专家系统集成式分词法：启动神经网络进行分词，当神经网络对新出现的词不能给出准确切分时，激活专家系统进行分析判断，依据知识库进行推理，得出初步分析，并启动学习机制对神经网络进行训练。该方法充分发挥神经网络与专家系统的优势，进一步提高了分词效率。

2. Python 的分词库

（1）jieba 库分词。

jieba 库是一个专门用于分词的 Python 库，读者可以在 GitHub 官网下载，其在 Python 中的安装命令为 pip install jieba。

jieba 库支持如下 3 种分词模式。

- 精确模式：试图将句子精确地切开，适合文本分析。
- 全模式：将句子中所有可能成词的词语都扫描出来，速度非常快，但是不能解决歧义问题。
- 搜索引擎模式：在精确模式的基础上再次切分长词，提高召回率，适用于搜索引擎分词。

Python 中文分词实验环境配置

此外，jieba 库还支持繁体分词和自定义词典。jieba 库的使用算法是基于统计的分词方法，主要有如下几个特点。

- 基于前缀词典实现高效的词图扫描，生成句子中汉字所有可能成词情况构成的有向无环图。
- 采用动态规划查找最大概率路径，找出基于词频的最大切分组合。
- 对于未登录词，采用了基于汉字成词能力的隐马尔可夫模型，使用了 Viterbi 算法。

Python 中文分词实验运行和结果展示

① 精确模式分词。精确模式分词使用 lcut()方法，类似于 cut()方法，其参数与 cut()是一致的，只不过返回结果是列表，而不是生成器。jieba 库默认使用精确模式，调用代码如下。

```python
import jieba
string = '在授课的同时，这个"讲台"正以约23倍于音速的第一宇宙速度环绕地球飞行，舱外是真空、200多摄氏度的温差、充满宇宙射线的极端环境。'
result = jieba.lcut(string)
print(len(result), '/'.join(result))
```

Python 中文分词实验代码

执行上述代码后得到的分词如下：

37 在/授课/的/同时/，/这个/"/讲台/"/正以/约/23/倍/于/音速/的/第一/宇宙速度/环绕/地球/飞行/，/舱外/是/真空/、/200/多摄氏度/的/温差/、/充满/宇宙射线/的/极端/环境/。

可见分词效果还是不错的。

② 全模式分词。使用全模式分词需要添加 cut_all 参数，将其设置为 True，调用代码如下。

```
result = jieba.lcut(string, cut_all=True)
```

使用全模式分词后的结果如下。

45 在/授课/的/同时/，/这个/"/讲台/"/正/以/约/23/倍/于/音速/的/第一/宇宙/宇宙速度/速度/环绕/地球/飞行/，/舱/外/是/真空/、/200/多摄氏度/摄氏/摄氏度/的/温差/、/充满/宇宙/宇宙射线/射线/的/极端/环境/。

③ 搜索引擎模式分词。使用搜索引擎模式分词需要调用 lcut_for_search()方法，调用代码如下。

```
result = jieba.lcut_for_search(string)
```

使用搜索引擎模式分词后的结果如下。

43 在/授课/的/同时/，/这个/"/讲台/"/正以/约/23/倍/于/音速/的/第一/宇宙/速度/宇宙速度/环绕/地球/飞行/，/舱外/是/真空/、/200/摄氏/摄氏度/多摄氏度/的/温差/、/充满/宇宙/射线/宇宙射线/的/极端/环境/。

④ 自定义字典。jieba 库支持自定义词典功能，如要把"极端环境"作为一个整体，可以把它添加到词典中，代码如下。

```
jieba.add_word('极端环境')
result = jieba.lcut(string)
```

上述代码的执行结果如下。

36 在/授课/的/同时/，/这个/"/讲台/"/正以/约/23/倍/于/音速/的/第一/宇宙速度/环绕/地球/飞行/，/舱外/是/真空/、/200/多摄氏度/的/温差/、/充满/宇宙射线/的/极端环境/。

可以看到切分结果中，"极端环境"四个字就作为一个整体出现在结果中，分词数量比精确模式少了一个。

⑤ 词性标注。jieba 库支持词性标注，可以输出分词后每个词的词性，代码如下。

```
import jieba.posseg as pseg
words = pseg.lcut(string)
print(list(map(lambda x: list(x), words)))
```

上述代码的执行结果如下。

[['在', 'p'], ['授课', 'v'], ['的', 'uj'], ['同时', 'c'], [', ', 'x'], ['这个', 'r'], ['"', 'x'], ['讲台', 'n'], ['"', 'x'], ['正以', 'd'], ['约', 'd'], ['23', 'm'], ['倍', 'm'], ['于', 'p'], ['音速', 'n'], ['的', 'uj'], ['第一', 'm'],

['宇宙速度', 'n'], ['环绕', 'v'], ['地球', 'n'], ['飞行', 'v'], [', ', 'x'], ['舱外', 's'], ['是', 'v'], ['真空', 'n'], ['、', 'x'], ['200', 'm'], ['多摄氏度', 'm'], ['的', 'uj'], ['温差', 'n'], ['、', 'x'], ['充满', 'a'], ['宇宙射线', 'l'], ['的', 'uj'], ['极端环境', 'x'], ['。', 'x']]

（2）SnowNLP。

SnowNLP（Simplified Chinese Text Processing，一个 Python 写的类库）在 Python 中的安装命令为 pip install SnowNLP。SnowNLP 可以方便地处理中文文本内容，是受到 TextBlob 的启发而写的。与 TextBlob 不同的是，这里没有用自然语言处理工具包，所有算法都是自己实现的，并且自带一些训练好的字典。

SnowNLP 分词是基于 Character-Based Generative Model 实现的，执行如下代码。

```
from snownlp import SnowNLP
string = '在授课的同时，这个"讲台"正以约 23 倍于音速的第一宇宙速度环绕地球飞行，
舱外是真空、200 多摄氏度的温差、充满宇宙射线的极端环境。'
s = SnowNLP(string)
result = s.words
print(len(result), '/'.join(result))
```

上述代码的执行结果如下。

40 在/授课/的/同时/，/这个/"/讲台/"/正/以/约/23/倍于/音速/的/第一/宇宙/速度/环绕/地球/飞行/，/舱/外/是/真空/、200/多/摄氏度/的/温差/、/充满/宇宙/射线/的/极端/环境/。

经过观察，可以发现分词效果其实不太理想，"宇宙速度"被分开了，"宇宙射线"也被分开了。

另外，SnowNLP 还支持很多功能，例如词性标注、情感分析、拼音转换（trie 树）、关键词和摘要生成（TextRank）。

执行如下代码。

```
print('Tags:', list(s.tags))
print('Sentiments:', s.sentiments)
print('Pinyin:', s.pinyin)
```

上述代码的执行结果如下。

Tags: [('在', 'p'), ('授课', 'v'), ('的', 'u'), ('同时', 'n'), (', ', 'w'), ('这个', 'r'), ('"', 'w'), ('讲台', 'n'), ('"', 'w'), ('正', 'd'), ('以', 'p'), ('约', 'd'), ('23', 'o'), ('倍于', 'o'), ('音速', 'o'), ('的', 'u'), ('第一', 'm'), ('宇宙', 'n'), ('速度', 'n'), ('环绕', 'v'), ('地球', 'n'), ('飞行', 'vn'), (', ', 'w'), ('舱', 'n'), ('外', 'f'), ('是', 'v'), ('真空', 'n'), ('、200', 'Dg'), ('多', 'm'), ('摄氏度', 'q'), ('的', 'u'), ('温差', 'n'), ('、', 'w'), ('充满', 'v'), ('宇宙', 'n'), ('射线', 'k'), ('的', 'u'), ('极端', 'a'), ('环境', 'n'),

```
('。', 'w')]
```

    Sentiments: 0.9998478687481432

    Pinyin: ['zai', 'shou', 'ke', 'de', 'tong', 'shi', ',', 'zhe', 'ge', '"', 'jiang', 'tai', '"', 'zheng', 'yi', 'yue', '23', 'bei', '于', 'yin', 'su', 'de', 'di', 'yi', 'yu', 'zhou', 'su', 'du', 'huan', 'rao', 'di', 'qiu', 'fei', 'xing', ',', 'cang', 'wai', 'shi', 'zhen', 'kong', '、200', 'duo', 'she', 'shi', 'du', 'de', 'wen', 'cha', '、', 'chong', 'man', 'yu', 'zhou', 'she', 'xian', 'de', 'ji', 'duan', 'huan', 'jing', '。']

（3）THULAC。

THULAC（THU Lexical Analyzer for Chinese）是由清华大学自然语言处理与社会人文计算实验室研制推出的一套中文词法分析工具包，具有中文分词和词性标注功能。

安装 THULAC 的方法一：

① 到官网下载 thulac0.1.2 版本。

② 在 Anaconda Prompt 中，输入 pip install thulac==0.1.2。

安装 THULAC 的方法二：

① 到官网下载 thulac 源代码，然后进行解压缩。

② 卸载 thulac 的 0.1.2 版本，输入 pip uninstall thulac。

③ 将 Anaconda Prompt 的当前路径改为 whl 路径。

④ 输入安装语句：python setup.py install。

THULAC 具有如下几个特点。

① 标注能力强。利用集成的世界上规模较大的人工分词和词性标注中文语料库（约含 5800 万字）训练而成，模型标注能力强大。

② 准确率高。该工具包在标准数据集 Chinese Treebank（CTB5）上分词的 F1 值可达 97.3%，词性标注的 F1 值可达到 92.9%。

③ 速度较快。同时进行分词和词性标注速度为 300KB/s，每秒可处理约 15 万字；只进行分词速度可达到 1.3MB/s。

执行如下代码。

```
import thulac
 string = '在授课的同时，这个"讲台"正以约23倍于音速的第一宇宙速度环绕地球飞行，舱外是真空、200多摄氏度的温差、充满宇宙射线的极端环境。'
t = thulac.thulac()
result = t.cut(string)
print(result)
```

上述代码的执行结果如下。

    [['在', 'p'], ['授课', 'v'], ['的', 'u'], ['同时', 'n'], ['，', 'w'], ['这个', 'r'], ['"', 'w'], ['讲台', 'n'], ['"', 'w'], ['正', 'd'], ['以', 'p'], ['约', 'd'], ['23', 'm'], ['倍', 'q'], ['于', 'p'], ['音速', 'n'], ['的', 'u'],

['第一', 'm'], ['宇宙', 'n'], ['速度', 'n'], ['环绕', 'v'], ['地球', 'n'],
['飞行', 'v'], [', ', 'w'], ['舱', 'n'], ['外', 'f'], ['是', 'v'], ['真空', 'n'],
['、', 'w'], ['200', 'm'], ['多', 'm'], ['摄氏度', 'q'], ['的', 'u'], ['温差
', 'n'], ['、', 'w'], ['充满', 'v'], ['宇宙射线', 'id'], ['的', 'u'], ['极端',
'n'], ['环境', 'n'], ['。', 'w']]

（4）NLPIR。

NLPIR（Natural Language Processing & Information Retrieval Sharing Platform，自然语言处理与信息检索共享平台）是一整套对原始文本集进行处理和加工的软件，提供了中间件处理效果的可视化展示，也可以作为小规模数据的处理加工工具。其主要功能包括中文分词、词性标注、命名实体识别、用户词典、新词发现与关键词提取等功能。另外，对于分词功能，它有 Python 版本。

NLPIR 需要先安装 swig。登录 swig 官网，下载 win32 的包。下载后解压到 C:\Program Files\swigwin，并在系统 path 中添加这一路径。按快捷键 Win+R，执行 cmd 命令后打开命令行窗口，输入 swig，出现 "Must specify an input file. Use -help for available options."，说明 swig 已安装成功。

在 PyCharm 环境下使用 nlpir，需要安装 pynlpir 模块，安装命令为 pip install pynlpir。使用 NLPIR 分词系统的代码如下。

```
import pynlpir
pynlpir.open()
string = '在授课的同时，这个"讲台"正以约 23 倍于音速的第一宇宙速度环绕地球飞行，
舱外是真空、200 多摄氏度的温差、充满宇宙射线的极端环境。'
result = pynlpir.segment(string)
print(result)
```

运行结果如下。

```
[('在', 'preposition'), ('授课', 'verb'), ('的', 'particle'), ('同时',
'noun'), (', ', 'punctuation mark'), ('这个', 'pronoun'), ('"', 'punctuation
mark'), ('讲台', 'noun'), ('"', 'punctuation mark'), ('正', 'adverb'), ('以
', 'preposition'), ('约', 'adverb'), ('23', 'numeral'), ('倍', 'classifier'),
('于', 'preposition'), ('音速', 'noun'), ('的', 'particle'), ('第一',
'numeral'), ('宇宙', 'noun'), ('速度', 'noun'), ('环绕', 'verb'), ('地球',
'noun'), ('飞行', 'verb'), (', ', 'punctuation mark'), ('舱', 'noun'), ('外
', 'noun of locality'), ('是', 'verb'), ('真空', 'noun'), ('、', 'punctuation
mark'), ('200', 'numeral'), ('多', 'numeral'), ('摄氏度', 'classifier'), ('
的', 'particle'), ('温差', 'noun'), ('、', 'punctuation mark'), ('充满', 'verb'),
('宇宙射线', 'noun'), ('的', 'particle'), ('极端', 'noun'), ('环境', 'noun'),
('。', 'punctuation mark')]
```

在上述分词中，"宇宙"和"速度"被分开了。

（5）LTP。

语言技术平台（Language Technology Platform，LTP）是哈尔滨工业大学社会计算与信息检索研究中心历时十年开发的一整套中文语言处理系统。LTP 制定了基于可扩展标记语言（Extensible Markup Language，XML）处理结果表示，并在此基础上提供了一整套自底向上的丰富而且高效的中文语言处理模块（包括词法、句法、语义等 6 项中文处理核心技术），以及基于动态链接库的应用程序接口、可视化工具，并且能够以网络服务的形式使用。

LTP 有 Python 版本，运行时需要下载模型，且模型比较大。LTP 的使用步骤如下。

① 直接在项目根目录下使用命令进行编译，即进入 ltp-3.4.0 文件目录后，执行

```
./configure
Make
```

若编译成功，则会在项目根目录下生成 bin 目录，其目录下有 ltp_test 和 ltp_server，以及./bin/example，它们有以下二进制程序。

```
cws_cmdline
ner_cmdline
par_cmdline
pos_cmdline
srl_cmdline
```

② 将解压后的文件 ltp_data_v3.4.0 移动到./bin 目录下，并命名为 ltp_data；将待处理文件（输入文件）移动到./bin 目录下。要求输入文件的编码格式是 utf-8。

③ 由于需要进行分词，因此要用到 cws_cmdline 程序。将 cws_cmdline 文件直接移动到./bin 目录下。

通过执行./cws_cmdline 可查看其使用方法。

```
cws_cmdline in LTP 3.4.0 - (C) 2012-2017 HIT-SCIR
The console application for Chinese word segmentation.
usage: ./cws_cmdline <options>
options:
  --threads arg  The number of threads [default=1].(设置多线程数，默认为1)
  --input arg   The path to the input file. Input data should contain one
raw sentence each line.（输入文件）
  --segmentor-model arg The path to the segment model [default=ltp_
data/cws.model].  （设置分词模型路径，默认 ./ltp_data/cws.model）
  --segmentor-lexicon arg    The path to the external lexicon in
segmentor [optional].（设置外部的分词字典）
  -h [ --help ]                    Show help information
```

④ 将输入文件（以 tianya_part_utf8 为例）进行分词，执行如下命令。

```
./cws_cmdline --input ./tianya_part_utf8 --segmentor-model ./ltp_data/
cws.model > output_file
```

或简化版：`./cws_cmdline --input ./tianya_part_utf8 > output_file`

若输入文件较大，可设置多线程，例如设置多线程数为 24：

```
./cws_cmdline --threads 24 --input ./input_file > output_file
```

LTP 的执行代码如下。

```
from pyltp import Segmentor
string = '在授课的同时，这个"讲台"正以约 23 倍于音速的第一宇宙速度环绕地球飞行，
舱外是真空、200 多摄氏度的温差、充满宇宙射线的极端环境。'
segmentor = Segmentor()
segmentor.load('./cws.model')
result = list(segmentor.segment(string))
segmentor.release()
print(result)
```

运行结果如下。

41 在/授课/的/同时/，/这个/"/讲台/"/正/以/约/23/倍/于/音速/的/第一/宇宙/速度/
环绕/地球/飞行/，/舱/外/是/真空/、/200/多/摄氏度/的/温差/、/充满/宇宙射线/的/极端/环境/。

但从上述分词信息可知，"第一宇宙速度"没有被正确分开。对比这几种分词库的效果，jieba 库的分词效果最好。

3. jieba 库的分词原理

（1）基于 trie 树结构实现高效的词图扫描，生成句子中汉字所有可能成词情况构成的有向无环图。

① 根据 dict.txt 生成 trie 树（又称单词查找树，是一种变种哈希树，其优点是利用字符串的公共前缀来减少查询时间，最大限度地减少无谓的字符串比较，查询效率比哈希树高），字典在生成 trie 树的同时，把每个词的出现次数转换为频率。

② 对待分词句子，根据 dict.txt 生成的 trie 树，生成有向无环图，即将句子根据给定的词典进行查词典操作，生成几种可能的句子切分情况。

（2）采用了动态规划查找最大概率路径，找出基于词频的最大切分组合（图 9.1）。

① 查找待分词句子中已经切分好的词语出现的频率（次数/总数），如果没有该词，就将词典中出现频率最小的词语频率作为该词的频率。

② 根据动态规划查找最大概率路径的方法，对句子从右往左反向计算最大概率，P(NodeN)=1.0，P(NodeN-1)=P(NodeN)*Max(P(倒数第一个词))…，依此类推，得到最大概率路径，从而得到最大概率的切分组合。

```
def calc(sentence, DAG, idx, route):  # 动态规划，计算最大概率的切分组合
    # 输入sentence是句子，DAG句子的有向无环图
    N = len(sentence)  # 句子长度
    route[N] = (0.0, '')
    for idx in xrange(N - 1, -1, -1):  # 和range用法一样，不过还是建议使用xrange
        # 可以看出是从后往前遍历每个分词方式的

        # 下面的FREQ保存的是每个词在dict中的频度得分，打分的公式是 log(float(v)/total)，其中v就是被打分词语的频数
        # FREQ.get(sentence[idx:x+1],min_freq)表示，如果字典get没有找到这个key，那么我们就使用最后的frequency来做
        # 由于DAG中是以字串+list的结构存储的，所以确定了idx为key之外，
        # 仍然需要for x in DAG[idx]来遍历所有的单词结合方式（因为存在不同的结合方法，例如"国"，"国家"等）
        # 以（频度得分值，词语最后一字的位置）这样的tuple保存在route中
        candidates = [(FREQ.get(sentence[idx:x + 1], min_freq) + route[x + 1][0], x) for x in DAG[idx]]
        route[idx] = max(candidates)
```

图 9.1　采用动态规划的方法计算最大概率的切分组合

jeiba 库分词过程如下。

① 生成全切分词图。根据 trie 树对句子进行全切分，生成一个邻接链表表示的词图，查词典生成切分词图的主体过程如图 9.2 所示。

```
for(int i=0;i<len;){
    boolean match = dict.getMatch(sentence, i,
wordMatch);//到词典中查询
    if (match) {// 已经匹配上
        for (String word:wordMatch.values)
{//把查询到的词作为边加入切分词图中
            j = i+word.length();
            g.addEdge(new CnToken(i, j, 10, word));
        }
        i=wordMatch.end;
    }else{//把单字作为边加入切分词图中
        j = i+1;
        g.addEdge(new CnToken(i,j,1,sentence.substring(i,j)));
        i=j;
    }
}
```

图 9.2　jieba 库查词典生成全切分词图的主体过程

② 计算最佳切分路径。在全切分词图的基础上，运用动态规划算法生成最佳切分路径。

9.2.2　项目实战

1. 实战任务

给定文本"在授课的同时，这个'讲台'正以约 23 倍于音速的第一宇宙速度环绕地

球飞行，舱外是真空、200多摄氏度的温差、充满宇宙射线的极端环境"。采用 jieba 库、SnowNLP 库、THULAC 库、NLPIR 库和 LTP 库对文本进行切分词。

（1）从网站下载 jieba 库，安装 jieba 库：

```
pip install jieba
```

（2）从网站下载 SnowNLP 库包，安装 SnowNLP 库：

```
pip install SnowNLP
```

（3）从网站下载 thulac 0.1.2 版本，安装 thulac 0.1.2：

```
pip install thulac==0.1.2
```

（4）从网站下载 NLPIR 库包，安装方法是解压到 C:\Program Files\swigwin，并在系统 path 中添加该路径。

（5）从网站下载 LTP 库包，安装 LTP 库。

2．项目环境

项目环境为 Anaconda 2019.03 + Python 3.7 + TensorFlow 1.14.0。

3．项目实战步骤

下面对项目的关键步骤、要点和运行结果进行简单说明。

（1）精确模式分词。需要导入 jieba 库和使用 jieba 库中的 lcut()函数进行精确模式分词，代码如下：

```
import jieba
result = jieba.lcut(string) #string 是需要分词的中文文本
```

（2）全模式分词。全模式分词需要为 lcut()函数设置 cut_all 参数，将其设置为 True，代码如下：

```
result = jieba.lcut(string, cut_all=True)
```

（3）搜索引擎模式分词。搜索引擎模式分词需要调用 jieba 库中的 lcut_for_search()方法，代码如下：

```
result = jieba.lcut_for_search(string)
```

（4）自定义词典。将"极端环境"作为一个整体，需要调用 jieba.add_word()方法，代码如下：

```
jieba.add_word('极端环境')
result = jieba.lcut(string)
```

（5）词性标注。词性标注需要导入 jieba 库的 posseg，再调用 posseg 中的 lcut()方法实现词性的标注，代码如下：

```
import jieba.posseg as pseg
```

```
words = pseg.lcut(string)
print(list(map(lambda x: list(x), words)))
```

（6）利用 SnowNLP 库实现分词处理。

首先安装 SnowNLP 库，命令为 pip install SnowNLP；然后导入 SnowNLP 库，再调用 SnowNLP() 方法的 words 属性实现分词处理。

```
from snownlp import SnowNLP
s = SnowNLP(string)  #string 是待处理中文文本
result = s.words
print(len(result), '/'.join(result))
```

（7）利用 SnowNLP 库实现词性标注（HMM）。

需要导入 SnowNLP 库，还需要使用 Tags 属性，除了第（6）步中的代码外，还需要以下代码：

```
print('Tags:',list(s.tags))
print('Sentiments:', .sentiments)
print('Pinyin:', s.pinyin)
```

（8）利用 THULAC 库实现分词。

安装 THULAC 库，见 9.2.1 中的讲解。导入 thulac，调用 thulac.thulac() 方法，再调用 cut() 方法实现中文分词，代码如下：

```
import thulac
t = thulac.thulac()
result = t.cut(string)
print(result)
```

（9）利用 NLPIR 库实现分词。

首先安装 NLPIR 库，命令为 pip install pynlpir。然后导入 pynlpir，使用 pynlpir.open() 方法和 pynlpir.segment() 方法实现分词，代码如下：

```
import pynlpir
pynlpir.open()
result = pynlpir.segment(string)
print(result)
```

（10）利用 LTP 库实现分词。导入 pyltp 中的 Segmentor，使用方法 segmentor.load() 导入模型，再导入文本内容，代码如下：

```
from pyltp import Segmentor
segmentor = Segmentor()
segmentor.load('./cws.model')
```

```
result = list(segmentor.segment(string))
segmentor.release()
print(result)
```

9.3 TF-IDF 算法解析

9.3.1 项目背景

本项目的任务是调用 TF-IDF 算法实现对中文文本集（语料库）中字词重要性的判断。TF-IDF 算法（Term Frequency-Inverse Document Frequency）是一种用于信息检索与文本挖掘的常用加权技术。TF 是词频（Term Frequency），IDF 是逆文本频率指数（Inverse Document Frequency）。对于歌曲"我爱你中国"，计算机如何判断歌曲的核心语义呢？

"百灵鸟从蓝天飞过，我爱你，中国！"

"我爱你中国，我爱你，中国，我爱你春天蓬勃的秧苗，我爱你秋日金黄的硕果。"

"我爱你青松气质，我爱你红梅品格，我爱你家乡的甜蔗，好像乳汁滋润着我的心窝。"

"我爱你中国，我爱你，中国，我要把最美的歌儿献给你，我的母亲，我的祖国！"

"我爱你中国，我爱你，中国，我爱你碧波滚滚的南海，我爱你白雪飘飘的北国。"

"我爱你森林无边，我爱你群山巍峨。我爱你淙淙的小河，荡着清波从我的梦中流过。"

"我爱你中国，我爱你，中国，我要把美好的青春献给你，我的母亲，我的祖国！"

一种有效的方式是获取歌曲中每个词的频率，词出现的次数越多，表明该词在歌曲中的分量越重，再依据词的性质判断出歌曲的核心语义。对歌曲"我爱你中国"而言，其核心词出现的次数如下：

"我爱你"——19 次；"中国"——9 次；"祖国"——2 次；"母亲"——2 次。

"中国"和"祖国"表达了类似的含义，"母亲"则常被用于形容"祖国"，因此上述核心词出现的次数调整如下：

"我爱你"——19 次；"中国""祖国"和"母亲"——13 次。

最终，计算机可以得到歌曲"我爱你中国"的核心语义是"我爱你中国""我爱你祖国"或者"我爱你母亲"。在上述处理过程中，一个核心任务是计算词在文章中出现的频率，通常采用 TF-IDF 算法。

TF-IDF 算法的核心思想：如果某个词或短语在一篇文章中出现的频率高，并且在其他文章中很少出现，则认为此词或者短语具有很好的类别区分能力，适合用来分类。TF-IDF 实际上是 TF * IDF。

TF（词频）的计算很简单，就是针对一个文件 t，某个单词 Nt 出现在该文档中的频率。比如在"I love this movie"这句话中，单词"love"的 TF 为 $\frac{1}{4}$。如果去掉停用词"I"和

"this"，love 的 TF 则为 $\frac{1}{2}$。

IDF（逆向文件频率）的意义是，对于某个单词，凡是出现了该单词的文档 t，占了全部测试文档 D 的比率，再求自然对数。比如，单词"movie"一共出现了 5 次，而文档总数为 12，因此 IDF 为 $\ln\frac{5}{12}$。

对于一篇文档来说，它与关键字 w[i]的相关度取决于其包含的所有词中该关键词的频率。一篇文档中包含关键词 w[i]越多，它与关键字 w[i]的相关度也就越大。但是，如果仅取关键词的频数，那么比较长的文档包含该关键词的频率很可能远远大于比较短文档的频率。为了协调文档长度的影响，相关度的衡量应取关键词 w[i]占文档总词数的频率。

对于众多关键词而言，如何衡量一篇文档中它们出现的情况呢？又如何衡量文档的综合相关度呢？一个简单的想法是将关键词都加起来，但这样会引发一个新的问题。假设某个关键词 w[j]出现在很多篇文档（记为 U[k]）里，另一个关键词 w[k]仅出现在一小部分文档（记为集合 U[i]）里，按照常理来说是不是匹配更多关键词的文档集 U[k]与给出的搜索关键词 w[j]相关度更大呢？鉴于这种情况，需要为每一篇文档的每一个关键词的相关度加一个权值。这个权值为关键词 w 在所有文档集中蕴含的信息熵。

TF-IDF 算法的模型如下：

```
TF-IDF (q, d) = sum { i = 1..k | TF (w[i], d) *IDF(w[i]) }
```

IDF 的模型如下：

```
IDF = log (n / docs (w, D))
```

TF 表示词条在文档 d 中出现的频率：

```
TF (w,d)= count (w, d) / sum { i = 1..n| count (w, d[i]) }
```

需要在 Python 中调用 sklearn.feature_extraction.text.TfidfVectorizer 实现 TF-IDF 算法，例如：

```
from sklearn.feature_extraction.text import TfidfVectorizer
cv=TfidfVectorizer(binary=False,decode_error='ignore',stop_words='english')
vec=cv.fit_transform(['hello world','this is a panda.'])  #传入句子组成的 list
arr=vec.toarray()
```

在上述代码中，arr 是一个 2×3 的矩阵，如下：

```
array([[ 0.70710678, 0.        , 0.70710678],
       [ 0.        , 1.        , 0.        ]])
```

此时，可以将矩阵放入模型进行训练。另外，与 TfidfVectorizer 具有类似功能的还有 CountVectorizer 类。

9.3.2 项目实战

1. 实战任务

在 Python 中新建 tfIDF.py 文件，实现自然语言处理的 TF-IDF 算法。将测试文本（nlp_test0.txt、nlp_test1.txt、stop_words.txt，扫码下载）放置在 tfIDF.py 文件所在的文件夹中。构造一个类似于图 9.3 中的 userDict.txt 文件。

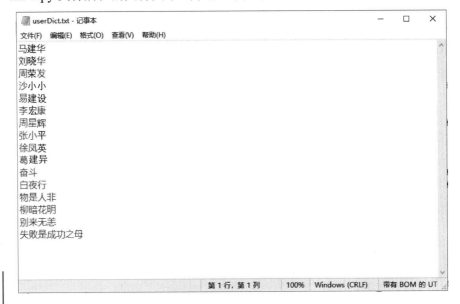

图 9.3　userDict.txt 文件

项目实战要求如下。

（1）导入 jieba 库。

```
import jieba
```

（2）加载用户自定义词典。
```
jieba.load_userdict("userDict.txt")    #加载用户自定义词典
```

（3）加载 sklearn.feature_extraction.text 下的 TfidfVectorizer。
```
from sklearn.feature_extraction.text import TfidfVectorizer
```

2. 项目运行环境

项目运行环境为 Anaconda 3 + Python 3.7。

3. 项目步骤

下面对项目的关键步骤、要点和运行结果进行简单说明。

（1）定义 cut()方法，以只读方式打开 txt_name1.txt，同时采用 jieba 库切分词，并将结果打印出来，将分词结果写入文件 txt_name2.txt 中保存。

```
def cut(txt_name1, txt_name2):
    with open(txt_name1, 'r') as f1:          #以只读方式打开文件
        txt = f1.read()
        txt_encode = txt.encode('utf-8')
        txt_cut = jieba.cut(txt_encode)        #切分词
        result = ' '.join(txt_cut)
        #print(result)
    with open(txt_name2, 'w') as f2:          #将分词结果写入文件保存
        f2.write(result)
    f1.close()
    f2.close()
```

（2）分别对文件 nlp_test0.txt 和 nlp_test1.txt 调用 cut()方法切分词。

```
cut('nlp_test0.txt', 'nlp_test0_0.txt')        #分别对文件调用 cut 方法切分词
cut('nlp_test1.txt', 'nlp_test1_1.txt')
```

（3）将停用词表从文件读出，并切分成一个数组 list 备用。

```
stopWords_dic = open('stop_words.txt', 'r')          #从文件中读入停用词
stopWords_content = stopWords_dic.read()
stopWords_list = stopWords_content.splitlines()      #转为 list 备用
stopWords_dic.close()
```

（4）获取词袋模型的所有词。

```
vector = TfidfVectorizer(stop_words=stopWords_list)
tf_idf = vector.fit_transform(corpus)
#print(tf_idf)
word_list = vector.get_feature_names()               #获取词袋模型的所有词
weight_list = tf_idf.toarray()
#result1 = ''.join(word_list)
#result2 = ''.join(weight_list)
#print(result1, result2)
```

（5）打印每类文本的 TF-IDF 词语权重。

```
for i in range(len(weight_list)):
    print("-------第", i+1, "段文本的词语 tf-idf 权重------")
    for j in range(len(word_list)):
        print(word_list[j], weight_list[i][j])
```

（6）运行 tfIDF.py 文件，结果如图 9.4 所示。

```
Run:    tfIDF (1)
    D:\Python\venv\Scripts\python.exe D:/Python/24/tfIDF.py
    Building prefix dict from the default dictionary ...
    Loading model from cache C:\Users\ADMINI~1\AppData\Local\Temp\jieba.cache
    Loading model cost 1.415 seconds.
    Prefix dict has been built succesfully.
    ------第 1 段文本的词语tf-idf权重------
    一个 0.0
    一件件 0.08622011895237658
    一句 0.0
    一定 0.06134632475396969
    一根 0.0
    一点 0.08622011895237658
    一点一点 0.0
    上学 0.08622011895237658
    不好 0.0
    世界 0.3448804758095063
    中心 0.0
    也许 0.0
    事业 0.08622011895237658
    事情 0.08622011895237658
    人生 0.08622011895237658
    今天 0.08622011895237658
    从前 0.0
    以前 0.08622011895237658
    做到 0.17244023790475316
    做好 0.08622011895237658
    做错 0.0
    像是 0.0
    关联 0.0
    具体 0.08622011895237658
```

图 9.4　运行 tfIDF.py 文件的结果

9.4　意 图 识 别

9.4.1　项目背景

　　本项目的任务是对中文文本进行意图识别。意图识别是通过分类的方法将句子或者查询结果分到相应的意图种类中。例如，当我想听歌曲时，查询的意图便属于音乐意图；当我想听相声时，查询便属于电台意图。做好意图识别对很多 NLP 的应用都有重要的提升，比如在搜索引擎领域使用意图识别来获取与用户输入查询最相关的信息。"生化危机"既是游戏，又是电影和歌曲等，用户查询"生化危机"时，如果我们通过意图识别发现该用户是想玩"生化危机"游戏时，则直接将游戏的查询结果返回给用户，以节省用户的搜索单击次数，缩短搜索时间，大幅提升用户的游戏体验。

　　再例如，聊天机器人进行识别意图。现有的聊天机器人（如智能客服、智能音箱等）能处理的问题种类都是有限的。某聊天机器人目前只有 30 个技能，用户向聊天机器人发出一个指令，聊天机器人首先根据意图识别将用户的查询分到某一个或者某几个技能上，然后进行后续处理。做好意图识别后，类似于电影场景中的人机交互就有了实现的可能，用户向机器人发来的每一个查询，机器人都能准确地理解用户的意图，再准确地给予回复。人与机器人连续、多轮自然的对话就可以借此实现了。意图识别的基本方法包括以下几个方面。

（1）基于词典以及规则模板的方法。

不同的意图会有不同的领域词典，比如书名、歌曲名、商品名等。可以根据意图与词典的匹配程度或者重合程度识别意图，因此，若查询的意图与哪个领域的词典重合程度高，就将该查询判别给这个领域。这个工作的重点是领域词典需要做得足够好。

基于规则模板的意图识别方法一般需要人为构建规则模板以及类别信息对用户意图文本进行分类。这种方法在小规模数据集上容易实现，且构建简单；缺点为难以维护、可移植性差、模板有可能需要专家构建。即使在同一个领域，不同的表达方式也会导致规则模板数量的增加，需要耗费大量的人力、物力。所以，基于规则模板匹配的方法虽然不需要大量的训练数据就可以保证识别的准确性，但是无法解决意图文本更换类别时带来重新构造模板的高成本问题。

（2）基于查询单击日志（适用于搜索引擎）。

对于搜索引擎等类型的业务场景，可以通过查询用户的单击日志来判断用户的意图。例如，用户在京东网上浏览酱油信息，然后在京东网的搜索栏中输入"海天"，则可以将"海天"与酱油关联起来，输出海天酱油的搜索页面。

（3）基于分类模型判别用户意图。

这类方法包括基于统计特征分类、基于机器学习和基于深度学习。

基于统计特征分类的方法需要提取语料文本的关键特征，如字、词特征、N-Gram 等，然后通过训练分类器实现意图分类。常用的方法有朴素贝叶斯、支持向量机和逻辑回归等。

基于机器学习的方法需要数据标注、数据预处理、训练集拆分和特征提取等步骤。例如，为了识别"我要买从上海到北京的机票"，机器学习的方法通常采用如下步骤。

① 数据标注。可以将"我要买从上海到北京的机票"标注为"买机票"。

② 数据预处理。首先对数据进行分词（如使用 jieba 库分词工具）；然后去除停用词，如"的""个"等；最后增加同义词词条，如"机票" = "飞机票""买" = "购买"等。

③ 训练集拆分。通常，取 90%的数据为训练数据，10%的数据为测试数据。

④ 特征提取。用卡方检验提取每个词的特征，从而得到每一个词与当前意图类别的相关程度。

⑤ 特征向量化。将提取得到的特征进行向量化，即有特征值的位置设置为 1，没有特征值的位置设置为 0。

⑥ 使用支持向量机训练模型。这一步需要从 Sklearn 中导入 SVM，代码是 from sklearn import svm，随后是调用 SVM 进行分类。

基于深度学习的方法是将文本当作意图，其核心步骤包括语料标注、分词和搭建模型。前两步与基于机器学习的方法类似，第三步可以使用以 paddle 为模型的基本框架，以 LSTM 外接 softmax 和 CNN 外接 softmax 进行识别意图工作。

① 使用 LSTM 外接 softmx 识别意图。

其整体的流程如下：首先对语料进行预处理，包括去除语料中的标点符号、停用词等。将语料初始化后利用 word2vec 生成词向量，然后利用 LSTM 提取特征，最后利用 softmax 完成意图分类工作。

② 使用 CNN 外接 softmx 识别意图。

CNN 对长文本的分类效果还是不错的，但是在短文本上与 RNN 相比还是有一些差距。虽然 CNN 比不上 RNN，但文本分词后一般会有粒度和语义的矛盾，粒度太大，分词效果不好；粒度太小，语义丢失。CNN 的核心过程是卷积，可以通过 CNN 的卷积将分完词之后的词的语义结合在一起，从而获得更加准确的词向量。

textCNN 的基本结构为：输入层→第一层卷积层→池化层→全连接层+softmax 层。

与传统的人工特征提取方法相比，深度学习方法不仅减少了大量的特征工程，而且可以得到更深层次的特征表示。但是 CNN 只能提取到意图文本的局部语义特征，不能保持语义的连贯性。

③ 使用 BTM-BiGRU 识别意图。

在基于短文本主题模型（Biterm Topic Model，BTM）和双向门控循环单元（Bidirectional Gated Recurrent Unit，BiGRU）的方法中，将意图识别看作分类问题，使用主题特征。首先通过 BTM 对用户聊天文本逐句进行主题挖掘并量化，然后送入 BiGRU 进行完整上下文学习得到连续语句的最终表示，最后通过分类完成用户的意图识别。

BTM：采用词对共现模式代替传统的词共现模式，可以更好地挖掘短文本的主题特征。

GRU：不仅保持 LSTM 可以有效地刻画文本的上下文信息，解决文本长期依赖问题的优势，而且只有两个门的计算，参数少，节省了训练时间。

BiGRU：解决 LSTM 和 GRU 从左往右推进，以及后面的输入语句比前面的输入语句更重要的问题，完整地捕捉上下文信息，聊天中各语句权值相同。

Rasa_NLU：Rasa_NLU 是一个开源的、可本地部署并配有语料标注工具（rasa-nlu-trainer）的自然语言理解框架。其本身只支持英文和德文，中文因具有特殊性，需要加入特定的分词器作为整个流水线的一部分，Rasa_NLU_Chi 作为 Rasa_NLU 的一个 fork 版本，加入了 jieba 库作为中文的分词器，实现了中文支持。

9.4.2　项目实战

1. 实战任务

本项目的任务是采用 CNN 识别语句的意图，需要使用 THUCNews 的一个子集进行训

意图识别实
验环境配置

练与测试，数据集可在官网下载，需遵循数据提供方的开源协议。本次训练使用了其中的 10 个分类，每个分类有 6500 条数据，类别包括体育、财经、房产、家居、教育、科技、时尚、时政、游戏和娱乐。将数据集下载到项目的 data 目录下，如图 9.5 所示。

2. 实战环境

实战环境为 Anaconda 3 + Python 3.7。

意图识别实验运行和结果展示

图 9.5 下载数据集

3. 实战步骤

下面对项目的关键操作步骤、要点和运行结果进行简单说明。

（1）数据预处理：在项目的 data 文件目录下新建 cnews_loader.py 文件，编写代码。数据预处理后的数据格式如表 9.1 所示。

9.4.2 项目代码

表 9.1 数据预处理后的数据格式

Data	Shape	Data	Shape
x_train	[50000, 600]	y_train	[50000, 10]
x_val	[5000, 600]	y_val	[5000, 10]
x_test	[10000, 600]	y_test	[10000, 10]

（2）新建 cnn_model.py 文件，配置 CNN 的参数，编写代码。

（3）参看 cnn_model.py 的实现代码，CNN 模型的大致结构如图 9.6 所示。

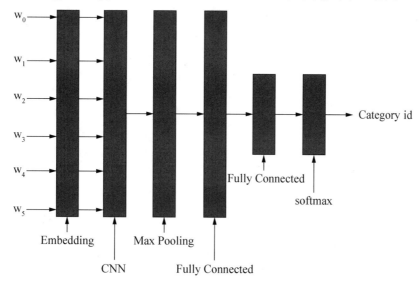

图 9.6 CNN 模型的大致结构

（4）新建 run_cnn.py 文件，编写代码。

（5）打开命令行窗口，输入 python run_cnn.py train 进行训练。在验证集上的最佳效果为 100%，且只经过 5 轮迭代就停止了，如图 9.7 所示。

```
Epoch: 3
Iter:   1600, Train Loss:   0.05, Train Acc:  98.44%, Val Loss:   0.24, Val Acc:  92.82%, Time: 0:11:27
Iter:   1700, Train Loss:  0.079, Train Acc:  98.44%, Val Loss:   0.21, Val Acc:  93.66%, Time: 0:12:04
Iter:   1800, Train Loss:   0.04, Train Acc:  98.44%, Val Loss:   0.24, Val Acc:  92.76%, Time: 0:12:42
Iter:   1900, Train Loss:  0.049, Train Acc:  98.44%, Val Loss:   0.24, Val Acc:  92.14%, Time: 0:13:19
Iter:   2000, Train Loss:   0.14, Train Acc:  96.88%, Val Loss:   0.25, Val Acc:  92.38%, Time: 0:13:58
Iter:   2100, Train Loss:   0.25, Train Acc:  93.75%, Val Loss:    0.2, Val Acc:  94.50%, Time: 0:14:38
Iter:   2200, Train Loss:  0.067, Train Acc:  98.44%, Val Loss:   0.18, Val Acc:  95.02%, Time: 0:15:16
Iter:   2300, Train Loss:  0.058, Train Acc:  96.88%, Val Loss:    0.2, Val Acc:  94.14%, Time: 0:15:53
Epoch: 4
Iter:   2400, Train Loss:  0.011, Train Acc: 100.00%, Val Loss:   0.19, Val Acc:  94.82%, Time: 0:16:30
Iter:   2500, Train Loss:  0.026, Train Acc: 100.00%, Val Loss:   0.22, Val Acc:  93.56%, Time: 0:17:07
Iter:   2600, Train Loss:   0.02, Train Acc: 100.00%, Val Loss:   0.22, Val Acc:  93.38%, Time: 0:17:44
Iter:   2700, Train Loss:  0.015, Train Acc: 100.00%, Val Loss:    0.2, Val Acc:  94.08%, Time: 0:18:31
Iter:   2800, Train Loss:  0.039, Train Acc:  98.44%, Val Loss:   0.29, Val Acc:  91.40%, Time: 0:19:08
Iter:   2900, Train Loss:   0.23, Train Acc:  95.31%, Val Loss:   0.24, Val Acc:  93.06%, Time: 0:19:45
Iter:   3000, Train Loss:  0.084, Train Acc:  95.31%, Val Loss:   0.24, Val Acc:  93.04%, Time: 0:20:23
Iter:   3100, Train Loss:  0.038, Train Acc:  98.44%, Val Loss:   0.31, Val Acc:  90.94%, Time: 0:21:00
Epoch: 5
Iter:   3200, Train Loss:  0.007, Train Acc: 100.00%, Val Loss:   0.25, Val Acc:  93.02%, Time: 0:21:37
No optimization for a long time, auto-stopping...
```

图 9.7　训练数据集

（6）在测试集上运行 python run_cnn.py test 进行测试。在测试集上的准确率达到 96.64%，且各类的 Precision、Recall 和 F1-Score 都超过了 90%，如图 9.8 所示。

```
Test Loss:   0.11, Test Acc:  96.64%
Precision, Recall and F1-Score...
              precision    recall  f1-score   support

          体育      0.99      1.00      1.00      1000
          财经      0.97      0.99      0.98      1000
          房产      1.00      1.00      1.00      1000
          家居      0.98      0.90      0.93      1000
          教育      0.90      0.95      0.92      1000
          科技      0.96      0.98      0.97      1000
          时尚      0.96      0.97      0.97      1000
          时政      0.96      0.94      0.95      1000
          游戏      0.99      0.97      0.98      1000
          娱乐      0.96      0.98      0.97      1000

    accuracy                          0.97     10000
   macro avg      0.97      0.97      0.97     10000
weighted avg      0.97      0.97      0.97     10000


Confusion Matrix...
[[996    0    0    0    3    1    0    0    0    0]
 [  0  991    0    0    2    1    1    5    0    0]
 [  0    0  996    1    2    1    0    0    0    0]
 [  1   14    1  895   27   16   24   18    1    3]
```

图 9.8　测试数据集

9.5 最大熵模型

9.5.1 项目背景

本项目的任务是依据信息"熵"判断天气。"熵"是物理学中一个非常重要的概念，反映了一个系统的混乱程度。一个系统越混乱，其熵就越大；系统越整齐，其熵就越小。例如，给定一颗骰子（图9.9），掷到 1,2,…,6 的概率分别是多少？

你会想到答案是 1/6 吗？如果会，则说明你已经掌握了最大熵原理。对于骰子问题，我们并不知道它到底是均匀的还是不均匀的，我们唯一知道的是 1～6 出现的总概率总是等于 1。我们把这个已知的条件称为"约束条件"，如图 9.10 所示。除了约束条件，我们对这个骰子一无所知，所以最符合现实的假设就是这是一个均匀的骰子，每个点出现的概率相等。

$P(X=1)=?$

$P(X=2)=?$

$P(X=3)=?$

$\vdots$

$P(X=6)=?$

约束条件：

$P(X=1)+P(X=2)+\cdots+P(X=6)=1$

满足最大熵原理的概率：

$P(X=1)=P(X=2)=\cdots=P(X=6)=\dfrac{1}{6}$

图 9.9 骰子问题 　　　　图 9.10 约束条件

所谓最大熵原理是指包含已知信息，不做任何未知假设，把未知事件当成等概率事件处理。因此最大熵原理满足以下两个条件：满足已知信息（约束条件），不做任何未知假设（未知事件等概率）。

再如，假设你参加抽奖活动，有 5 个盒子分别为 A、B、C、D、E，如图 9.11 所示，奖品就放在其中一个盒子里，请问奖品在 A、B、C、D、E 盒子里的概率分别是多少？

A	B	C	D	E

约束条件：

$P(A)+P(B)+P(C)+P(D)+P(E)=1$

满足最大熵原理的概率：

$P(A)=P(B)=P(C)=P(D)=P(E)=1/5$

图 9.11 抽奖问题

其实与骰子问题相同，我们只知道奖品一定在其中一个盒子里（约束条件），但是奖品到底在哪个盒子里一点额外信息都没有，所以只能假设奖品在每个盒子里的概率都是1/5（等概率）。这时有一个围观抽奖多时的群众根据他的观察决定给点提示，他说奖品在A和B盒子里的概率之和是3/10，如图9.12所示。

| A | B | C | D | E |

约束条件：
$P(A)+P(B)+P(C)+P(D)+P(E)=1$
$P(A)+P(B)=3/10$

图9.12　约束条件

也就是说，此时知道了额外信息：$P(A)+P(B)=3/10$，得到了新的约束条件。那么此时奖品在各个盒子里的概率分别是多少呢？

根据最大熵原理，我们加入新的约束条件，然后继续把剩下的盒子做等概率处理，则约束条件如下：

$$P(A)+P(B)+P(C)+P(D)+P(E)=1$$
$$P(A)+P(B)=3/10$$
$$P(C)+P(D)+P(E)=7/10$$

满足最大熵原理的概率：

$$P(A)=P(B)=3/20$$
$$P(C)=P(D)=P(E)=7/30$$

虽然 $P(A)+P(B)=3/10$，但是我们并不知道 A 和 B 的概率分别是多少，所以也只能假设它们两个的概率依然是平均的，即3/20。虽然 $P(C)+P(D)+P(E)=7/10$，但是我们依然不知道这三者的概率，所以还是假设它们等概率，因此 C、D、E 的概率就是 7/30。这就是利用最大熵原理处理概率问题。

一个系统的信息熵其实就是系统中每个事件的概率乘以它的 log 概率，然后把所有事件相加后取负数。因为概率总是在 0～1 之间，所以概率的值小于 0，取了负号以后熵就是正数了。如果 log 以 2 为底数，信息熵的单位就是比特（bit）；如果 log 以 e 为底数，信息熵的单位就是奈特（nat）；如果 log 以 10 为底数，单位就是哈脱特（hat），因此信息熵的定义如下：

$$H(P)=-\sum_{X}P(X)\log P(X) \tag{9-1}$$

以硬币为例，抛硬币时，抛一次，正面朝上和背面朝上的概率各为 0.5，那么它的信息熵就是 log2，如果以 2 为底数进行计算，它的信息熵就是 1bit，如图9.13所示。

在这个例子中，当概率为 0.5 时满足最大熵原理（等概率）。依据信息熵的定义，能不能得到 0.5 这个概率使系统的熵最大呢？换言之，等概率能否让系统的熵最大呢？

P(正面)=0.5
P(背面)=0.5

$H(P)=-(0.5×\log0.5+0.5×\log0.5)=\log2$

图9.13　硬币问题

为了验证这一点，我们假设抛硬币出现正面的概率是 p，那么出现背面的概率就是 $1-p$（$1-p$ 其实包含了约束条件，因为两者的总和是 1），则抛硬币的概率如下：

$$P(正面)=p, \quad P(背面)=1-p$$
$$H(P)=-[p\log p+(1-p)\log(1-p)]$$

接下来需要找到一个 p，使得 $H(P)$ 值最大即熵最大。求最大值也就是求这个函数的极值，利用高等数学知识来求解这个问题，求导数等于 0[$H(P)'=0$]的解，函数在这点的值不是最大值就是最小值。

解方程 $H(P)'=0$，得到当 $p=0.5$ 时，函数 $H(P)$ 达到极值（此时是极大值，可以代入其他 p 值，验证后发现结果比 $p=0.5$ 时值小）。因此，当 $p=0.5$ 时（等概率），系统的熵最大。因此，存在如下计算公式：

$$\text{Max}H(P): \quad H(P)'=0$$
$$\text{Log}p+1-\log(1-p)-1=0$$
$$p=1/2$$

硬币是一个二元系统（一正一反两个概率），我们也可以把这个结论推广到一般情况：对于一个有 n 个事件的系统，每个事件发生的概率为 p_i，唯一已知的约束条件是事件发生的概率总和等于 1。

一个系统有 n 个概率 $p_1,p_2,\cdots,p_n$，则

$$H(P)=-\sum_{i=1}^{n}p_i\log p_i \tag{9-2}$$

其中，约束条件为 $\sum_{i=1}^{n}p_i=1$。

为了求出满足最大熵的事件概率 p_i，需要先构造拉格朗日函数，就是把需要满足的约束条件加到 $H(P)$ 后。

拉格朗日乘子法构造 $L(p,\lambda)$ 被定义为

$$L(p,\lambda)=-\sum_{i=1}^{n}p_i\log p_i+\lambda\left(\sum_{i=1}^{n}p_i-1\right) \tag{9-3}$$

为求这个函数的极值，需要对等式两边求导，使得导数为 0，则 $\text{Max } L(p,\lambda)$：

$$\frac{\partial L(p,\lambda)}{\partial p_i}=-\log p_i-1+\lambda \tag{9-4}$$
$$p_i=e^{\lambda-1},i=1,2,\cdots,n$$

求解得到的 p_i 具有未知参数 λ（来自约束项），于是可以利用约束条件进一步求解：

$$\sum_{i=1}^{n} p_i = ne^{\lambda-1} = 1 \qquad (9-5)$$

$$e^{\lambda-1} = \frac{1}{n} \qquad (9-6)$$

$$p_1 = p_2 =, \cdots, = p_n = \frac{1}{n} \qquad (9-7)$$

由上述公式可知，对于一个含有 n 个事件的系统而言，当熵最大时，事件的概率必然满足等概率。所以对于一个符合最大熵原理的掷骰子模型，每个点出现的概率就是 1/6；对于一个从 5 个盒子中抽奖的事件，奖品在每个盒子中的概率就是 1/5。

因此，信息熵的定义能够描述及量化生活中看起来很简单但总有点说不清楚的问题。对于一般的求极值问题，求导等于 0 可以得到极值。如果我们不仅要求极值，而且要求一个满足一定约束条件的极值，就可以构造拉格朗日函数，其实就是把约束条件添加到原函数上，然后对构造的新函数求导。

对于一个要求极值的函数 $f(x,y)$，图 9.14 中的圈就是这个函数的等高图，即 $f(x,y) = C_1, C_2, \cdots, C_n$ 分别代表不同的数值（每个值代表一圈，等高图），若找到一组 (x,y)，使它的 C_i 值最大，但是这点必须满足约束条件 $g(x,y)$，即 $f(x,y)$ 和 $g(x,y)$ 相切，或者说它们的梯度 ∇f 和 ∇g 平行，因此它们的梯度（偏导）成倍数关系（假设为 λ 倍）。

因此，把约束条件加到原函数后对它求导，相当于满足了图 9.14 中的公式。

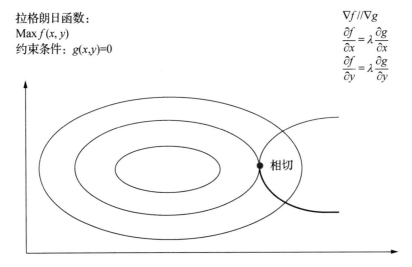

图 9.14 拉格朗日函数

在理解拉格朗日乘子法的意义后，可以用信息熵的定义解决前面提过的多了一个约束条件的盒子抽奖问题。为了方便描述，用数字 12345 代替字母 ABCDE，因此这个系统中一共有 5 个概率，分别是 p_1、p_2、p_3、p_4 和 p_5，并且包含两个约束条件：总概率和=1 以及 $p_1 + p_2 = \frac{3}{10}$。因此，对于抽奖模型的 5 个概率 p_1、p_2、p_3、p_4、p_5 而言，系统的信息熵 $H(P)$ 满足：

$$H(P) = -\sum_{i=1}^{5} p_i \log p_i \tag{9-8}$$

约束条件：

$$\sum_{i=1}^{5} p_i = 1 \tag{9-9}$$

$$p_1 + p_2 = \frac{3}{10} \tag{9-10}$$

根据之前的讲解，为了求解包含约束条件的函数极值，需要构造拉格朗日函数：

$$L(p, \lambda) = -\sum_{i=1}^{5} p_i \log p_i + \lambda_0 \left(\sum_{i=1}^{5} p_i - 1 \right) + \lambda_1 \left(p_1 + p_2 - \frac{3}{10} \right) \tag{9-11}$$

由于系统中包含两个约束条件，因此添加两项——两个参数 λ_0、λ_1[当有 n 个约束条件时，就添加 n 项（$\lambda_0, \lambda_1, \cdots \lambda_n$）]。对概率 p_i 求偏导，并令结果为 0（假设 λ_0、λ_1 是已知参数），求满足 Max$L(p,\ \lambda)$ 的 λ 和 p。

（1）已知 λ_0 和 λ_1 求 p_i。

$$\frac{\partial L}{p_i} = 0 \tag{9-12}$$

$$\frac{\partial L}{p_1} = -\log p_1 - 1 + \lambda_0 + \lambda_1 \tag{9-13}$$

$$\frac{\partial L}{p_2} = -\log p_2 - 1 + \lambda_0 + \lambda_1 \tag{9-14}$$

$$\frac{\partial L}{p_3} = -\log p_3 - 1 + \lambda_0 \tag{9-15}$$

$$\frac{\partial L}{p_4} = -\log p_4 - 1 + \lambda_0 \tag{9-16}$$

$$\frac{\partial L}{p_5} = -\log p_5 - 1 + \lambda_0 \tag{9-17}$$

根据式（9-12）至式（9-17），可以解得：

$$p_1 = p_2 = e^{\lambda_0 + \lambda_1 - 1} \tag{9-18}$$

$$p_3 = p_4 = p_5 = e^{\lambda_0 - 1} \tag{9-19}$$

代入之前构造的拉格朗日函数，并对 λ 求偏导，寻找使 L 最大的 λ。

（2）代入 $L(p, \lambda)$。

$$L(p, \lambda) = 2e^{\lambda_0 + \lambda_1 - 1} + 3e^{\lambda_0 - 1} - \frac{3}{10} \lambda_1 - \lambda_0 \tag{9-20}$$

求 Max$L(p, \lambda)$

$$\frac{\partial L}{\lambda_0} = 2e^{\lambda_0 + \lambda_1 - 1} + 3e^{\lambda_0 - 1} - 1 = 0 \tag{9-21}$$

$$\frac{\partial L}{\lambda_1} = 2e^{\lambda_0 + \lambda_1 - 1} - \frac{3}{10} = 0 \tag{9-22}$$

得

$$p_1 = p_2 = e^{\lambda_0 + \lambda_1 - 1} = \frac{3}{20} \qquad (9\text{-}23)$$

$$p_3 = p_4 = p_5 = e^{\lambda_0 - 1} = \frac{7}{30} \qquad (9\text{-}24)$$

结果与前面直观的计算结果相同，再次证明，最大熵原理就是对未知信息的等概率处理。

最大熵模型
实验运行和
结果展示

9.5.2 项目实战

1. 实战任务

项目要求编写文件名为 maximumEntropyModel.py 的代码（扫描下载），实现对不同天气是否适合打球的预测。

2. 项目环境要求

项目环境要求为 Jupyter + Python 3.7。

3. 项目实战步骤

下面对项目的关键步骤、要点和运行结果进行简单说明。

（1）准备训练数据——来自各种天气情况下是否适合打球的例子（weatherData.txt 文件）中字段依次是 play、outlook、temperature、humidity、windy，如图 9.15 所示。

	weatherData.txt - 记事本			— □ ×
文件(F) 编辑(E) 格式(O) 查看(V) 帮助(H)				
no	sunny	hot	high	FALSE
no	sunny	hot	high	TRUE
yes	overcast	hot	high	FALSE
yes	rainy	mild	high	FALSE
yes	rainy	cool	normal	FALSE
no	rainy	cool	normal	TRUE
yes	overcast	cool	normal	TRUE
no	sunny	mild	high	FALSE
yes	sunny	cool	normal	FALSE
yes	rainy	mild	normal	FALSE
yes	sunny	mild	normal	TRUE
yes	overcast	mild	high	TRUE
yes	overcast	hot	normal	FALSE
no	rainy	mild	high	TRUE

第 14 行，第 24 列　　100%　　Windows (CRLF)　　UTF-8

图 9.15　weatherData.txt 文件

9.5.2 项目
代码

（2）新建 maximumEntropyModel.py 文件，如图 9.16 所示。

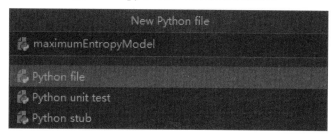

图 9.16　新建 maximumEntropyModel.py 文件

（3）导入库代码。

```
import math
import logging
```

（4）设置日志代码。

```
logging.basicConfig(level=logging.INFO, format="%(asctime)s %(name)s:
%(message)s")
logger = logging.getLogger("maxentGIS")
```

（5）定义最大熵类 maxent。该类包含一个初始函数_init_、数据导入函数 load_data、初始化参数函数 init_params、计算特征函数的期望函数 calcu_sample_ep、模型训练函数 train、计算特征分布的期望函数 calcu_model_ep、计算条件概率 clacu_pyx，判断权值是否收敛函数 judge_convergence，预测函数 predict。

（6）运行 maximumEntropyModel.py 文件，运行结果如图 9.17 所示。

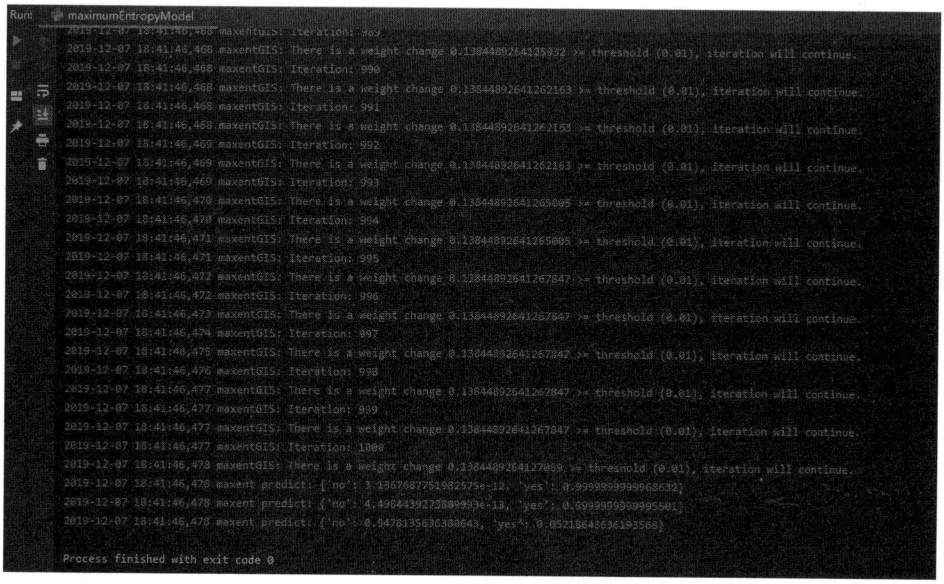

图 9.17　运行结果

9.6 利用 jieba 库和 Tkinter 库进行信息检索

9.6.1 项目背景

jieba 库是一款优秀的 Python 第三方中文分词库，支持 3 种分词模式：精确模式、全模式和搜索引擎模式。

Tkinter 是 Python 的标准 GUI 库。Python 使用 Tkinter 可以快速地创建 GUI 应用程序。由于 Tkinter 在 Python 的安装包中，因此安装好 Python 就能运行 import Tkinter 库。在 Python 3.x 版本中使用的库名为 Tkinter，即使用 Tkinter import 导入库。

9.6.2 项目实战

1. 实战任务

信息检索实验运行和结果展示

本项目利用 jieba 库处理 txt 文档的数据集，用 Tkinter 库编写的框架实现检索过程。项目具体要求如下。

（1）安装 jieba 库，打开命令行窗口输入 pip install jieba。

（2）导入库代码。

```
from Tkinter import *
import jieba
import jieba.analyse
```

2. 项目环境要求

项目环境要求为 Anaconda 4.7.5 + Python 3.7 + TensorFlow+ jieba。

3. 实战步骤

下面对项目的关键步骤、要点和运行结果进行简单说明。

（1）打开文件 jia.txt（图 9.18），利用 jieba 库对文本内容进行切分词。

（2）新建一个 Python 文件，用于读取 jia.txt 文件，构建字典和搜索引擎模式，核心代码如下。

9.6.2 项目代码

```
count = 0
for line in open("jia.txt", "r", encoding='utf-8'):
    count = count + 1
#新建字典 title_dict，键对应数字 1~5294，值对应新闻标题
title_dict = {}
    #f = open("jia.txt", "r", encoding='utf-8')
    i = 1
    #将文字的每行标题存入字典
```

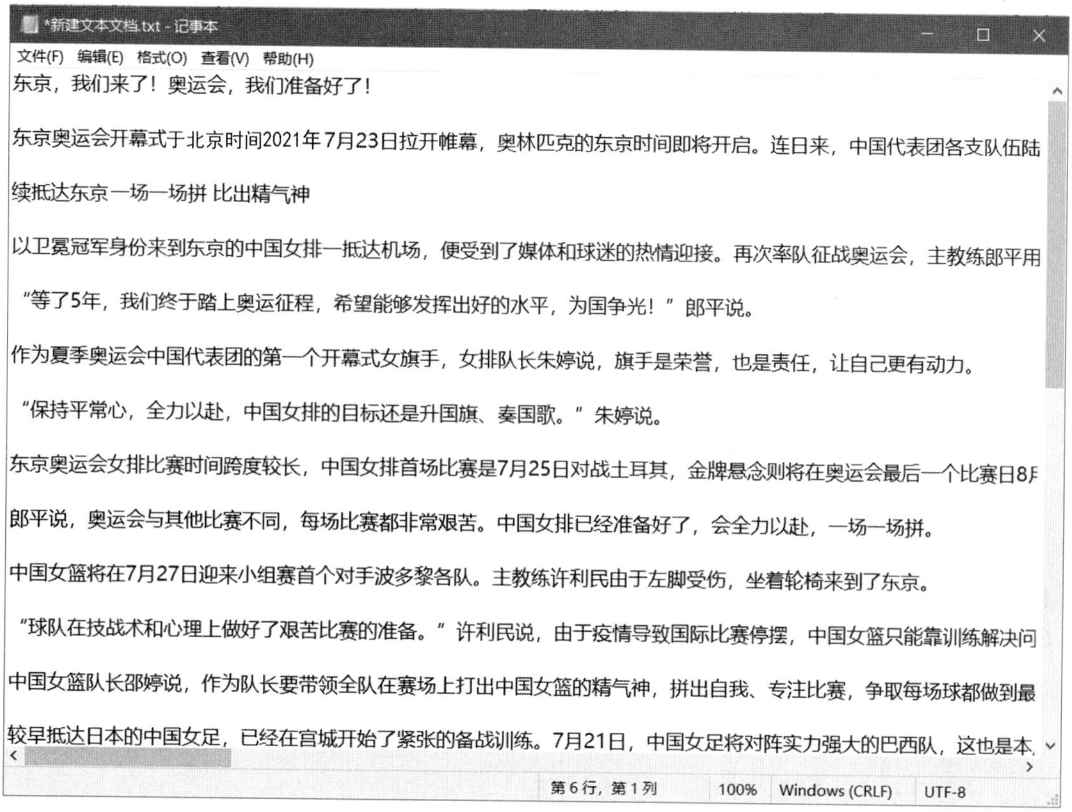

*新建文本文档.txt - 记事本

文件(F) 编辑(E) 格式(O) 查看(V) 帮助(H)

东京，我们来了！奥运会，我们准备好了！

东京奥运会开幕式于北京时间2021年7月23日拉开帷幕，奥林匹克的东京时间即将开启。连日来，中国代表团各支队伍陆

续抵达东京一场一场拼 比出精气神

以卫冕冠军身份来到东京的中国女排一抵达机场，便受到了媒体和球迷的热情迎接。再次率队征战奥运会，主教练郎平用

“等了5年，我们终于踏上奥运征程，希望能够发挥出好的水平，为国争光！”郎平说。

作为夏季奥运会中国代表团的第一个开幕式女旗手，女排队长朱婷说，旗手是荣誉，也是责任，让自己更有动力。

“保持平常心，全力以赴，中国女排的目标还是升国旗、奏国歌。”朱婷说。

东京奥运会女排比赛时间跨度较长，中国女排首场比赛是7月25日对战土耳其，金牌悬念则将在奥运会最后一个比赛日8月

郎平说，奥运会与其他比赛不同，每场比赛都非常艰苦。中国女排已经准备好了，会全力以赴，一场一场拼。

中国女篮将在7月27日迎来小组赛首个对手波多黎各队。主教练许利民由于左脚受伤，坐着轮椅来到了东京。

“球队在技战术和心理上做好了艰苦比赛的准备。”许利民说，由于疫情导致国际比赛停摆，中国女篮只能靠训练解决问

中国女篮队长邵婷说，作为队长要带领全队在赛场上打出中国女篮的精气神，拼出自我、专注比赛，争取每场球都做到最

较早抵达日本的中国女足，已经在宫城开始了紧张的备战训练。7月21日，中国女足将对阵实力强大的巴西队，这也是本

第 6 行，第 1 列　100%　Windows (CRLF)　UTF-8

图 9.18　jia.txt 文件内容

```
for line in open("jia.txt", "r", encoding='utf-8'):
    #添加一个删除字符串末尾/n 的操作
    title_dict[i] = line
    i = i + 1
#print(line)
#分别对字典 title_dict 中的值进行分词操作
seg_list = {}
tags = {}
#将分词存入 tags 字典，键为 1～5294，值为对应的分词组成的列表
for j in range(1, count + 1):
    #搜索引擎模式
    seg_list[j] = jieba.cut_for_search(title_dict.get(j))
    #精确模式
    #seg_list[j]=jieba.cut(title_dict.get(j),cut_all=True)
    tags[j] = jieba.analyse.extract_tags(title_dict.get(j), topK=40)
```

（3）利用 Tkinter 库开发一个图形化界面（图 9.19），并将 jia.txt 文件导入界面（图 9.20）。

（4）要求在 UI 界面中输入特定词进行搜索，单击“退出”按钮，可以退出此系统。

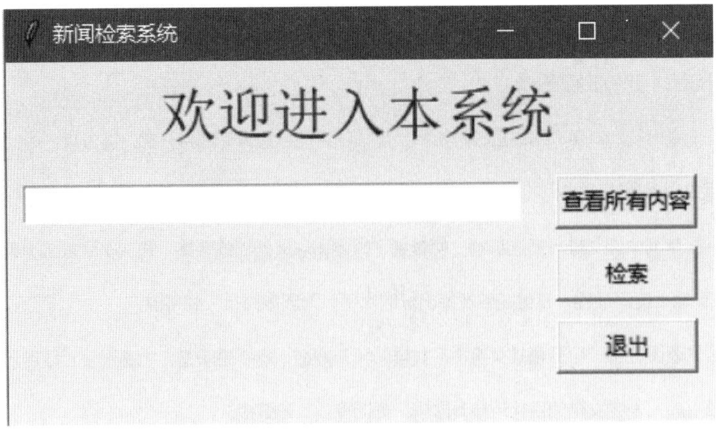

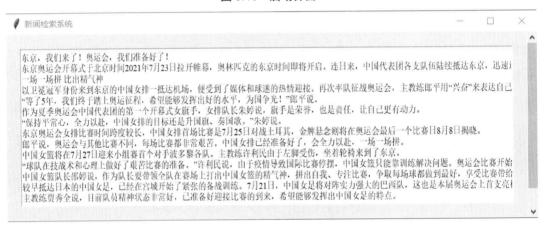

图 9.19　启动界面

图 9.20　将 jia.txt 文件导入界面

9.7　NLP 词向量计算

9.7.1　项目背景

本项目的任务是计算词向量存储的分词，以便理解中文语句的含义。自然语言处理的核心是理解语句的含义，因此，需要了解知识的表述方法及词向量的计算方法。

1. 基于知识的表示方法

基于知识的表示方法（Knowledge-Based Representation）采用语言学家们制定的词网（WordNet），包含了字与字之间的关联，并通过构造词网表示文字，如图 9.21 所示。由图可知，通过构造词网，了解词与词之间的隶属关系，进而判断词的含义及语句的含义。

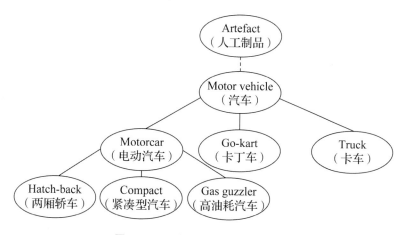

图 9.21　一个关于汽车词网的例子

构造词网的方法有以下局限性。

（1）文字会不断发展。

（2）主观性较强，不同的人对其有不同的理解。

（3）查找工作量比较大。

（4）很难定义字与字之间的相似性。

2. 基于语料库的表示

（1）原子符号：独热编码表示（Atomic symbols: one-hot representation）。

独热编码将所有需计算的文字组成一个向量，给出一个文字，它在向量中的位置标为 1，其余都为 0。

该方法意图采用另一种方式捕捉真正有关字义的部分，它的局限是有时很难捕捉两个词之间的关系，即无法捕捉语义信息。例如 car 和 motorcycle，无论如何计算，相似度都为 0。当 car 与 motorcycle 及其相邻单词（neighbor）存在某些关系时，可以认为这两个单词之间具有相关性。如何确定相邻单词的范围呢？

方式一：完整文献（full document）法。完整文献法可以认为在同一篇文章中，文字之间的关系可以由文章的主题确定。

方式二：Windows。Windows 限定在某个窗口内，可以是窗口中几句话或者几个单词，这种方式可以获得词性等信息。

（2）高维稀疏字向量（High-dimensional sparse word vector）。

例如：针对语料库中的 "I love UTD" "I love deep learning" "I enjoy learning" 三条语句构造高维稀疏字向量矩阵（表 9.2）。

构造方式：有 2 个 "love" 在 "I" 之后，1 个 "enjoy" 在 "I" 之后，0 个 "UTD" "deep" 和 "learning"。

表9.2 针对语料库的高维稀疏字向量矩阵

Counts	I	love	enjoy	UTD	deep	learning
I	0	2	1	0	0	0
love	2	0	0	1	1	0
enjoy	1	0	0	0	0	1
UTD	0	1	0	0	0	0
deep	0	1	0	0	0	1
learning	0	0	1	0	1	0

该方法的基本思想是基于相邻单词，设置共生矩阵（Co-occurrence Matrix），即采用低维向量替换高维向量，其局限性如下。

① 随着文章字数的增加，矩阵也会迅速增大。

② 计算量会迅速增大。之前独热编码形式因为只有一列存在非 0 数字，所以维度即使再大，计算量也不会增加太多。而现在不同，每列都可能有多个非 0 数字。

③ 因为大部分有效信息集中在少数区域，没有有效地"散开"，所以鲁棒性比较差。

④ 当增加一个词时，整个矩阵都要更新。

（3）低维稀疏字向量（Low-dimensional sparse word vector）。

低维稀疏字向量的思想是降维，例如通过奇异值分解（Singular Value Decomposition，SVD）方法，将矩阵从 k 维降为 r 维。奇异值分解方法（图 9.22）是将矩阵 $X = U \times S \times V^{\mathrm{T}}$ 转换为一个近似的矩阵 $\hat{X} = \hat{U} \times \hat{S} \times \hat{V}^{\mathrm{T}}$，并且近似矩阵中的 3 个相乘的子矩阵要比原来的子矩阵小得多，从而降低了子矩阵的维度。

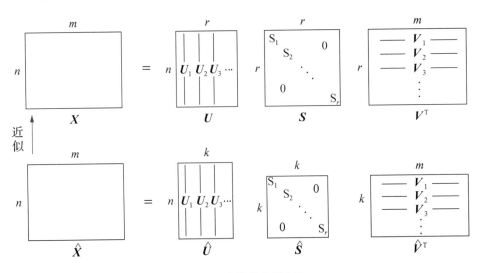

图 9.22 奇异值分解方法

该方法可以直接学习低维向量，而不是从资料中先学习高维矩阵再降维。其局限性如下：①计算量比较大；②新增文字后，需要重建矩阵并重新计算矩阵和降维。

3．词向量

词向量（Word2Vec）是一种将单词转换成向量形式的工具。它可以把对文本内容的处理简化为向量空间中的向量运算，计算向量空间上的相似度，表示文本语义上的相似度。词向量通过训练，可以把对文本内容的处理简化为 k 维向量空间中的向量运算，而向量空间上的相似度可以用来表示文本语义上的相似度。因此，输出的词向量可以用来做很多与NLP相关的工作，比如聚类、找同义词、词性分析等。

词向量是将语言中的词进行数学化的一种方式，顾名思义，词向量就是把一个词表示成一个向量。目前，在 NLP 中最直观最常用的词表示方法是 One-hot Representation，这种方法把每个词表示为一个很长的向量，这个向量的维度是词表大小，其中绝大多数元素为0，只有一个维度的值为1，这个维度就代表了当前的词。

将对应的词所在的位置设为1，其他设为0。例如：King, Queen, Man and Woman 中Queen 对应的向量就是[0,1,0,0]。

词向量的不足之处：难以发现词与词之间的关系，以及难以捕捉句法（结构）与语义（意思）之间的关系。

在词向量中采用分布式表征，在向量维数比较大的情况下，每个词都可以用元素的分布式权重来表示，因此，向量的每个维度都表示一个特征向量，作用于所有的单词，而不是简单的元素与值之间的一一映射。

例如：king－man＋woman＝queen

实际的处理过程如下：从 king 中提取 maleness 的含义，加上 woman 具有的 femaleness 的意思，最后答案就是 queen。

我们可以借助表格来理解，在表 9.3 中，animal 列表示的是左边的词与 animal 概念的相关性。

表9.3　分布式表征实例

	animal	pet
dog	−0.4	0.02
lion	0.2	0.35

（1）连续词汇模型：输入某个特征词的上下文相关词对应的词向量，输出该特定词的词向量，即先验概率。训练过程如图 9.23 所示。

连续词汇相关概念如下。

输入层（input）：包括当前词及其前面 c 个词和后面 c 个词。

映射层（projection）：将输入层的若干词向量相加。

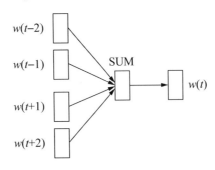

图 9.23　训练过程

输出层（output）：输出层是一个树结构，以语料库中出现的词作为叶子节点。

功能：通过上下文预测当前词出现的概率。

公式：v("abc")=1/3(v("a")+v("b")+v("c"))v("abc")=1/3(v("a")+v("b")+v("c"))。

原理分析：假设文本为"the florid prose of the nineteenth century."想象有一个滑动窗口，中间的词是关键词，两边为长度相等的文本，用来帮助分析。文本的长度为7，就得到了7个独热向量，作为神经网络的输入向量。训练目标如下：在给定前后文本的情况下最大化输出正确关键词的概率；在给定("prose","of","nineteenth", "century")的情况下，最大化输出 the 的概率，用公式表示

P("the"|("prose","of","nineteenth","century"))P("the"|("prose","of","nineteenth","century"))

特性：hidden layer 只对权重求和，并传递到下一层，是线性的。

（2）Skip-Gram 模型。

Skip-Gram 模型与自编码器类似，唯一的区别在于自编码器的输出等于输入，而 Skip-Gram 模型的输出是输入的上下文内容。

Skip-Gram 模型分为两个部分，第一部分是建立模型，第二部分是通过模型获取嵌入词向量。基于训练数据先构建一个神经网络，当这个模型训练好以后，并不会用这个训练好的模型处理新的任务，而是需要通过这个模型训练数据得到的参数，即隐藏层的权重矩阵，这些权重矩阵就是词向量需要的"word vectors"，如图9.24 所示。

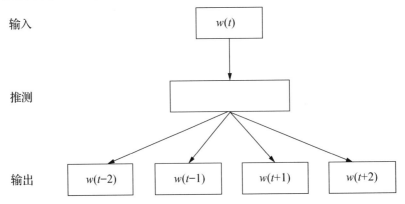

图 9.24　Skip-Gram 模型

Skip-Gram 模型根据当前的词预测上下文的词。假设有一组词序列 $[w_1, w_2, w_3, \cdots, w_T]$，则 Skip-Gram 模型训练的目标函数为

$$L = \frac{1}{T} \sum_{t=1}^{T} \sum_{-c \leqslant j \leqslant c, j \neq 0} \log p(w_{t+j} \mid w_t) \tag{9-25}$$

式中，c 是上下文的窗口大小，c 值越大，得到的训练样本越多，结果的精度也就越高，但是训练所需的时间越长。

Skip-Gram 模型使用 softmax 函数定义 $p(w_0|w_i)$：

$$p(w_0 \mid w_i) = \frac{\exp\left(v_{w_0}'^{\mathrm{T}} v_{w_i}\right)}{\sum\limits_{w=1}^{W} \exp\left(v_w'^{\mathrm{T}} v_{w_i}\right)} \tag{9-26}$$

训练数据

式中，v_w' 和 v_w 分别表示词 w 的输出向量和输入向量。

使用 Skip-Gram 模型能够根据当前词预测上下文的词，其优点是在数据集比较大时使结果更准确；其不足之处是词的顺序不重要，并没有考虑到中文的语法和一词多义，如 tie 有很多意思，如何聚类分出 tie-1、tie-2 等。

1_process.py

（3）结巴分词。结巴分词涉及以下算法。

① 基于 trie 树结构实现高效的词图扫描，生成句子中汉字所有可能成词情况的有向无环图。

② 采用动态规划查找最大概率路径，找出基于词频的最大切分组合。

NLP 词向量计算计算实验配置

③ 对于未登录词，采用基于汉字成词能力的 HMM 模型，使用 Viterbi 算法。

9.7.2 项目实战

1. 实战任务

在 Python 中安装工具包 gensim。在中文维基百科网站上下载训练数据。将下载的 XML 的维基数据转换为 text 格式（用 Python 编程，命名为 1_process.py 文件）。在 PyCharm 的配置窗口（图 9.25）中配置 Edit Configurations，填写运行参数为要生成的 txt 文件名。

NLP 词向量计算实验运行和结果展示

2. 实战环境

实战环境为 IDEA + PyCharm + Anaconda 3.0 + TensorFlow 1.14。

3. 实战步骤

下面对项目的关键步骤、要点和运行结果进行简要说明。

9.7.2 项目代码

（1）使用 pip install gensim 命令安装需要的工具包 gensim，如图 9.26 所示。

（2）获取训练数据：维基中文数据，进入维基百科网站下载。

图 9.25　PyCharm 的配置窗口

图 9.26　安装工具包 gensim

（3）将下载的 XML 的维基数据转换为 text 格式。新建 1_process.py 文件，核心代码如下。

```
output = open(outp, 'w',encoding='utf-8')
wiki =WikiCorpus(inp, lemmatize=False, dictionary=[])
```

```
                    #gensim 里的维基百科处理类 WikiCorpus
for text in wiki.get_texts():
    #通过 get_texts 将维基里的每篇文章转换为 1 行 text 文本，并且去掉标点符号等内容
    output.write(space.join(text) + "\n")
    i = i+1
    if (i % 10000 == 0):
        logger.info("Saved "+str(i)+" articles.")


output.close()
logger.info("Finished Saved "+str(i)+" articles.")
```

（4）选择 Run→Edit Configurations 命令，如图 9.27 所示。

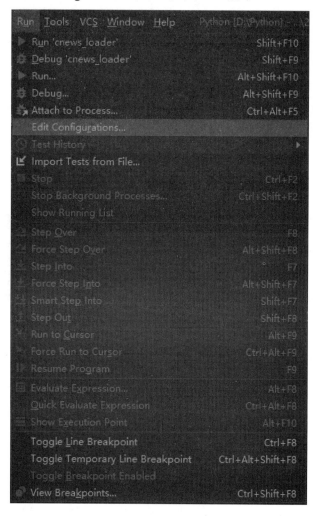

图 9.27　选择命令

（5）填写运行参数为要生成的 txt 文件名，如图 9.28 所示。

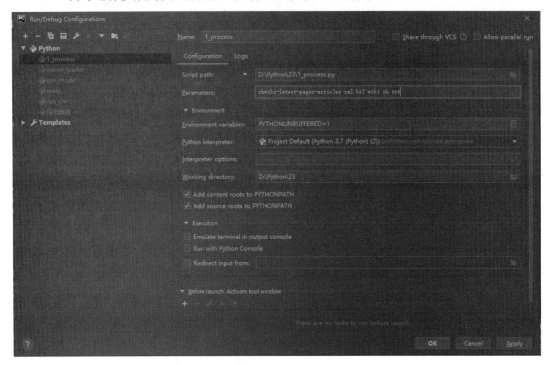

图 9.28　填写运行参数

（6）运行 1_process.py，出现图 9.29 所示的警告信息。

图 9.29　警告信息

（7）在 1_process.py 文件中添加抑制第三方警告的代码。

```
import warnings
warnings.filterwarnings(action='ignore', category=UserWarning, module=
'gensim')
```

（8）运行 1_process.py，搜索 351815 篇文章，得到一个 1.16GB 的 txt 文件，如图 9.30 所示。

（9）维基中文语料中包含很多繁体字，需要转换为简体字，这里使用了 OpenCC 工具进行转换。可以到官网下载对应版本的 OpenCC。

图 9.30 1_process.py 的运行结果

（10）使用 OpenCC 进行繁体字与简体字的转换，进入解压后的 OpenCC 的目录（opencc-1.0.1-win64），双击打开 opencc.exe 文件。将 wiki.zh.txt 文件复制并粘贴到 OpenCC 目录中，打开 powershell 窗口，输入命令 .\opencc -i wiki.zh.txt -o wiki.zh.simp.txt -c t2s.json，得到约为 1.16GB 的 wiki.zh.simp.txt 文件，即转换成了简体字。将其剪切并复制到原来的执行目录中。

（11）采用结巴分词对字体简化后的维基中文语料数据集进行分词，新建 2_jieba_participle.py 文件。导入库代码如下。

```
import jieba
import jieba.analyse
import jieba.posseg as pseg #引入词性标注接口
import codecs,sys
```

读取文件 wiki.zh.simp.txt 和 wiki.zh.simp.seg.txt 的代码如下。

```
f = codecs.open('wiki.zh.simp.txt', 'r', encoding='utf-8')
target = codecs.open('wiki.zh.simp.seg.txt', 'w', encoding='utf-8')
```

对文件中的每行进行分词，代码如下。

```
seg_list = jieba.cut(line,cut_all=False)
line_seg = ' '.join(seg_list)
target.writelines(line_seg)
lineNum = lineNum + 1
line = f.readline()
```

关闭文件代码如下。

```
f.close()
target.close()
```

（12）运行 2_jieba_participle.py，分词结果如图 9.31 所示。

图 9.31　分词结果

（13）分词后的文档可以进行词向量模型训练。新建 3_train_word2vec_model.py 文件，编写以下代码。

① 复制 1_process.py 文件中添加的抑制第三方警告代码。

② 导入库文件代码。

```
import logging
import os.path
import sys
import multiprocessing
from gensim.corpora import WikiCorpus
from gensim.models import Word2Vec
from gensim.models.Word2Vec import LineSentence
```

③ 构造模型代码。

```
#inp 为输入语料，outp1 为输出模型，outp2 为原始 c 版本 Word2Vec 的 vector 格式的
模型
fdir = './'
inp = fdir + 'wiki.zh.simp.seg.txt'
outp1 = fdir + 'wiki.zh.text.model'
outp2 = fdir + 'wiki.zh.text.vector'
#训练 Skip-Gram 模型
model = Word2Vec(LineSentence(inp), size=400, window=5, min_count=5,
```

```
workers=multiprocessing.cpu_count())
#保存模型
model.save(outp1)
model.wv.save_Word2Vec_format(outp2, binary=False)
```

（14）运行 3_train_word2vec_model.py 文件，结果如图 9.32 所示。

```
2020-01-07 12:36:28,618: INFO: EPOCH 1 - PROGRESS: at 7.45% examples, 474 words/s, in_qsize 7, out_qsize 0
2020-01-07 12:37:35,118: INFO: EPOCH 1 - PROGRESS: at 7.46% examples, 474 words/s, in_qsize 5, out_qsize 0
2020-01-07 12:40:51,247: INFO: EPOCH 1 - PROGRESS: at 7.46% examples, 473 words/s, in_qsize 7, out_qsize 0
2020-01-07 12:43:42,288: INFO: EPOCH 1 - PROGRESS: at 7.46% examples, 471 words/s, in_qsize 7, out_qsize 1
2020-01-07 12:45:42,028: INFO: EPOCH 1 - PROGRESS: at 7.48% examples, 470 words/s, in_qsize 8, out_qsize 0
2020-01-07 12:47:01,477: INFO: EPOCH 1 - PROGRESS: at 7.48% examples, 470 words/s, in_qsize 8, out_qsize 0
2020-01-07 12:47:30,957: INFO: EPOCH 1 - PROGRESS: at 7.48% examples, 470 words/s, in_qsize 7, out_qsize 0
2020-01-07 12:50:43,369: INFO: EPOCH 1 - PROGRESS: at 7.48% examples, 468 words/s, in_qsize 7, out_qsize 0
2020-01-07 12:51:58,549: INFO: EPOCH 1 - PROGRESS: at 7.49% examples, 468 words/s, in_qsize 8, out_qsize 0
2020-01-07 12:53:15,938: INFO: EPOCH 1 - PROGRESS: at 7.49% examples, 467 words/s, in_qsize 8, out_qsize 0
2020-01-07 12:53:51,639: INFO: EPOCH 1 - PROGRESS: at 7.49% examples, 467 words/s, in_qsize 8, out_qsize 0
2020-01-07 12:57:59,347: INFO: EPOCH 1 - PROGRESS: at 7.50% examples, 465 words/s, in_qsize 8, out_qsize 0
2020-01-07 12:59:05,168: INFO: EPOCH 1 - PROGRESS: at 7.50% examples, 465 words/s, in_qsize 7, out_qsize 0
2020-01-07 13:00:13,828: INFO: EPOCH 1 - PROGRESS: at 7.51% examples, 464 words/s, in_qsize 6, out_qsize 0
2020-01-07 13:01:41,878: INFO: EPOCH 1 - PROGRESS: at 7.51% examples, 464 words/s, in_qsize 6, out_qsize 0
2020-01-07 13:07:02,525: INFO: EPOCH 1 - PROGRESS: at 7.51% examples, 461 words/s, in_qsize 7, out_qsize 0
2020-01-07 13:09:32,005: INFO: EPOCH 1 - PROGRESS: at 7.52% examples, 460 words/s, in_qsize 6, out_qsize 0
2020-01-07 13:10:48,151: INFO: EPOCH 1 - PROGRESS: at 7.52% examples, 460 words/s, in_qsize 6, out_qsize 1
2020-01-07 13:11:42,439: INFO: EPOCH 1 - PROGRESS: at 7.52% examples, 459 words/s, in_qsize 6, out_qsize 0
2020-01-07 13:16:44,779: INFO: EPOCH 1 - PROGRESS: at 7.53% examples, 457 words/s, in_qsize 6, out_qsize 1
2020-01-07 13:18:41,932: INFO: EPOCH 1 - PROGRESS: at 7.53% examples, 456 words/s, in_qsize 7, out_qsize 0
2020-01-07 13:19:54,564: INFO: EPOCH 1 - PROGRESS: at 7.54% examples, 456 words/s, in_qsize 7, out_qsize 0
```

图 9.32　3_train_word2vec_model.py 文件运行结果

（15）运行代码后得到图 9.33 所示的 4 个文件，其中，wiki.zh.text.model 文件是建好的模型，wiki.zh.text.vector 文件是词向量。

```
📄 wiki.zh.text.model
🗎 wiki.zh.text.model.trainables.syn1neg.npy
🗎 wiki.zh.text.model.wv.vectors.npy
🗎 wiki.zh.text.vector
```

图 9.33　生成 4 个文件

（16）模型训练好后，测试模型的结果。新建 4_model_match.py 文件，编写如下代码。
① 去除第三方警告代码。
② 导入库代码。

```
import importlib,sys
importlib.reload(sys)
import gensim
```

③ 获取分词并打印代码。

```
fdir = './'
model = gensim.models.Word2Vec.load(fdir + 'wiki.zh.text.model')
word = model.most_similar("体系")
for t in word:
    print(t[0],t[1])
```

（17）运行 4_model_match.py 文件，结果如图 9.34 所示。

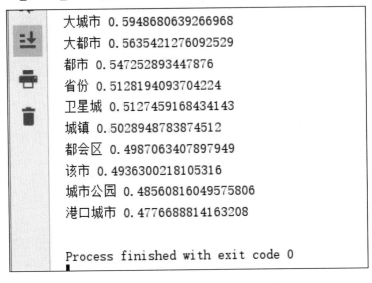

图 9.34 4_model_match.py 文件运行结果

9.8 本 章 小 结

让机器理解自然语言是人们长期以来的追求，已经形成了一些较成熟的产品，如 IBM 语音系统、百度语音系统等。机器理解自然语言的一般过程是首先对文本内容进行分词；然后建立模型，判断每个分词的权重；最后理解语句的含义，判断文本的语义。本章通过 6 个项目，让读者理解中文切分词、IDF 算法、意图识别、最大熵模型、信息检索和词向量计算的基本过程。

9.9 本 章 习 题

一、填空题

1. 自然语言处理的流程包括获取语料、语料预处理、特征工程、_____、模型训练。

2. 在模型训练过程中容易出现过拟合问题、欠拟合问题、_____。

3. 基于深度学习的方法是将意图看成是文本的分类，其核心步骤包括＿＿＿＿＿＿、分词和搭建模型。

4. "熵"是物理学中的一个非常重要的概念，反映了一个系统的＿＿＿＿＿程度。

5. 一个系统越混乱，熵就越＿＿＿＿；系统越整齐，熵就越＿＿＿＿＿。

6. jieba 库支持 3 种分词模式：＿＿＿＿＿＿、全模式和搜索引擎模式。

二、选择题

1. 下列（ ）用来模拟人脑并行，分布处理和建立数值计算模型。

    A. 基于规则的分词方法   B. 基于统计的分词方法

    C. 基于语义的分词方法   D. 神经网络分词法

2. 下列（ ）不属于分词的第三方分词库。

    A. jieba   B. SnowNLP   C. THULAC   D. Pandas

3. 下列（ ）需要人为构建规则模板及类别信息，对用户意图文本进行分类。

    A. 基于规则模板的意图识别方法

    B. 基于查询单击日志方法

    C. 基于统计特征分类方法

    D. 基于机器学习和基于深度学习的方法

4. 下列（ ）不是基于语料库的表述。

    A. 原子符号：独热编码表示

    B. 高维稀疏字向量

    C. 低维稀疏字向量

    D. 词向量

三、判断题

1. 卷积神经网络对长文本的分类效果好，循环神经网络对短文本的分类效果好。

                                               （   ）

2. 低维稀疏字向量通过奇异值分解方法，将矩阵从 k 维降为 r 维。   （   ）

3. 在词向量中，绝大多数元素为 0，代表了当前所有词。   （   ）

4. Skip-Gram 模型与自编码器类似，唯一的区别在于自编码器的输出是输入的上下文内容，而 Skip-Gram 模型的输出等于输入。   （   ）

四、上机操作题

1. 编程实现 9.2.2 中的内容。给定中文文本"在授课的同时，这个'讲台'正以约 23 倍于音速的第一宇宙速度环绕地球飞行，舱外是真空、200 多摄氏度的温差、充满宇宙射线的极端环境"。采用 jieba、SnowNLP、THULAC、NLPIR 和 LTP 库对文本进行切分词。

2. 编程实现 9.3.2 中的内容。在 Python 中新建 tfIDF.py 文件，实现自然语言处理的 TF-IDF 算法。

3. 编程实现 9.4.2 中的内容。采用卷积神经网络识别语句意图；需要使用 THUCNews 的一个子集进行训练与测试，数据集可在官网下载，请遵循数据提供方的开源协议。本次训练使用了其中的 10 个分类，每个分类有 6500 条数据，类别包括体育、财经、房产、家居、教育、科技、时尚、时政、游戏和娱乐。

4. 编写程序实现 9.5.2 中的内容，实现最大熵模型。

5. 编写程序实现 9.6.2 中的内容，利用 jieba 库处理 txt 文档的数据集，用 Tkinter 库编写框架实现检索过程。

6. 编写程序，实现 9.7.2 中的词向量计算。

第 **10** 章
语音识别

 内容导读

语音识别是人工智能的一个重要研究领域，现实生活中的"小度""小爱同学"等都是语音识别的一个具体应用。本章介绍了 3 个语音识别的项目，即利用 Keras 实现 IVA（In Video Action）语音识别，利用百度智能云和图灵机器人实现语音交互，利用 pyttsx3 库实现文字语音合成。本章的项目代码、操作步骤和参考视频可以扫描二维码下载和观看。

学习目标和要求

◇　了解语音识别的过程和方法。
◇　掌握基于 Python 和 Keras 的 IVA 语音识别方法。
◇　理解基于百度智能云和图灵机器人的语音交互过程。
◇　掌握利用 pyttsx3 库合成文字语音的方法。

思维导图

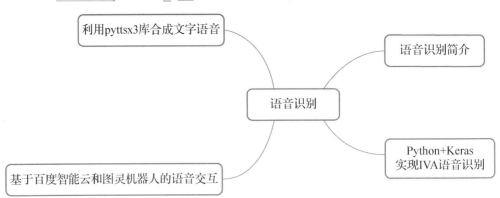

利用pyttsx3库合成文字语音

语音识别简介

语音识别

Python+Keras
实现IVA语音识别

基于百度智能云和图灵机器人的语音交互

10.1　语音识别简介

　　语音识别技术又称自动语音识别（Automatic Speech Recognition，ASR），其目标是将人类语音中的词汇内容转换为计算机可读的输入，例如按键、二进制编码或者字符序列等。语音识别好比"机器的听觉系统"，它让机器通过识别和理解，把语音信号转换为相应的文本或命令。

　　语音识别的工作原理如下：将一段语音信号转换成相对应的文本信息，主要通过特征提取、声学模型、语言模型以及字典与解码四部分完成。为了有效地提取特征，首先对采集的声音信号进行滤波、分帧等预处理工作，把要分析的信号从原始信号中提取出来；其次，特征提取工作将声音信号从时域转换到频域，为声学模型提供合适的特征向量；再次，声学模型根据声学特性计算每个特征向量在声学特征上的得分，而语言模型根据语言学相关的理论，计算该声音信号对应可能词组序列的概率；最后，根据已有的字典，对词组序列进行解码，得到最后可能的文本表示。语音识别的过程如图 10.1 所示。

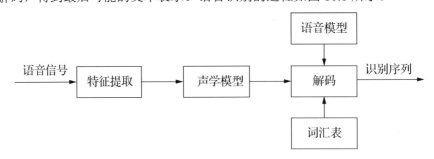

图 10.1　语音识别的过程

10.2　Python+Keras 实现 IVA 语音识别

10.2.1　项目背景

Keras 是一个高层神经网络 API，由 Python 编写而成，基于 TensorFlow、Theano 及 CNTK 后端。Keras 能够简易、快速地进行原型设计（具有高度模块化、极简和可扩充特性），支持 CNN、RNN 及二者的结合，CPU 和 GPU 进行无缝切换。

Keras 的设计原则如下。

① 用户友好：Keras 提供一致而简洁的 API，能够极大地减小一般应用下用户的工作量，同时提供清晰、具有实践意义的 bug 反馈。

② 模块性：模型可理解为一个层的序列或者数据的运算图，完全可配置的模块可以用最低的成本自由组合在一起。具体而言，网络层、损失函数、优化器、初始化策略、激活函数和正则化方法都是独立的模块，可以使用它们构建自己的模型。

③ 易扩展性：添加新模块超级容易，只需要仿照现有的模块编写新的类或者函数即可，创建新模块的便利性使得 Keras 更适合于先进的研究工作。

④ 与 Python 协作：Keras 没有单独的模型配置文件类型（作为对比，caffe 有），模型由 Python 代码描述，使其更紧凑和更易于调试，并提供了扩展的便利性。

IVA 是一种音视频识别技术，能够寻找视频中拨动心弦（或人为设定）的时刻，并用互动技术实现与观众的互动共鸣。IVA 技术可将直播视频画面中的人物、物体、品牌、纹理、场景甚至情绪等信息分拣出来，再通过各种互动工具与受众进行双向交流。

10.2.2　项目实战

1. 实战任务

项目实战任务是进行 Keras 深度学习库的应用，了解深度神经网络在实际中的应用。本项目是为了构造一个模型，辨别一个 1s 的音频片段是否为 happy、nine、one、right、seven、six、three、two、up 和 wow，并在 Android 应用程序中运行这个模型。

项目采用的"语音命令数据集"包括 65000 条由不同的人说的 30 个不同词语组成的 WAVE 音频文件，文件超过 1GB。这份数据由 Google 收集，并在 CC-BY 协议许可下发行，可以通过贡献自己 5min 的声音来提升它。

语音识别目录文件夹如图 10.2 所示，文件夹名就是里面的语音标签，语音来自不同年龄、不同性别的人。

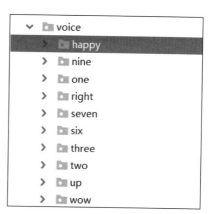

图 10.2　语音识别目录文件夹

语音识别实验环境配置

（1）项目实战选取 10 类语音类别进行训练。拿到一个语音文件后需要先转为 mfcc（Mel-Frequency Cepstral Coefficients，梅尔频率倒谱系数），用 Python 编写一段函数专门来获取语音文件的 mfcc 值，代码如下。

```python
def get_wav_mfcc(wav_path):
    f = wave.open(wav_path,'rb')
    params = f.getparams()
    #print("params:",params)
    nchannels, sampwidth, framerate, nframes = params[:4]
    strData = f.readframes(nframes)#读取音频，字符串格式
    waveData = np.fromstring(strData,dtype=np.int16)#将字符串转换为int
    waveData = waveData*1.0/(max(abs(waveData)))#wave 幅值归一化
    waveData = np.reshape(waveData,[nframes,nchannels]).T
    f.close()
    #对音频数据进行长度切割，保证每个的长度相等
    #因为训练文件长度全部是1s，16000帧，所以这里需要把每个语音文件的长度处理成相等的
    data = list(np.array(waveData[0]))
    #print(len(data))
    while len(data)>16000:
        del data[len(waveData[0])-1]
        del data[0]
    #print(len(data))
    while len(data)<16000:
        data.append(0)
    #print(len(data))

    data=np.array(data)
    #平方之后，开平方，取正数，值为0~1
    data = data ** 2
    data = data ** 0.5
    return data
```

参数为单个文件在磁盘中的位置，mfcc 是由正数和负数组成的数组：

＋ {ndarray} [[-0.00161398 -0.00151904 -0.00085446 ... 0.00208867 0.00189879\n 0.00227855]]

为了在训练时避免损失函数为负数，导致与输出结果相差太大，需要把原始的 mfcc 值全部转换为正数，直接平方后开方就是正值了。

+ {ndarray} [0.00161398 0.00151904 0.00085446 ... 0.00208867 0.00189879 0.00227855]

（2）将每个音频的 mfcc 值当作对应的特征向量，然后进行训练，选取 happy 和 nine 两个语音类别进行训练和识别，并对比 10 个类别训练的效果。

① 训练之前需要先读取数据创建数据集和标签集，核心代码如下。

```
#加载数据集和标签集，并返回标签集的处理结果
    def create_datasets():
    wavs=[]
    labels=[]    #labels 和 testlabels 中存储的值都对应标签的下标，
                    #下标对应的名字在 labsInd 和 testlabsInd 中
    testwavs=[]
    testlabels=[]
    labsInd=[]            #训练集标签的名字，0：seven；1：stop
    testlabsInd=[]        #测试集标签的名字，0：seven；1：stop
    #为了测试方便和快速直接写出文件的目录地址，后面需要改成自动扫描文件夹和标签的
    #形式自动产生文件目录地址
    #加载 seven 训练集
    path="D:\\wav\\seven\\"
    files = os.listdir(path)
    for i in files:
        #print(i)
        waveData = get_wav_mfcc(path+i)
        #print(waveData)
        wavs.append(waveData)
        if ("seven" in labsInd)==False:
            labsInd.append("seven")
        labels.append(labsInd.index("seven"))
    #加载 stop 训练集
    path="D:\\wav\\stop\\"
    files = os.listdir(path)
    for i in files:
        #print(i)
        waveData = get_wav_mfcc(path+i)
        wavs.append(waveData)
        if ("stop" in labsInd)==False:
            labsInd.append("stop")
        labels.append(labsInd.index("stop"))
    #加载 seven 测试集
```

```
path="D:\\wav\\test1\\"
files = os.listdir(path)
for i in files:
    #print(i)
    waveData = get_wav_mfcc(path+i)
    testwavs.append(waveData)
    if ("seven" in testlabsInd)==False:
        testlabsInd.append("seven")
    testlabels.append(testlabsInd.index("seven"))
#加载stop测试集
path="D:\\wav\\test2\\"
files = os.listdir(path)
for i in files:
    #print(i)
    waveData = get_wav_mfcc(path+i)
    testwavs.append(waveData)
    if ("stop" in testlabsInd)==False:
        testlabsInd.append("stop")
    testlabels.append(testlabsInd.index("stop"))
wavs=np.array(wavs)
labels=np.array(labels)
testwavs=np.array(testwavs)
testlabels=np.array(testlabels)
return (wavs,labels),(testwavs,testlabels),(labsInd,testlabsInd)
```

② 开始进行神经网络训练，Keras库提供了很多封装好的、可以直接使用的神经网络，我们先构造一个神经网络模型。

```
#构建一个4层模型
model = Sequential()
model.add(Dense(512, activation='relu',input_shape=(16000,)))
    #音频为16000帧的数据，这里的维度就是16000，直接用常用的relu激活函数
model.add(Dense(256, activation='relu'))
model.add(Dense(64, activation='relu'))
model.add(Dense(2, activation='softmax'))
    #因为只有两个类别的语音，所以输出是两个分类的结果
    #[编译模型] 配置模型，损失函数采用交叉熵，优化采用Adadelta，将识别准确率
    #作为模型评估
model.compile(loss=keras.losses.categorical_crossentropy,
optimizer=keras.optimizers.Adadelta(), metrics=['accuracy'])
```

```
#validation_data 为验证集
model.fit(wavs, labels, batch_size=124, epochs=5, verbose=1,
validation_data=(testwavs, testlabels))  #进行 5 轮训练，每个批次有 124 个
```

2. 实战环境要求

实战环境为 IDEA + PyCharm + Anaconda 3.0 + TensorFlow 1.14。

3. 实战步骤

下面对项目的关键步骤、要点和运行结果进行简单说明。

（1）打开 PyCharm，新建项目，如图 10.3 所示。

语音识别
实验运行和
结果展示

图 10.3　新建项目

（2）新建 voice 文件夹，如图 10.4 所示，将训练集复制到文件夹内。

（3）新建 Python 文件，将试验代码复制到文件中，如图 10.5 所示。

voice
文件夹

Python
文件

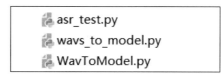

图 10.4　新建 voice 文件夹　　　**图 10.5　被复制的 3 个 Python 文件**

（4）先执行 wavs_to_model.py 文件，训练 10 类语音，再执行 asr_test.py 文件，更改相应的参数进行测试，代码如下。

```
if __name__ == '__main__':
    #构建模型
```

```
model = load_model('asr_all_model_weights.h5') #加载训练模型
wavs=[]
wavs.append(get_wav_mfcc("voice\\happy\\1.wav"))
X=np.array(wavs)
print(X.shape)
```

（5）运行 WavToModel.py 文件，对 10 类语音进行 10 轮训练，结果如图 10.6 所示。

```
17732/21438 [==============>......] - ETA: 0s - loss: 0.8441 - acc: 0.6849
17980/21438 [==============>.....] - ETA: 0s - loss: 0.8484 - acc: 0.6835
18228/21438 [==============>.....] - ETA: 0s - loss: 0.8502 - acc: 0.6827
18476/21438 [==============>.....] - ETA: 0s - loss: 0.8500 - acc: 0.6827
18724/21438 [===============>....] - ETA: 0s - loss: 0.8493 - acc: 0.6831
18972/21438 [===============>....] - ETA: 0s - loss: 0.8499 - acc: 0.6831
19220/21438 [===============>....] - ETA: 0s - loss: 0.8498 - acc: 0.6829
19468/21438 [================>...] - ETA: 0s - loss: 0.8498 - acc: 0.6827
19716/21438 [================>...] - ETA: 0s - loss: 0.8490 - acc: 0.6828
19964/21438 [================>...] - ETA: 0s - loss: 0.8485 - acc: 0.6827
20212/21438 [================>..] - ETA: 0s - loss: 0.8490 - acc: 0.6829
20460/21438 [================>..] - ETA: 0s - loss: 0.8495 - acc: 0.6826
20708/21438 [================>..] - ETA: 0s - loss: 0.8487 - acc: 0.6828
20956/21438 [=================>.] - ETA: 0s - loss: 0.8505 - acc: 0.6826
21204/21438 [=================>.] - ETA: 0s - loss: 0.8513 - acc: 0.6823
21438/21438 [==================] - 6s 269us/step - loss: 0.8532 - acc: 0.6817 - val_loss: 1.7548 - val_acc: 0.4360
Test loss: 1.7547896461486816
Test accuracy: 0.436
```

图 10.6　WavToModel.py 文件的运行结果

通过观察发现，以上训练结果不精确，如图 10.7 所示。

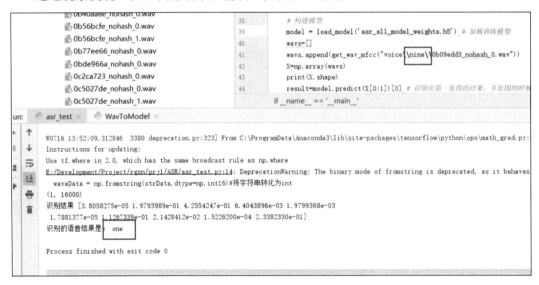

图 10.7　训练结果不精确

抽取几个音频文件进行识别，结果显示一次识别 10 类语音有时会判断错误。由于 10 类数据训练效果不理想，因此将训练轮数改成 50 轮，结果如图 10.8 所示。

```
#  validation_data为验证集
model.fit(wavs, labels, batch_size=124, epochs=50, verbose=1, validation_data=(testwavs, testlabels))
19964/21438 [=====================>...] - ETA: 0s - loss: 0.0161 - acc: 0.9963
20212/21438 [=====================>.. ] - ETA: 0s - loss: 0.0159 - acc: 0.9964
20460/21438 [=====================>.. ] - ETA: 0s - loss: 0.0157 - acc: 0.9964
20708/21438 [======================>.. ] - ETA: 0s - loss: 0.0155 - acc: 0.9965
20956/21438 [======================>. ] - ETA: 0s - loss: 0.0154 - acc: 0.9965
21204/21438 [======================>. ] - ETA: 0s - loss: 0.0155 - acc: 0.9965
21438/21438 [======================] - 6s 259us/step - loss: 0.0160 - acc: 0.9964 - val_loss: 3.8730 - val_acc: 0.4930
Test loss: 3.8730397605895996
Test accuracy: 0.493
```

图 10.8 训练 50 轮的结果

由图 10.6 和图 10.8 可知，训练结果的准确度由 43.6%上升到 49.3%。我们看到训练集的 acc 值很高，但是测试集的 acc 值很低，说明模型出现了过拟合现象，这是由训练数据太少、各层参数设置不佳、音频背景噪声等导致的。

将测试使用的训练模型替换为 asr_model_weights.h5，再次运行 WavToModel.py 文件，结果如图 10.9 所示。

```
 124/4106 [.............................] - ETA: 0s - loss: 0.1257 - acc: 0.9435
 372/4106 [=>...........................] - ETA: 0s - loss: 0.1135 - acc: 0.9543
 744/4106 [====>........................] - ETA: 0s - loss: 0.0904 - acc: 0.9651
1116/4106 [======>......................] - ETA: 0s - loss: 0.0873 - acc: 0.9659
1488/4106 [========>....................] - ETA: 0s - loss: 0.0839 - acc: 0.9698
1860/4106 [=============>...............] - ETA: 0s - loss: 0.0840 - acc: 0.9710
2232/4106 [===============>.............] - ETA: 0s - loss: 0.0864 - acc: 0.9695
2604/4106 [=================>...........] - ETA: 0s - loss: 0.0913 - acc: 0.9700
2976/4106 [==================>..........] - ETA: 0s - loss: 0.0943 - acc: 0.9684
3348/4106 [=====================>.......] - ETA: 0s - loss: 0.0901 - acc: 0.9698
3720/4106 [=======================>...] - ETA: 0s - loss: 0.0900 - acc: 0.9696
4092/4106 [=========================>.] - ETA: 0s - loss: 0.0911 - acc: 0.9692
4106/4106 [==========================] - 1s 318us/step - loss: 0.0910 - acc: 0.9693 - val_loss: 0.1132 - val_acc: 0.9559
Test loss: 0.11319385286052228
Test accuracy: 0.9559181685338529
```

图 10.9 更换训练模型后的 WavToModel.py 文件运行结果

由图 10.9 可知，测试精度达到了 95.59%，测试集上的运行结果如图 10.10 所示。

```
Instructions for updating:
Use tf.where in 2.0, which has the same broadcast rule as np.where
E:/Development/Project/rgzn/prj1/ASR/asr_test.py:14: DeprecationWarning: The binary
  waveData = np.fromstring(strData, dtype=np.int16)#将字符串转化为int
(1, 16000)
识别结果 [4.8060279e-04 7.0336992e-01 9.0582795e-02 4.8831580e-03 3.1236089e-03
  9.9395678e-05 1.4237775e-02 2.3034597e-03 7.9041733e-05 1.8084033e-01]
识别的语音结果是: nine

Process finished with exit code 0
```

图 10.10 测试集上的运行结果

由图 10.10 可知，更改训练模型后，能够找到正确的语音分类。

10.3 基于百度智能云和图灵机器人的语音交互

10.3.1 项目背景

本项目的任务是利用百度智能云和图灵机器人实现简单的语音交互，构造流程如图 10.11 所示。

图 10.11 基于百度智能云和图灵机器人的语言交互构造流程

在图 10.11 中，SpeechRecogintion 是 Python 的一个语音识别框架，已经对接谷歌和微软的语音转文本服务。在本项目中，因为语音识别及合成使用百度的开放服务，所以只需要 SpeechRecogintion 的录音功能。它可以检测语音中的停顿、自动终止录音并保存，比 PyAudio 更人性化，代码也更简单。

安装 SpeechRecognition 之前需要先安装 Python 的 PyAudio 框架，可以在 Windows 系统中的 Anaconda 虚拟环境里安装，安装命令为 conda install pyaudio。PyAudio 安装好后，直接使用 Python 的包管理工具 pip 安装 SpeechRecognition 即可，安装命令为 pip install SpeechRecognition。

在 Linux 中，可以直接使用系统自带的包管理器（如 Ubuntu 和 Raspbian 系统的 apt-get）安装 PyAudio，安装命令为 $ sudo apt-get install python3-pyaudio。PyAudio 安装好以后，安装 SpeechRecognition，安装命令为 pip install SpeechRecognition。

这种方法就是将 SpeechRecognition 录制的音频上传至百度语音的服务，返回并输出识别后的文本结果。

10.3.2 项目实战

1. 实战任务

实战项目的任务是理解语音交互的基本概念和理论，以及 PyAudio、百度智能云、图灵聊天机器人、aip 库和 pygame 库的调用方法，能够编写 main.py 进行简单的语音交互对话。

项目原理如下：使用 PyAudio 搜集语音数据，利用百度智能云语音将语音数据转换为文字输出；再将文字输入图灵机器人，图灵机器人对文字信息进行反馈，用 Python 的 aip 库将文字转换为音频，用 pygame 库播放音频，流程如图 10.12 所示。

2. 项目环境要求

项目环境为 Anaconda 4.7.5，PyCharm 3.7，PyAudio（如果出现 Microsoft Visual 14.0 C++ is required，打开本文件的 Microsoft Visual 14.0 安装包，重新安装 PyAudio 即可），pygame 库。

PyAudio：保存音频数据 → 百度智能云：将音频转换文字 → 图灵机器人：对文字信息进行反馈 → aip库：将文字转换为音频

pygame库：播放音频

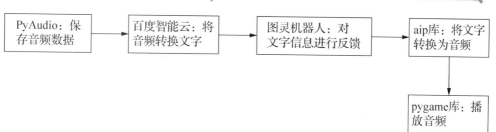

图 10.12　使用 PyAudio 和 pygame 库获得播放音频的流程

3. 实战步骤

下面对项目的关键步骤、要点、运行结果进行简单说明。

（1）注册百度智能云账号，以便将语音转换为文字。

（2）在"百度智能云"窗口中，选择"语音技术"模块，如图 10.13 所示。

（3）单击"创建应用"按钮，如图 10.14 所示。

语音交互实验环境配置

语音交互实验运行和结果展示

10.3.2 项目代码

图 10.13　选择"语音技术"模块

图 10.14　创建应用

（4）在界面中输入图 10.15 所示的信息，单击"立即创建"按钮。

产品服务 / 语音技术 - 应用列表 / 创建应用

创建新应用

| * 应用名称： | 语音识别学习 |
| * 应用类型： | 工具应用 ∨ |

* 接口选择： 勾选以下接口，使此应用可以请求已勾选的接口服务，注意语音技术服务已默认勾选并不可取消。

　　☑ 语音技术　　☑ 短语音识别　　☑ 短语音识别极速版
　　　　　　　　　　☑ 语音合成　　　☑ 语音自训练平台
　　　　　　　　　　☑ 呼叫中心语音解决方案　　　☑ 远场语音识别

　　⊞ 文字识别
　　⊞ 人脸识别
　　⊞ 自然语言处理
　　⊞ 内容审核 ①
　　⊞ UNIT ①
　　⊞ 知识图谱
　　⊞ 图像识别
　　⊞ 智能呼叫中心
　　⊞ 图像搜索
　　⊞ 人体分析
　　⊞ 图像效果增强
　　⊞ 智能创作平台

* 语音包名：　　○ iOS　　　○ Android　　　● 不需要

* 应用描述：　学习

立即创建　　　取消

图 10.15　输入信息

（5）创建应用后，单击"查看应用详情"按钮，如图 10.16 所示。

创建完毕

返回应用列表　　查看应用详情　　查看文档　　下载SDK

图 10.16　查看应用详情

（6）得到图 10.17 所示的三个数据：AppID、API Key 和 Secret Key。

应用详情				
编辑 查看文档 下载SDK 查看教学视频				
应用名称	AppID	API Key	Secret Key	包名
语音识别学习	18058029	pZMhB2XXmQt	***** 显示	语音技术 无 ?

图 10.17　应用的三个数据

（7）将 AppID、API Key 和 Secret Key 分别填入 main.py 中，如图 10.18 所示。

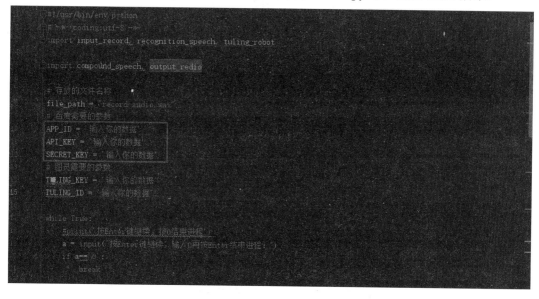

图 10.18　填入 AppID、API Key 和 Secret Key

（8）注册图灵机器人。

在官网注册图灵机器人。若未实名注册，则每天只能使用两次对话。实名注册完成后，单击"创建机器人"按钮，如图 10.19 所示。

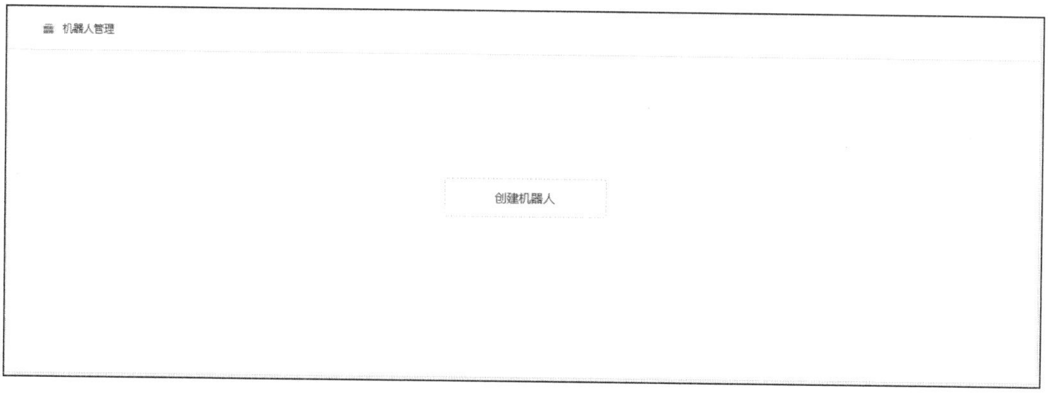

图 10.19　"创建机器人"按钮

（9）在界面中输入图 10.20 所示的信息，单击"创建"按钮。

图 10.20　"创建机器人"信息填写

（10）创建完成后，可以获取图灵机器人的 apikey，如图 10.21 所示。

图 10.21　图灵机器人的 apikey

（11）将 apikey 填入 main.py 中，如图 10.22 所示。

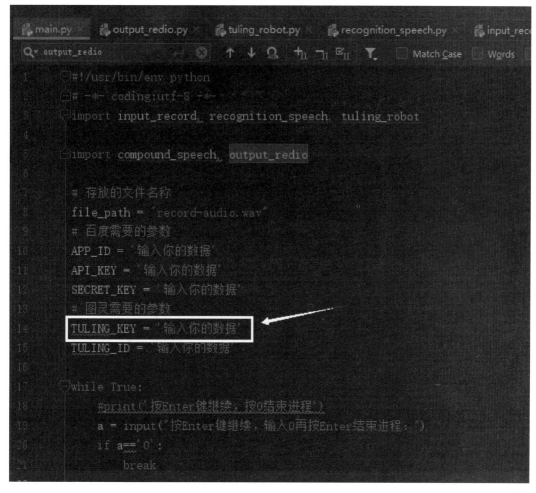

图 10.22 填入 apikey

（12）获取图灵机器人的 ID，如图 10.23 所示。

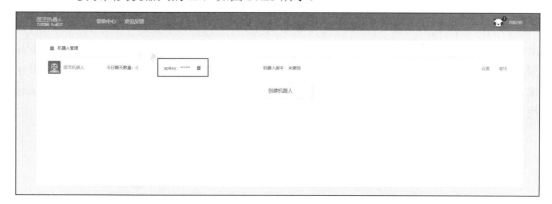

图 10.23 获取图灵机器人的 ID

（13）将图灵机器人的 ID 填入 main.py 中，如图 10.24 所示。

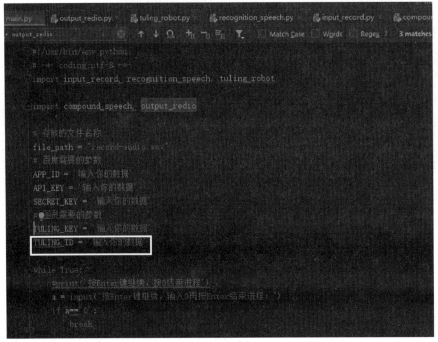

图 10.24　填入图灵机器人的 ID

10.4　利用 pyttsx3 库合成文字语音

10.4.1　项目背景

　　文语转换系统将任意文字信息实时转换为标准流畅的语音朗读出来,相当于给机器装上了人工嘴巴。文语转换系统可以看作一个人工智能系统,为了合成高质量的语言,除了依赖各种规则(语义学规则、词汇规则、语音学规则)外,还必须对文字的内容有很好的理解,这也涉及自然语言理解的问题。

　　文语转换过程是先将文字序列转换成音韵序列,再由系统根据音韵序列生成语音波形。其中第一步涉及语言学处理,例如分词、字音转换等,以及一整套有效的韵律控制规则;第二步需要先进的语音合成技术,能按要求实时合成高质量的语音流。因此,一般来说,文语转换系统都需要一套复杂的文字序列到音素序列的转换程序,也就是说,文语转换系统不仅要应用数字信号处理技术,而且必须有大量的语言学知识的支持。

1. pyttsx3 库

　　Python 提供了 pyttsx3 库来实现文本到语音的转换。安装 pyttsx3 库,命令如下:

```
pip install pyttsx3
```

　　pyttsx3 库通过初始化函数 init()获取语音引擎。当首次调用 init()函数时,会返回一个 pyttsx3 库的 Engine 对象;再次调用 init()函数时,如果存在 Engine 对象实例,就会使用现有的，否则重新创建一个。

```
pyttsx.init([driverName : string, debug : bool]) → pyttsx.Engine
```

其中，driverName 参数表示语音驱动的名称，由 pyttsx3.driver 模块根据操作系统类型来调用，默认使用当前操作系统可以使用的最好的驱动，驱动类型有 sapi5——SAPI5 on Windows，nsss——NSSpeechSynthesizer on Mac OS X，espeak——eSpeak on every other platform；debug 参数指定是否以调试状态输出，建议开发阶段设置为 True。

2. 方法和属性

为了灵活运用 pyttsx3 库，需要深入了解 pyttsx3 库的 API（表 10.1），即 engine.Engine 的引擎 API。

表 10.1 pyttsx3 库的 API

方法	参数	返回值	描述
connect(topic : string, cb : callable)	topic：要描述的事件名称；cb:回调函数	→ dict	在给定的 topic 上添加回调通知
disconnect(token : dict)	token:回调失联的返回标记	→ Void	结束连接
endLoop()	None	→ None	结束事件循环
getProperty(name : string)	name 的枚举值有 rate、vioce、vioces 和 volumn	→ object	获取当前引擎实例的属性值
setProperty(name : string)	name 的枚举值有 rate、vioce、vioces、 volumn	→ object	设置当前引擎实例的属性值
say (text : unicode, name : string)	text：要进行朗读的文本数据；name：关联发音人，一般用不到	→ None	预设要朗读的文本数据
runAndWait()	None	→ None	当事件队列中的事件全部清空时返回
startLoop ([useDriverLoop : bool])	useDriverLoop：是否启用驱动循环	→ None	开启事件队列

pyttsx3 库包含的其他属性见表 10.2。

表 10.2 pyttsx3 库包含的其他属性

属性	描述
pyttsx3.voice.Voice	处理合成器的发音
age	发音人的年龄，默认为 None
gender	以字符串为类型的发音人性别（male、female、neutral），默认为 None
id	表示 Voice 的字符串确认信息。通过 pyttsx3.engine.Engine.setPropertyValue() 设置活动发音签名，该属性一直被定义
languages	表示发音支持的语言列表，如果没有，则为一个空列表
name	表示发音人名称，默认为 None

3. 应用实例

一段使用 pyttsx3 库将文字转换为语音的代码如下。

```python
#-*- coding: utf-8 -*-
import pyttsx3
f = open("all.txt",'r')   #all.txt 是文本内容
line = f.readline()
engine = pyttsx3.init()
while line:
    line = f.readline()
    print(line, end = '')
    engine.say(line)
engine.runAndWait()
f.close()
```

语音合成
实验配置

10.4.2　项目实战

1. 实战任务

通过本次实战，了解文字转换语音的基本概念和理论，掌握使用 pyttsx3 库处理 txt 文档的数据集，将文字转换为语音输出。

2. 项目运行环境

项目运行环境为 Anaconda 4.7.5 + TensorFlow + PyCharm 3.7 + pyttsx3。

语音合成实
验运行和
结果展示

3. 项目实战步骤

下面对项目的关键步骤、要点和运行结果进行简单说明。

（1）在 PyCharm 中新建 sound.py 文件，如图 10.25 所示。

10.4.2 项目
代码

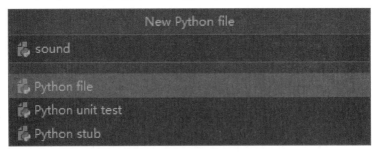

图 10.25　新建 sound.py 文件

（2）导入 pyttsx3 库，编写如下代码。

```python
#-*- coding:utf-8 -*-
import pyttsx3
```

```
engine = pyttsx3.init()
if __name__ == '__main__':
    rootdir='./txt1/word.txt'
    f = open(rootdir, "r")        #设置文件对象
    str = f.read()                #将 txt 文件的所有内容读入字符串 str 中
    f.close()                     #关闭文件
    print (str)
    engine.say(str)
engine.runAndWait()
```

（3）在 sound.py 文件所在目录下新建一个名为 txt1 的文件夹，在 txt1 文件夹中新建一个名为 word.txt 的文件，在该 txt 文件中输入想要转换为语音的汉字或英文。目录结构和 word.txt 内容如图 10.26 所示。

图 10.26 目录结构和 word.txt 内容

（4）运行 sound.py 文件，出现图 10.27 所示的报错信息。

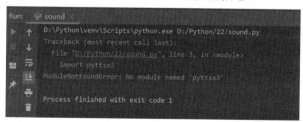

图 10.27 报错信息

（5）出现此报错信息的原因是没有安装 pyttsx3 库，在命令行窗口输入 pip install pyttsx3 进行安装，如图 10.28 所示。

```
(venv) D:\Python>pip install pyttsx3
Collecting pyttsx3
  Downloading https://files.pythonhosted.org/packages/2f/ca/019a5d782f355bc2040ac45bd9612995652934dc16e48873d3fb2e367547/pyttsx3-2.71-py3-none-any.whl
Collecting pypiwin32; "win32" in sys_platform (from pyttsx3)
  Downloading https://files.pythonhosted.org/packages/d0/ib/2f292bbd742e369a100c91faa0483172cd91a1a422a6692055ac920946c5/pypiwin32-223-py3-none-any.whl
Collecting pywin32>=223 (from pypiwin32; "win32" in sys_platform->pyttsx3)
  Downloading https://files.pythonhosted.org/packages/bb/23/00fe4fbf9963f3bcb34a443eba0d0283fc51e5887d4045552c874903944e4/pywin32-227-cp37-cp37m-win_amd64.whl (9.1MB)
    100% |████████████████████████████████| 9.1MB 23kB/s
Installing collected packages: pywin32, pypiwin32, pyttsx3
Successfully installed pypiwin32-223 pyttsx3-2.71 pywin32-227

(venv) D:\Python>
```

图 10.28 安装 pyttsx3 库

（6）运行 sound.py 文件，出现图 10.29 所示的报错信息。

```
Run:     sound
    ↑    D:\Python\venv\Scripts\python.exe D:/Python/22/sound.py
    ↓    Traceback (most recent call last):
          File "D:/Python/22/sound.py", line 11, in <module>
            str = f.read()   # 将txt文件的所有内容读入到字符串str中
         UnicodeDecodeError: 'gbk' codec can't decode byte 0x80 in position 47: illegal multibyte sequence

         Process finished with exit code 1
```

图 10.29　报错信息

（7）出现此报错信息的原因是编码问题，将 f = open(rootdir, "r")改为 f = open(rootdir, "r",encoding='UTF-8')，运行 sound.py 文件，输出 txt 文档中的文字内容，如图 10.30 所示，同时发出相应的语音信息。

```
Run:     sound
         D:\Python\venv\Scripts\python.exe D:/Python/22/sound.py
         you will dead someday.
         今天天气 真好啊。

         Process finished with exit code 0
```

图 10.30　输出内容

10.5　本 章 小 结

语音识别是一项重要的人工智能技术，已经广泛应用到人们的生活中，如苹果手机上的智能语音助手 Siri、小米智能音箱的小爱同学、百度的小度等，这些基于语音控制的智能应用正在逐渐改变人们的生活。本章通过 3 个项目介绍了如何使用 Keras 库实现 IVA 语音识别，如何利用百度智能云和图灵机器人构造语音交互系统，如何利用 pyttsx3 库实现文字语音合成。

10.6　本 章 习 题

一、填空题

1. 语音识别的工作原理如下：将一段语音信号转换成对应的文本信息，主要通过特征提取、_____、语言模型以及_____四部分完成。

2._____技术可将直播视频画面中的人物、物体、品牌、纹理、场景甚至情绪等信息分拣出来，再通过各种互动工具与受众进行双向交流。

3. 安装 Python 的 PyAudio 框架，可以在 Windows 系统中的 Anaconda 虚拟环境里安装，命令为_____。

4. 使用 Python 的包管理工具 pip 安装 SpeechRecognition，命令为_____。

5. Python 提供了 pyttsx3 库实现文本到语音的转换。为了使用 pyttsx3 库，需要先安装_____。

二、上机操作题

编程实现 10.2.2、10.3.2 和 10.4.2 中的项目实战内容。

第 **11** 章
图像识别

内容导读

图像识别是一项比较成熟的人工智能技术，常见的应用有支付宝的刷脸支付、门禁系统中的刷脸打卡、图片中的文字识别，以及后来基于图像识别和深度学习的 AlphaGo 等。本章通过两个项目介绍基于卷积神经的图像风格迁移（即将一幅图像的风格套用到另一幅图像中）和人脸识别。本章的项目代码、操作步骤和参考视频均可以扫描二维码下载和观看。

学习目标和要求

✧ 了解 Python 的环境配置，包括 Python 3、IPython、PyCharm 和 Anaconda 等开发
   工具的安装和使用。

思 维 导 图

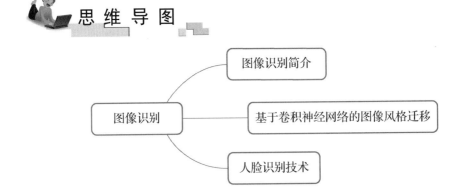

11.1　图像识别简介

图像识别是指利用计算机处理、分析和理解图像，以识别不同模式的目标和对象的技术，是深度学习算法的一种实践应用。通常，图像识别可分为人脸识别与商品识别，人脸识别主要应用于安全检查、身份核验与移动支付；商品识别主要应用于商品流通过程中，特别是无人货架、智能零售柜等无人零售领域。

图像识别的流程一般包含四个步骤：图像采集、图像预处理、特征提取、图像识别。图像识别的应用也由最初的文字识别、数字图像处理与识别发展到物体识别。计算机是如何识别一幅图像的呢？先来看看我们如何识别一幅图像。当看到一幅图像时，我们会先记住图像中的某些特征，如人脸的轮廓、面部的特征等。当我们再次看到这幅图像时，我们的大脑会将当前图像的特征与记忆深处的图像特征进行比对，从而快速识别出一幅图像是否见过。计算机的图像识别过程与人类的图像识别过程类似，也需要先识别每幅图像的特征，如字母 A 有一个尖、P 有一个圈、Y 的中心有一个锐角等；然后通过特征匹配的方式识别一幅图像。

11.2　基于卷积神经网络的图像风格迁移

11.2.1　项目背景

将一幅图像的风格转移到另一幅图像上被认为是一个图像纹理转移问题。在图像纹理转移中，目标是从源图像中合成纹理，同时对纹理合成进行约束，以保持目标图像的语义内容。通俗地讲，需要准备两张图片，一张是需要输出的内容图片，另一张是需要模仿的风格图片，让模仿图片的风格与输出图片的风格相近。为了实现这个目标，通常采用内容最接近的算法或者风格最接近的算法。

内容最接近的算法可以理解为比对两张图片的像素，然后计算它们之间的差距，或者计算 CNN 中某个卷积层得到的特征值之间的距离。

风格最接近的算法需要构造格拉姆矩阵，即给定 N 个卷积核，得到 N 个矩阵。将 N 个矩阵拉直形成 N 个向量，再采用 N 个向量两两内积的方式构造新矩阵（格拉姆矩阵），生成图片和风格图片的格拉姆矩阵的距离差，就是风格差。

这两种算法都用到了深度学习中的卷积神经网络，下面介绍卷积神经网络处理图像的相关知识。

1. 输入层

卷积神经网络的输入层可以处理多维数据。通常，一维卷积神经网络的输入层接收一维数组或二维数组，其中一维数组通常为时间或频谱采样，二维数组可能包含多个通道；二维卷积神经网络的输入层接收二维数组或三维数组；三维卷积神经网络的输入层接收四

维数组。由于卷积神经网络在计算机视觉领域应用较广，因此许多研究在介绍其结构时预先假设了三维输入数据，即平面上的二维像素点和 RGB 通道。

与其他神经网络算法类似，由于使用随机梯度下降法进行学习，卷积神经网络的输入特征需要进行标准化处理。具体来说，在学习数据输入卷积神经网络前，需在通道或时间/频率维对输入数据进行归一化，若输入数据为像素，也可将分布于[0,255]的原始像素值归一化至[0,1]。输入特征的标准化有利于提升卷积神经网络的学习效率和表现。

2. 隐藏层

卷积神经网络的隐藏层包含卷积层、池化层和全连接层 3 类常见构筑，在某些算法中可能还有 Inception 模块、残差块等复杂构筑。在常见构筑中，卷积层和池化层为卷积神经网络特有。卷积层中的卷积核包含权重系数，而池化层不包含权重系数，因此有时不认为池化层是独立的层。以 LeNet5（一种用于手写体字符识别非常高效的卷积神经网络）为例，3 类常见构筑在隐藏层中的顺序通常为输入→卷积层→池化层→全连接层→输出。

3. 卷积层

（1）卷积核。

卷积层的功能是对输入数据进行特征提取，其内部包含多个卷积核，组成卷积核的每个元素都对应一个权重系数和一个偏差量，类似于一个前馈神经网络的神经元。卷积层内每个神经元都与前一层中位置接近区域的多个神经元相连，区域的大小取决于卷积核的大小，在文献中称为"感受野"，其含义类似于视觉皮层细胞的感受野。卷积核工作时，有规律地扫过输入特征，在感受野内对输入特征做矩阵元素乘法求和并叠加偏差量。

$$Z^{l+1}(i,j) = \left[Z^l \otimes w^l \right](i,j) + b = \sum_{k=1}^{K_l} \sum_{x=1}^{f} \sum_{y=1}^{f} \left[Z_k^l \left(s_0 i + x, s_0 j + y \right) w_k^{l+1}(x,y) \right]$$

$$(i,j) \in \{0,1,\cdots,L_{l+1}\}, \qquad L_{l+1} = \frac{L_l + 2p - f}{s_0} + 1 \tag{11-1}$$

式（11-1）中，求和部分等价于求解一次交叉相关；b 为偏差量；Z^l 和 Z^{l+1} 表示第 $l+1$ 层的卷积。输入和输出也称特征图，L_{l+1} 为 Z^{l+1} 的尺寸，此处假设特征图长宽相等。$Z(i,j)$ 对应特征图的像素，K 为特征图的通道数，f、s_0 和 p 是卷积层参数，对应卷积核大小、卷积步长和填充层数。

式（11-1）是以二维卷积核为例，一维卷积核或三维卷积核的工作方式与之类似。理论上卷积核也可以先翻转 180°，再求解交叉相关，其结果等价于满足交换律的线性卷积，但这样做在增加求解步骤的同时并不能为求解参数取得便利，因此线性卷积核使用交叉相关代替了卷积。

特殊情况下，当卷积核是大小 $f = 1$，步长 $s_0 = 1$ 且不包含填充的单位卷积核时，卷积层内的交叉相关计算等价于矩阵乘法，并由此在卷积层间构建了全连接网络。

由单位卷积核组成的卷积层称为网中网或多层感知器卷积层。单位卷积核可以在保持特征图尺寸的同时减少图的通道，从而降低卷积层的计算量。完全由单位卷积核构建的卷积神经网络是一个包含参数共享的多层感知机（Muti Layer Perceptron, MLP）。

在线性卷积的基础上，一些卷积神经网络使用了更复杂的卷积，包括平铺卷积、反卷积和扩张卷积。平铺卷积的卷积核只扫描特征图的一部分，剩余部分由同层的其他卷积核处理，因此卷积层间的参数仅被部分共享，有利于神经网络捕捉输入图像的旋转不变特征。反卷积或转置卷积将单个输入激励与多个输出激励相连，放大输入图像。由反卷积和向上池化层构成的卷积神经网络应用于图像语义分割领域，也应用于构建卷积自编码器。扩张卷积在线性卷积的基础上引入扩张率，以提高卷积核的感受野，从而获得特征图的更多信息，使用面向序列数据有利于捕捉学习目标的长距离依赖。使用扩张卷积的卷积神经网络主要应用于自然语言处理领域，例如机器翻译、语音识别等。

（2）卷积层参数。

卷积核中 RGB 图像按 0 填充。卷积层参数包括卷积核大小、步长和填充，三者共同决定了卷积层输出特征图的尺寸，是卷积神经网络的超参数。

其中，卷积核大小可以指定为小于输入图像尺寸的任意值，卷积核越大，可提取的输入特征越复杂。

卷积步长定义了卷积核相邻两次扫描特征图时位置的距离，当卷积步长为 1 时，卷积核会逐个扫描特征图的元素；当卷积步长为 n 时，会在下一次扫描跳过 $n-1$ 个像素。

由卷积核的交叉相关计算可知，随着卷积层的堆叠，特征图的尺寸会逐步减小，例如 16 像素×16 像素的输入图像在经过单位步长、无填充的 5 像素×5 像素的卷积核后，会输出 12 像素×12 像素的特征图。为此，填充是在特征图通过卷积核之前人为增大尺寸以抵消计算中尺寸收缩影响的方法。常见的填充方法为按 0 填充和重复边界值填充。依据填充层数和目的可分为以下四类。

有效填充：完全不使用填充，卷积核只允许访问特征图中包含完整感受野的位置。输出的所有像素都是输入中相同数量像素的函数。使用有效填充的卷积称为"窄卷积"，窄卷积输出的特征图尺寸为 $(L-f)/s+1$。

相同填充/半填充：只进行足够的填充来保持输出和输入特征图的尺寸相同。相同填充下，特征图的尺寸不会缩减，但输入像素中靠近边界的部分与中间部分相比对特征图的影响更小，即存在边界像素的欠表达。使用相同填充的卷积称为"等长卷积"。

全填充：进行足够的填充使得每个像素在每个方向上被访问的次数相同。当卷积步长为 1 时，全填充输出的特征图尺寸为 $L+f-1$，大于输入值。使用全填充的卷积称为"宽卷积"。

任意填充：介于有效填充与全填充之间，人为设定的填充，较少使用。

带入前面的例子，若 16 像素×16 像素的输入图像在经过单位步长 5 像素×5 像素的卷积核之前先进行相同填充，则会在水平方向和垂直方向填充两层，即两侧各增加 2 个像素，变为 20 像素×20 像素大小的图像，通过卷积核后，输出的特征图尺寸为 16 像素×16 像素，保持了原来的尺寸。

（3）激励函数（activation function）。

卷积层中包含激励函数以协助表达复杂特征，其表示形式如下：

$$A^l_{i,j,k} = f\left(Z^l_{i,j,k}\right) \tag{11-2}$$

类似于其他深度学习算法，卷积神经网络通常使用线性整流函数（Rectified Linear Unit, ReLU），其他类似 ReLU 的变体包括有斜率的 ReLU（Leaky ReLU, LReLU），参数化的 ReLU（Parametric ReLU, PreLU），随机化的 ReLU（Randomized ReLU, RreLU），指数线性单元（Exponential Linear Unit, ELU）等。在 ReLU 出现之前，sigmoid()函数和双曲正切函数是常用的激励函数。

激励函数操作通常在卷积核之后，一些使用预激活技术的算法将激励函数置于卷积核之前。在一些早期的卷积神经网络研究（如 LeNet5）中，激励函数在池化层之后。

4. 池化层（pooling layer）

在卷积层进行特征提取后，输出的特征图会被传递至池化层进行特征选择和信息过滤。池化层包含预设定的池化函数，其功能是将特征图中单个点的结果替换为其相邻区域的特征图统计量。池化层选取池化区域与卷积核扫描特征图的步骤相同，由池化大小、步长和填充控制。

（1）Lp 池化（Lp pooling）。

Lp 池化是以复杂细胞为模型的生物启发的池化过程，其一般表示形式为

$$y_{i,j,k} = \left[\sum_{(m,n) \in R_{ij}} \left(a_{m,n,k} \right)^p \right]^{1/p} \tag{11-3}$$

式中，$y_{i,j,k}$ 是池化算子在第 k 个特征图的位置(i, j)处的输出；$a_{m,n,k}$ 是第 k 个特征图中的池化区域 R_{ij} 中位置(m, n)处的特征值。当 $p = 1$ 时，Lp 对应于平均池化；当 p 趋近无穷时，Lp 会变成最大池化。

（2）随机池化和混合池化。

随机池化和混合池化是 Lp 池化概念的延伸。随机池化会在其池化区域内按特定的概率分布随机选取一个值，以确保部分非极大的激励信号能够进入下一个构筑。混合池化可以表示为均值池化和极大池化的线性组合：

$$y_{i,j,k} = \lambda \max_{(m,n) \in R_{i,j}} a_{m,n,k} \max + (1 - \lambda) \frac{1}{|R_{ij}|} \sum_{(m,n) \in R_{ij}} a_{m,n,k} \tag{11-4}$$

随机池化和混合池化有利于防止卷积神经网络的过度拟合，比均值和极大池化有更好的表现。

（3）谱池化。

谱池化是基于傅里叶变换的池化方法，可以和傅里叶变换卷积一起用于构建基于傅里叶变换的卷积神经网络。在给定特征图尺寸和池化层输出尺寸时，谱池化对特征图的每个通道分别进行离散傅里叶变换，并从频谱中心截取 $n×n$ 的序列进行离散傅里叶逆变换，得到池化结果。谱池化有滤波功能，可以最大限度地保存低频变化信息，并能有效地控制特征图的尺寸。此外，基于成熟的傅里叶变换算法，谱池化能够以很小的计算量完成。

5. 全连接层

卷积神经网络中的全连接层等价于传统前馈神经网络中的隐藏层。全连接层通常搭建在卷积神经网络隐藏层的最后部分，并只向其他全连接层传递信号。特征图在全连接层中会失去三维结构，被展开为向量并通过激励函数传递至下一层。

在一些卷积神经网络中，全连接层的功能可部分由全局均值池化取代。全局均值池化会将特征图每个通道的所有值取平均值，即若有 7 像素×7 像素×256 的特征图，则全局均值池化将返回一个 256 的向量，其中每个元素都是 7 像素×7 像素，步长为 7，是无填充的均值池化。

6. 输出层

由于卷积神经网络中输出层的上游通常是全连接层，因此其结构和工作原理与传统前馈神经网络中的输出层相同。对于图像分类问题，输出层使用逻辑函数或归一化指数函数输出分类标签。在物体识别时，输出层可设计为输出物体的中心坐标、大小和分类。在图像语义分割时，输出层直接输出每个像素的分类结果。

11.2.2　项目实战

1. 实战任务

本项目实现了 IEEE 国际计算机视觉与模式识别会议 2016 的 *Image Style Transfer Using Convolutional Neural Networks* 论文中的算法，如图 11.1 所示。利用一个已经在 ImageNet 上训练好的卷积神经网络 VGG-19，训练变量随机噪声图像 *x*（实际上它在该网络中是输入变量），算是一种巧妙的迁移学习。

本项目需要掌握安装 PyCharm 及其相关操作，学习卷积神经网络的原理，实现卷积神经网络的图像风格迁移。项目内容图如图 11.2 所示，样式图如图 11.3 所示。

图像风格
迁移实验
环境配置

图像风格迁
移实验运行
和结果展示

2. 实战环境要求

实战环境为 Anaconda 3.6.5 + TensorFlow 包+ PyCharm 3.7 + pyttsx3。

3. 实战步骤

项目的执行步骤如下。

（1）在 PyCharm 中新建 main.py 文件，在该文件中导入类库的代码如下。

图像风格
迁移素材

```
import tensorflow as tf
import numpy as np
import scipy.io
import scipy.misc
import os
```

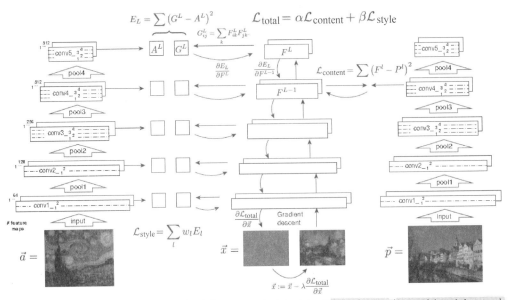

Figure 2. Style transfer algorithm. First content and style features are extracted and stored. The style image $\vec{a}$ is passed through the network and its style representation A^l on all layers included are computed and stored (left). The content image $\vec{p}$ is passed through the network and the content representation P^l in one layer is stored (right). Then a random white noise image $\vec{x}$ is passed through the network and its style features G^l and content features F^l are computed. On each layer included in the style representation, the element-wise mean squared difference between G^l and A^l is computed to give the style loss $\mathcal{L}_{style}$ (left). Also the mean squared difference between F^l and P^l is computed to give the content loss $\mathcal{L}_{content}$ (right). The total loss $\mathcal{L}_{total}$ is then a linear combination between the content and the style loss. Its derivative with respect to the pixel values can be computed using error back-propagation (middle). This gradient is used to iteratively update the image $\vec{x}$ until it simultaneously matches the style features of the style image $\vec{a}$ and the content features of the content image $\vec{p}$ (middle, bottom).

图 11.1　论文中使用卷积神经网络的图像样式转移算法

图 11.2　项目内容图

图 11.3　样式图

（2）在 main.py 文件中添加初始化参数的代码如下。

```
IMAGE_W = 800
IMAGE_H = 600
CONTENT_IMG = './images/Taipei101.jpg'
STYLE_IMG = './images/StarryNight.jpg'
OUTOUT_DIR = './results'
OUTPUT_IMG = 'results.png'
VGG_MODEL = 'imagenet-vgg-verydeep-19.mat'
#随机噪声与内容图像的比例
INI_NOISE_RATIO = 0.7
#内容图像和风格图像的权重
CONTENT_STRENGTH = 1
STYLE_STRENGTH = 500
ITERATION = 5000
```

（3）实现卷积运算的代码如下。

```
tf.nn.relu(tf.nn.conv2d(n_in, n_wb[0], strides=[1, 1, 1, 1], padding=
'SAME')+ n_wb[1])
```

（4）实现池化运算的代码如下。

```
tf.nn.avg_pool(n_in, ksize=[1, 2, 2, 1], strides=[1, 2, 2, 1], padding=
'SAME')
```

（5）得到权重和偏移值的代码如下。

```
weights = vgg_layers[i][0][0][0][0][0]
weights = tf.constant(weights)
bias = vgg_layers[i][0][0][0][0][1]
bias = tf.constant(np.reshape(bias, (bias.size)))
```

（6）构造神经网络 vgg 的代码如下。

```
net = {}
vgg_rawnet = scipy.io.loadmat(path)
vgg_layers = vgg_rawnet['layers'][0]
net['input'] = tf.Variable(np.zeros((1, IMAGE_H, IMAGE_W, 3)).astype
('float32'))
net['conv1_1'] = build_net('conv',net['input'],get_weight_bias
(vgg_layers,0))
net['conv1_2'] = build_net('conv',net['conv1_1'],get_weight_bias
(vgg_layers,2))
net['pool1']   = build_net('pool',net['conv1_2'])
net['conv2_1'] = build_net('conv',net['pool1'],get_weight_bias
(vgg_layers,5))
net['conv2_2'] = build_net('conv',net['conv2_1'],get_weight_bias
(vgg_layers,7))
net['pool2']   = build_net('pool',net['conv2_2'])
net['conv3_1'] = build_net('conv',net['pool2'],get_weight_bias
(vgg_layers,10))
net['conv3_2'] = build_net('conv',net['conv3_1'],get_weight_bias
(vgg_layers,12))
net['conv3_3'] = build_net('conv',net['conv3_2'],get_weight_bias
(vgg_layers,14))
net['conv3_4'] = build_net('conv',net['conv3_3'],get_weight_bias
(vgg_layers,16))
net['pool3']   = build_net('pool',net['conv3_4'])
net['conv4_1'] = build_net('conv',net['pool3'],get_weight_bias
(vgg_layers,19))
net['conv4_2'] = build_net('conv',net['conv4_1'],get_weight_bias
(vgg_layers,21))
net['conv4_3'] = build_net('conv',net['conv4_2'],get_weight_bias
(vgg_layers,23))
net['conv4_4'] = build_net('conv',net['conv4_3'],get_weight_bias
(vgg_layers,25))
```

```
net['pool4']   = build_net('pool',net['conv4_4'])
net['conv5_1'] = build_net('conv',net['pool4'],get_weight_bias
(vgg_layers,28))
net['conv5_2'] = build_net('conv',net['conv5_1'],get_weight_bias
(vgg_layers,30))
net['conv5_3'] = build_net('conv',net['conv5_2'],get_weight_bias
(vgg_layers,32))
net['conv5_4'] = build_net('conv',net['conv5_3'],get_weight_bias
(vgg_layers,34))
net['pool5']   = build_net('pool',net['conv5_4'])
```

（7）建立内容损失函数的代码如下。

```
print(type(p),np.shape(p))  #net['conv4_2']-- <class 'numpy.ndarray'>
(1, 75, 100, 512)
print(type(x),np.shape(x))#net['conv4_2']--<class
'tensorflow.python.framework.ops.Tensor'> (1, 75, 100, 512)
M = p.shape[1]*p.shape[2]
N = p.shape[3]
loss = (1./(2* N**0.5 * M**0.5 )) * tf.reduce_sum(tf.pow((x - p),2))
```

（8）建立样式损失函数的代码如下。

```
def build_style_loss(a, x):
    def _gram_matrix(x, area, depth):
    x1 = tf.reshape(x,(area,depth))
    g = tf.matmul(tf.transpose(x1), x1)
    return g
    def _gram_matrix_val(x, area, depth):
    x1 = x.reshape(area,depth)
    g = np.dot(x1.T, x1)
    return g
    M = a.shape[1]*a.shape[2]
    N = a.shape[3]
    G = _gram_matrix(x, M, N)
    A = _gram_matrix_val(a, M, N)
    loss = (1./(4 * N**2 * M**2)) * tf.reduce_sum(tf.pow((G - A),2))
    return loss
```

（9）读/写图像函数的代码如下。

```
def read_image(path):
    image = scipy.misc.imread(path)
    image = scipy.misc.imresize(image,(IMAGE_H,IMAGE_W))
    image = image[np.newaxis,:,:,:]
    image = image - MEAN_VALUES
    return image
def write_image(path, image):
    image = image + MEAN_VALUES
    image = image[0]
    image = np.clip(image, 0, 255).astype('uint8')
    scipy.misc.imsave(path, image)
```

（10）建立主函数的代码如下。

```
def main():
    net = build_vgg19(VGG_MODEL)
    sess = tf.Session()
    sess.run(tf.global_variables_initializer())
    noise_img = np.random.uniform(-20, 20, (1, IMAGE_H, IMAGE_W, 3)).
    astype('float32')
    content_img = read_image(CONTENT_IMG)
    style_img = read_image(STYLE_IMG)
    sess.run([net['input'].assign(content_img)])
    cost_content = sum(map(lambda lay: lay[1]*build_content_loss
    (sess.run (net[lay[0]]), net[lay[0]]), CONTENT_LAYERS))
    sess.run([net['input'].assign(style_img)])
    cost_style = sum(map(lambda lay: lay[1]*build_style_loss(sess.run
    (net[lay[0]]), net[lay[0]]), STYLE_LAYERS))
    cost_total = cost_content + STYLE_STRENGTH * cost_style
    optimizer = tf.train.AdamOptimizer(2.0)
    train = optimizer.minimize(cost_total)
    sess.run(tf.global_variables_initializer())
    sess.run(net['input'].assign( INI_NOISE_RATIO * noise_img +
    (1.-INI_ NOISE_RATIO) * content_img))
    if not os.path.exists(OUTOUT_DIR):
        os.mkdir(OUTOUT_DIR)
    for i in range(ITERATION):
        #net['input']是一个tf变量，由于tf.Variable()从而每次迭代更新；而vgg19中的
```

```
#weights 和 bias 都是 tf 常量不会被更新
sess.run(train)
if i%100 ==0:
    result_img = sess.run(net['input'])
    print(sess.run(cost_total))
    write_image(os.path.join(OUTOUT_DIR, '%s.png' % (str(i).zfill(4))),
    result_img)
```

（11）运行 main.py 程序，结果如图 11.4 所示。

图 11.4 运行 main.py 程序的结果

11.3 人脸识别技术

11.3.1 项目背景

人脸识别是基于人的脸部特征信息进行身份识别的一种生物识别技术。对于输入的人脸图像或者视频流，先判断是否存在人脸，再给出每个人脸的位置、尺寸和各种面部器官的位置信息。依据这些信息，提取人脸中的身份特征信息，并将这些信息与已知的人脸信息库进行比对，从而识别出人脸的身份。广义上的人脸识别包括人脸图像采集、人脸定位、人脸识别预处理、身份确认及身份查找等；狭义上的人脸识别是指通过人脸进行身份确认或者身份查找。人脸识别技术通常包含人脸检测、人脸跟踪、人脸比对三部分。

人脸检测是指在动态的场景与复杂的背景中判断人脸是否存在，并分离出相应的人脸。人脸检测的方法如下。

- 参考模板法，即先设计一个或数个标准人脸的模板，再计算测试采集的样品与标准模板之间的匹配程度，并通过阈值判断是否存在人脸。
- 人脸规则法，即依据人脸的结构分布特征，生成相应的规则来判断测试样品是否包含人脸。
- 样品学习法，即采用机器学习的方法对具有人脸特征的样品集和不具备人脸特征的样品集进行学习，产生分类器。
- 肤色模板法，即根据面部肤色对色彩空间中分布相对集中的规律进行检测。
- 特征子脸法，即将所有面像集合视为一个面像子空间，采用基于检测样品与其在子空间的投影之间的距离判断是否存在面像。

实践中可以综合使用上述五种方法。

人脸跟踪是指对被检测到的人脸信息进行动态跟踪，主要采用基于模型的方法或基于运动与模型相结合的方法实现。

人脸比对是将采样的面部信息与库存的面部信息进行比对，找出最佳的匹配对象，主要有特征向量法和面纹模板法。特征向量法是先确定眼虹膜、鼻翼、嘴角等面部五官轮廓的尺寸、位置、距离等属性，再计算出它们的几何特征量，而这些特征量形成一个描述该面像的特征向量。面纹模板法是在库中存储若干个标准人脸模板或人脸器官模板，在进行比对时，将采样面像所有像素与库中所有模板采用归一化相关量度量进行匹配。

人脸识别算法的主要步骤如下。

（1）使用方向梯度直方图算法为图片编码，以创建图片的简化版本。使用该简化图像，找到其中最像通用方向梯度直方图面部编码的部分。

（2）找到脸上的主要特征点，以找出脸部的姿态。一旦找到这些特征点，就可以利用它们扭曲图像，使眼睛和嘴巴居中。

（3）把第（2）步得到的面部图像放入神经网络，神经网络知道如何找到 128 个特征测量值，并保存 128 个测量值。

（4）在已经测量过的所有脸部中找出测量值与要测量的面部最接近的那个人，这个人就是要找的人。

11.3.2　项目实战

1. 实战任务

根据给定的人物图片，使用 face_recognition 库进行人脸检测、人脸识别及人脸关键点采集。

（1）通过"命令提示符"窗口安装 face_recognition 库，如图 11.5 所示，命令如下。

```
pip install face_recognition
```

图 11.5　安装 face_recognition 库

（2）face_recognition 库安装完成后，可以使用以下两种命令行工具。

● face_recognition：在单张图片或一个图片文件夹中识别是谁的脸。

● face_detection：在单张图片或一个图片文件夹中定位人脸的位置。

① face_recognition 命令行工具。

a. 将一个已经知道名字的人脸图片放入文件夹，一个人一张图，图片的文件名为对应人的名字。本项目使用的图片如图 11.6 所示。

图 11.6　图片

b. 在第二个图片文件夹中放入希望识别的图片，如图 11.7 所示。

图 11.7　希望识别的图片

　　c. 在命令行中切换到这两个文件夹所在路径，然后使用 face_recognition 命令行，传入这两个图片文件夹，就会输出未知图片中人的名字。

```
D:\work\demo5\face_recognition>python face_recognition.py ./known ./unknown
./unknown\pexels-ron-lach-10295321.jpg,unknown_person
./unknown\pexels-ron-lach-10295321.jpg,unknown_person
./unknown\pexels-ron-lach-10295321.jpg,unknown_person
./unknown\pexels-ron-lach-10295321.jpg,unknown_person
./unknown\pexels-ron-lach-10295321.jpg,known
./unknown\pexels-ron-lach-10295321.jpg,unknown_person
```

　　输出结果的每一行对应图片中的一张脸，图片名字和对应人脸识别结果用逗号分开。如果输出 unknown_person，那么代表这张脸与已知人脸图片文件夹中的人都不匹配。

　　② face_detection 命令行工具。

　　在命令行中使用 face_detection 传入一个图片文件夹或单张图片文件，进行人脸位置检测。

```
D:\work\demo5\face_recognition>python face_detection.py ./known
./known\woman.jpg,1523,4091,2294,3321
```

输出结果的每一行都对应图片中的一张脸，输出坐标代表着这张脸的上、右、下、左像素点坐标。

③ 调整人脸识别的容错率和敏感度。

如果一张脸的识别结果不止一个，那么说明他与其他人长得太像了，可以把容错率调低一些，使识别结果更加严格。通过传入 tolerance 参数来实现这个功能，默认的容错率是0.6，容错率越低，识别越严格、准确。

```
python face_recognition.py --tolerance 0.3 ./known ./unknown
./unknown\unknown.jpg,unknown_person
./unknown\unknown.jpg,unknown_person
./unknown\unknown.jpg,unknown_person
./unknown\unknown.jpg,unknown_person
./unknown\unknown.jpg,unknown_person
./unknown\unknown.jpg,unknown_person
```

人脸识别实
验环境配置

如果想看人脸匹配的具体数值，可以传入 show-distance true 参数，代码如下。

```
D:\work\demo5\face_recognition>python face_recognition.py --show-distance true ./known ./unknown
./unknown\unknown.jpg,unknown_person,None
./unknown\unknown.jpg,unknown_person,None
./unknown\unknown.jpg,unknown_person,None
./unknown\unknown.jpg,unknown_person,None
./unknown\unknown.jpg,woman,0.42450882950644653
./unknown\unknown.jpg,unknown_person,None
```

人脸识别实
验运行和
结果展示

2. 实战环境要求

实战环境为 Windows + Python 3.6 + face_recognition。

3. 实战步骤

项目实战步骤如下。

（1）定位人脸。

打开 examples 文件夹，运行 find_faces_in_picture.py 代码，运行结果如图 11.8 所示。

（2）识别单张图片中人脸的关键点。

运行 find_facial_features_in_picture.py 代码，运行结果如图 11.9 所示。

（3）识别图像中的人。

运行 recognize_faces_in_pictures.py 代码，运行结果如图 11.10 所示。

定位人脸
的素材

图 11.8　定位人脸

图 11.9　脸部特征提取

图 11.10　人脸的识别结果

11.4　本章小结

图像识别技术常见的应用，如支付宝的人脸支付系统、手机上的人脸扫描系统、机器作画等。本章介绍了图像识别的方法，然后通过两个项目讲解了基于卷积神经网络的图像风格迁移和人脸识别系统的实现。

11.5　本章习题

一、填空题

1. 图像识别的流程一般包含 4 个步骤：图像采集、图像预处理、_____、图像识别。

2. 卷积神经网络的输入层可以处理_____维数据。

3. 卷积神经网络的隐藏层包含_____、_____和_____3 类常见构筑。

4. 卷积层的功能是对输入数据进行_____。

5. 卷积神经网络中的全连接层等价于传统前馈神经网络中的_____。

6. 全连接层通常搭建在卷积神经网络隐藏层的最_____部分，并只向其他全连接层传递信号。

7. 人脸比对是将采样的面部信息与库存的面部信息进行比对，找出最佳匹配对象，主要有_____和_____。

二、上机操作题

编程实现 11.2.2 中的图像风格迁移和 11.3.2 中的人脸识别内容。

第 **12** 章
神经网络与深度学习

 内容导读

　　人工智能的研究是从神经网络开始的，发展为多层神经网络和深度学习。本章介绍了两个神经网络的项目：人工神经网络模型对鸢尾花进行分类和构造卷积神经网络模型。本章的项目代码、操作步骤和参考视频可以扫描二维码下载和观看。

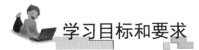 学习目标和要求

◇　了解神经网络和深度学习的概念、联系及区别。
◇　掌握人工神经网络模型的应用 —— 鸢尾花分类。
◇　掌握卷积神经网络模型的构造方法。

思 维 导 图

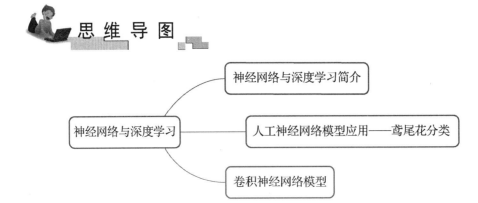

12.1　神经网络与深度学习简介

12.1.1　神经网络

人工神经网络（Artificial Neural Networks，ANN）是一种模仿动物神经网络行为特征，进行分布式并行信息处理的算法数学模型。为了模拟人脑的工作方式，人们从医学、生物学、生理学、哲学、信息学、计算机科学、认知学、组织协同学等角度尝试解答这个问题，进而逐渐形成一个新兴的多学科交叉技术领域，也称"神经网络"。从数学角度而言，人们希望找到一个或一组数学公式来模拟人脑的工作原理，但以目前人类科学而言是无法做到的。而神经网络能通过网络学习的方式获得某个领域问题的近似解，并且随着学习过程（训练数目）的增加，神经网络的输出会更加趋向于正确的结果，再利用这个神经网络来对测试集进行测试，实现对数据的分类。

对于同一个分类任务，既可以采用机器学习算法来做，又可以采用神经网络来实现。一个分类任务，采用机器学习算法时，首先要明确特征和标签，然后把这个数据输入算法中训练，获得模型，最后预测分类的准确性。在此过程中，我们需要事先确定好特征，每个特征即一个维度，特征数目过少，则可能无法精确地进行分类，即欠拟合；如果特征数目过多，则在分类过程中可能会发生过于注重某个特征导致分类错误，即过拟合。

例如，有一组数据集，使用计算机分出西瓜和冬瓜，如果只有形状和颜色两个特征，可能无法区分；如果特征的维度有形状、瓜瓤颜色、瓜皮的花纹等，可能很容易进行分类；如果特征是形状、瓜瓤颜色、瓜皮花纹、瓜蒂、瓜子的数量、瓜子的颜色、瓜子的大小、瓜子的分布情况等，则可能会过拟合，比如有的冬瓜的瓜子数量和西瓜的类似，模型训练后这类特征的权重较高，容易产生分类错误。因此，我们在特征工程上需要花费很多的时间和精力，才能使模型训练得到一个好的效果。然而神经网络的出现使我们不需要做大量的特征工程，可以提前设计好特征的内容或者特征的数量等，直接将数据输入计算机，让它自己训练，自我"修正"，即可得到一个较好的效果。

此外，在面对一个分类问题时，如果用支持向量机解决，则需要调整参数、核函数、惩罚因子、松弛变量等，不同的参数组合对于模型的效果也不同，想要迅速又准确地调到最适合模型的参数，则需要对背后理论知识进行深入了解。但对于一个基本的三层神经网络（输入—隐含—输出）而言，我们只需要初始化时为每一个神经元随机赋予一个权重 w 和偏置项 b，在训练过程中，这两个参数会不断修正，调整到最优值，使模型的误差最小。所以从这个角度看，我们不需对调参背后所涉及的理论知识十分精通。

12.1.2　深度学习

为了让神经网络构造的模型更加准确且自动化，提出了深度学习的概念。深度学习也称多层神经网络，包含多个隐藏层，如 AlphaGo 的策略网络就有 13 层。在传统机器学习方法中，一般都需要领域专家介入调整神经网络中的参数偏差。而深度学习算法试图从数据中学习特征，调整网络参数，避免了人为误差，同时深度学习包含更多隐藏层，从而让

深度学习方法的输出更加接近真实的结果。

在图像领域，传统的神经网络是不合适的。图像由一个个像素点构成，每个像素点有3个通道，分别代表RGB的三个颜色，那么，如果一个图像的尺寸是（28，28，1），则代表这个图像是一个长宽均为28像素，灰度为1像素的图像。如果使用全连接的网络结构，即网络中的神经元均与相邻层上的每个神经元连接，意味着网络有784（28×28）个神经元。隐藏层采用了15个神经元，那么简单计算一下，总共需要参数（w和b）：784×15×10+15+10=117625个，参数实在太多了，随便进行一次反向传播的计算量都是非常巨大的，因此，从计算资源和调参的角度都不建议用传统的神经网络来处理图像问题。

导致神经网络中参数过多的原因是采用了全连接层的方式实现神经元之间的连接，如图12.1中识别手写数字的三层神经网络。而图像本身具有"二维空间特征"，通俗地说就是局部特性。例如一张猫的图片，我们可能仅看到图片中猫的眼睛或者嘴巴就知道这是一只猫，而不需要看完猫的全身。通过使用某种方式识别一张图片的某个典型特征从而知道这张图片的类别，可以采用卷积的方法。如现在有一幅4像素×4像素的图像，我们设计两个卷积核，看看运用卷积核后图片会有什么变化。

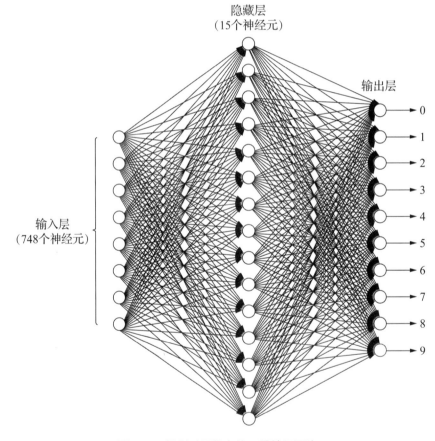

图 12.1　识别手写数字的三层神经网络

由图12.2可知，原始图片是一张灰度图片，每个位置表示像素值，0表示白色，1表示黑色，（0,1）的数值表示灰色。对于这个4像素×4像素的图像，可采用两个2像素×2

像素的卷积核进行计算。设定步长为 1，即每次以 2 像素×2 像素的固定窗口往右滑动一个单位。以第一个卷积核 Filter1 为例，其计算过程如下：

```
feature_map1(1,1) = 1*1 + 0*(-1) + 1*1 + 1*(-1) = 1
feature_map1(1,2) = 0*1 + 1*(-1) + 1*1 + 1*(-1) = -1
…
feature_map1(3,3) = 1*1 + 0*(-1) + 1*1 + 0*(-1) = 2
```

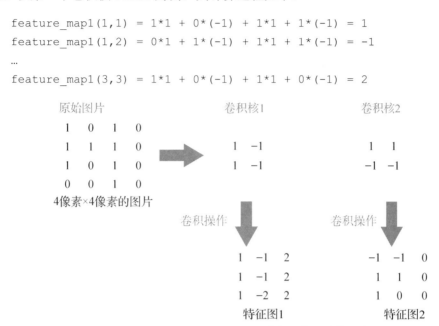

图 12.2　一张 4 像素×4 像素图像与两个 2 像素×2 像素的卷积核操作结果

上述计算过程就是最简单的内积公式。feature_map1(1,1)表示在通过第一个卷积核计算后得到的 feature_map 的第一行第一列的值，随着卷积核窗口不断地滑动，可以计算出一个 3 像素×3 像素的 feature_map1；同理，可以计算通过第二个卷积核进行卷积运算后的 feature_map2，那么这一层卷积操作就完成了。

feature_map 尺寸计算公式：［（原图片尺寸-卷积核尺寸）/步长］+ 1。

同一层的神经元可以共享卷积核，使得高位数据的处理变得简单。在使用卷积核后，图片的尺寸变小，如上例中由 4×4 矩阵变成了 3×3 矩阵。另外，神经网络的方法也不需要人工设置特征，只需设计好卷积核的尺寸、数量和滑动的步长就可以通过训练获得。

上述的两个 2×2 的卷积核是如何被定义的呢？查看如下的 paddle 的代码。

```
conv_pool_1 = paddle.networks.simple_img_conv_pool(
    input=img,
    filter_size=3,
    num_filters=2,
    num_channel=1,
    pool_stride=1,
    act=paddle.activation.Relu())
```

由上述代码可知，为了定义卷积核，需要调用 networks 中的 simple_img_conv_pool()
函数，激活函数是 Relu（修正线性单元）。可以通过查看目录 Paddle/python/paddle/v2/
framework/nets.py 找到 simple_img_conv_pool()函数的定义。

```
def simple_img_conv_pool(input,
            num_filters,
            filter_size,
            pool_size,
            pool_stride,
            act,
            pool_type='max',
            main_program=None,
            startup_program=None):
conv_out = layers.conv2d(
        input=input,
        num_filters=num_filters,
        filter_size=filter_size,
        act=act,
        main_program=main_program,
        startup_program=startup_program)
pool_out = layers.pool2d(
        input=conv_out,
        pool_size=pool_size,
        pool_type=pool_type,
        pool_stride=pool_stride,
        main_program=main_program,
        startup_program=startup_program)
    return pool_out
```

在 simple_img_conv_pool()函数中有两个输出，其中 conv_out 是卷积输出值，pool_out
是池化输出值，最后只返回池化输出的值。conv_out 和 pool_out 又分别调用了 layers.py 的
conv2d 和 pool2d，感兴趣的读者可以查看 layers.py 中的 conv2d 和 pool2d 函数。

为什么使用卷积核计算的分类效果要优于普通的神经网络呢？在图 12.2 中，经过第一
个卷积核计算后的 feature_map 是一个三维数据，其中第三列的绝对值最大，说明原始图
片上对应的地方有一条垂直方向的特征，即像素数值变化较大；通过第二个卷积核计算后，
其中第三列的数值为 0，第二行的数值绝对值最大，说明原始图片上对应的地方有一条水
平方向的特征。因此，卷积核能够提取原始图片中的特定特征，即卷积核的作用是特
征提取。

要注意以下问题。

（1）卷积运算是两个卷积核大小的矩阵的内积运算，不是矩阵乘法，即相同位置的数字相乘再相加求和。

（2）卷积核的公式有很多，并不唯一。

（3）每层的卷积核大小和数量可以自己定义，依据试验得到的经验，在靠近输入层的卷积层设定少量的卷积核，越往后，卷积层设定的卷积核数据就越多。

在深度学习中，卷积层之后便是池化层。池化层的目的是通过降采样的方式减少参数，也就是说，保留矩阵中的关键信息（如采用最大池化时，保留矩阵中的最大值），使得在图片处理时，能够在不影响图像质量的情况下压缩图片。假设池化层采用最大池化，尺寸为 2×2，步长为 1，取每个窗口中最大的数值重新卷积核，图片尺寸就会由 3×3 变为 2×2：(3-2)+1=2，其图例变换如图 12.3 所示。

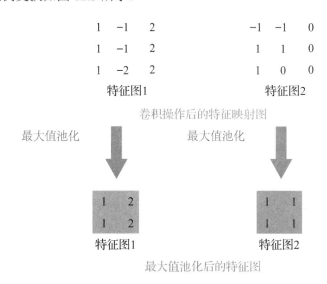

图 12.3　最大池化后的结果

常用的池化方法有两种：①最大池化，取滑动窗口中最大的值；②平均池化，取滑动窗口中所有值的平均值。卷积核的作用是进行特征提取，而池化层的作用是保留矩阵的关键信息，如最大池化保留最大值（保留特征），平均池化保留平均值（保留特征），舍弃矩阵中的其余值，从而实现了图片的压缩功能。

在上述图片处理过程中，图片由 4×4 通过卷积层变为 3×3，再通过池化层变为 2×2，如果再添加层，那么图片将会变为 1×1（一个像素点），失去了意义。为了解决这个问题，提出了补零的方法。补零可以保证每次经过卷积或池化输出后图片的尺寸不变，如上述例子的原始图片中加入补零，再采用 3×3 的卷积核，那么变换后的图片尺寸与原图片尺寸相同，如图 12.4 所示。

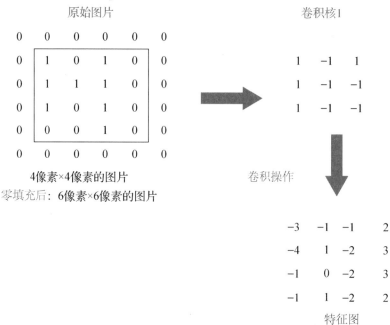

图 12.4　补零后的运算结果

通常情况下，图片做完卷积操作后需要保持图片的尺寸不变，所以会选择尺寸为 3×3 的卷积核和 1 的补零，或者 5×5 的卷积核和 2 的补零，这样通过计算后，可以保留图片的原始尺寸。那么加入补零后的代码如下：

```
feature_map尺寸 = (width + 2 * padding_size - filter_size )/stride + 1
```

一般情况下，图片的卷积核是奇数的正方形，即存在 weight = height，如果两者不相等，则可以分开计算（即公式中的 width 可以换成 height），分别补零。

通过一个卷积层和一个池化层，完成了一个完整的卷积过程，如果需要叠加更多层，则叠加"Conv-MaxPooling"，再通过不断地设计卷积核的尺寸、数量，提取更多特征，最后识别不同类别的物体。完成最大池化后，需要将数据"拍平（二维转一维）"，即输入 Flatten 层（见图 12.5），然后把 Flatten 层的输出放到全连接层里，采用 softmax() 函数对其进行分类。

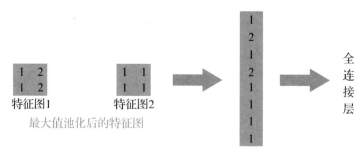

图 12.5　放入 Flatten 层的过程

12.2　人工神经网络模型应用——鸢尾花分类

12.2.1　项目背景

本项目使用了鸢尾花（Iris，见图 12.6）数据集进行项目训练，该数据集扫码获取。鸢尾花数据集已经在 Python 3.0 版本的 sklearn.datasets 中集成。鸢尾花数据集包含四个特征和一个标签，如表 12.1 所示。四个特征确定了单株鸢尾花的植物学特征，包括花萼长度、花萼宽度、花瓣长度和花瓣宽度。项目中的模型会将这些特征表示为 float32 数值数据。标签确定了鸢尾花品种，包括山鸢尾（0）、变色鸢尾（1）、维吉尼亚鸢尾（2）。项目中的模型将该标签表示为 int32 分类数据。

鸢尾花
数据集

山鸢尾

变色鸢尾

维吉尼亚鸢尾

图 12.6　鸢尾花的分类

表 12.1　鸢尾花数据集

列名	说明	类型
SepalLength	花萼长度	float
SepalWidth	花萼宽度	float
PetalLength	花瓣长度	float
PetalWidth	花瓣宽度	float
Class	类别变量，0 表示山鸢尾、1 表示变色鸢尾、2 表示维吉尼亚鸢尾	int

项目采用人工神经网络模型对鸢尾花进行分类，需要构建一个机器学习模型，学习已知品种的鸢尾花测量数据，预测新鸢尾花的品种。

12.2.2　项目实战

1. 实战任务

项目采用人工神经网络模型对鸢尾花进行分类。人工神经网络是由一系列简单的单元紧密联系构成的，每个单元有一定数量的实数输入和唯一的实数输出。神经网络的一个重

要用途就是接收和处理传感器产生的复杂的输入，并进行自适应性学习，是一种模式匹配算法，通常用于解决分类和回归问题。

（1）感知机模型。

项目通过构造感知机模型实现鸢尾花的分类。感知机是一种线性分类器，常用于二分类问题。它将一个实例分为正类（取值+1）和负类（−1）。其物理意义是将输入空间（特征空间）划分为正、负两类分离超平面。感知机的构造算法如下。

输入：线性可分训练数据集 T，学习率 η；

输出：感知机参数 w 和 b。

算法步骤如下。

① 选取初始值 w_0 和 b_0。

② 在训练数据集中选取数据 (x_i, y_i)。

③ 若 $y1(wx_i+b)<=0$（即该实例为误分类点），则更新参数 $w = w + \eta y_i x_i$ 和 $b = b + \eta y_i$。

④ 在训练数据集中重复选取数据来更新 w、b，直到训练数据集中没有误分类点为止。

（2）神经网络。

项目采用神经网络来构造分类器，由感知机到神经网络（MP 神经元模型）的过程如下。

① 让每个神经元接收来自相邻神经元传递过来的输入信号。

② 通过带权重的连接传递这些输入信号。

③ 将神经元接收的总输入值与神经元的阈值进行比较，通过激活函数处理以产生神经元输出。

④ 理论上的激活函数为阶跃函数：

$$f(x)\begin{cases} 1, & x \geqslant 0 \\ 0, & x < 0 \end{cases} \tag{12-1}$$

多层前馈神经网络，即反向传播算法，由一个输入层、一个或多个隐藏层和一个输出层组成，其具有以下特点：隐藏层和输出层的神经元都拥有激活函数的功能；输入层接收外界输入信号，不进行激活函数处理；最终结果由输出层的神经元给出。

神经网络学习根据训练数据集调整神经元之间的连接权重及每个功能神经元的阈值。多层前馈神经网络的学习通常采用误差反向传播算法（error BackPropgation，BP），该算法是训练多层神经网络的经典算法，其从原理上就是普通的随机梯度下降法求最小值问题。它有两个关键点：导数的链式法则和 sigmoid()函数的性质。sigmoid()函数求导的结果等于自变量的乘积形式。

多层前馈网络若包含足够多神经元的隐藏层，则能够以任意精度逼近任意复杂度的连续函数。

2. 实战环境要求

实战环境为 Anaconda 3.6 或者 PyCharm。

3. 实战步骤

下面对项目的关键步骤、要点、运行结果进行简单说明。

（1）在 Spyder 中新建文件"感知器模型.py"，如图 12.7 所示。

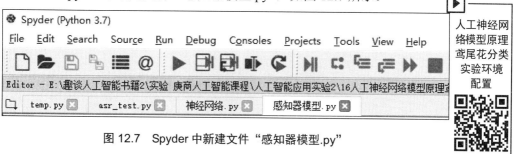

图 12.7　Spyder 中新建文件"感知器模型.py"

人工神经网
络模型原理
鸢尾花分类
实验环境
配置

（2）构造感知器模型的代码，其中感知器模型的核心代码如下。

```python
def perceptron(train_data,eta,w_0,b_0):
    x=train_data[:,:-1] #x data
    y=train_data[:,-1] #corresponding classification
    length=train_data.shape[0]#the row number of the
                              #train_data
    w=w_0
    b=b_0
    step_num=0
    while True:
        i=0
        while(i<length): #traverse all sample points in a sample set
            step_num+=1
            x_i=x[i].reshape((x.shape[1],1))
        y_i=y[i]
            if y_i*(np.dot(np.transpose(w),x_i)+b)<=0: #the point is
                                                        misclassified
            w=w+eta*y_i*x_i #gradient descent
            b=b+eta*y_i
            break;#perform the next round of screening
        else:
            i=i+1
        if(i==length):
            break
    return (w,b,step_num)
```

12.2 项目
代码

人工神经网
络模型原理
鸢尾花分类
实验运行和
结果展示

运行文件"感知器模型.py"，结果如图 12.8 所示。

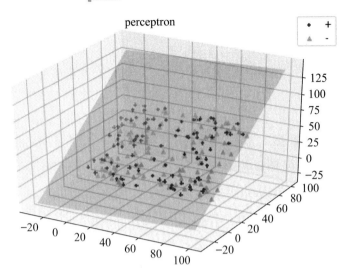

图 12.8　运行文件"感知器模型.py"的结果

（3）在 Spyder 中新建文件"神经网络.py"，构造神经网络，分类预测核心代码如下。

```
def predict_with_MLPClassifier(ax,train_data):
    train_x=train_data[:,:-1]
    train_y=train_data[:,-1]
    clf=MLPClassifier(activation='logistic',max_iter=1000)
    clf.fit(train_x,train_y)
    print(clf.score(train_x,train_y))

    x_min,x_max=train_x[:,0].min()-1,train_x[:,0].max()+2
    y_min,y_max=train_x[:,1].min()-1,train_x[:,1].max()+2
    plot_step=1

    xx,yy=np.meshgrid(np.arange(x_min,x_max,plot_step), np.arange
        (y_min,y_max,plot_step))
    Z=clf.predict(np.c_[xx.ravel(),yy.ravel()])
    Z=Z.reshape(xx.shape)
    ax.contourf(xx,yy,Z,cmap=plt.cm.Paired)
```

运行文件"神经网络.py"，结果如图 12.9 所示。

（4）在 Sypder 中新建"鸢尾花分类.py"，包括导入库、导入数据和神经网络预测三个部分，核心代码如下。

```
from matplotlib import pyplot as plt
from mpl_toolkits.mplot3d import Axes3D
import numpy as np
```

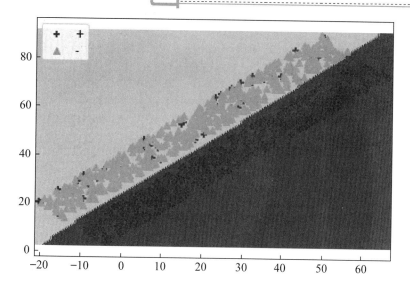

图 12.9　运行文件"神经网络.py"的结果

```python
from sklearn.datasets import load_iris
from sklearn.neural_network import MLPClassifier


def load_data():
    iris=load_iris()
    X=iris.data[:,0:2] #choose the first two features
    Y=iris.target
    data=np.hstack((X,Y.reshape(Y.size,1)))
    np.random.seed(0)
    np.random.shuffle(data)
    X=data[:,:-1]
    Y=data[:,-1]
    x_train=X[:-30]
    x_test=X[-30:]
    y_train=Y[:-30]
    y_test=Y[-30:]
    return x_train,x_test,y_train,y_test


def neural_network_sample(*data):
    x_train,x_test,y_train,y_test=data
    cls=MLPClassifier(activation='logistic',max_iter=10000,hidden_
        layer_sizes=(30,))
    cls.fit(x_train,y_train)
    print("the train score:%.f"%cls.score(x_train,y_train))
```

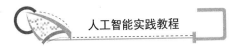

```
print("the test score:%.f"%cls.score(x_test,y_test))
```

```
x_train,x_test,y_train,y_test=load_data()
neural_network_sample(x_train,x_test,y_train,y_test)
```

运行文件"鸢尾花分类.py",结果如图 12.10 所示。

```
the train score:1
the test score:1
```

图 12.10　运行文件"鸢尾花分类.py"的结果

12.3　卷积神经网络模型

12.3.1　项目背景

卷积神经网络是一种人工神经网络,也是一种深度学习的代表算法,已广泛应用于语音分析和图像识别领域。由于具有权值共享网络的结构,因此卷积神经网络类似于生物神经网络,降低了网络模型的复杂度,减少了权值。卷积神经网络的优点是输入多维图像时,可以直接将图像作为网络的输入,避免了传统识别算法中复杂的特征提取和数据重建过程。卷积神经网络是为识别二维形状设计的一个多层感知机,这种网络结构对平移、比例缩放、倾斜或者其他形式的变形具有高度不变性。因此,卷积神经网络的最大特点在于稀疏连接(局部感受)和权值共享。在图 12.11 中,图 12.11(a)所示为稀疏连接,图 12.11(b)所示为权值共享。稀疏连接和权值共享的作用是减少训练参数,降低计算的复杂度。

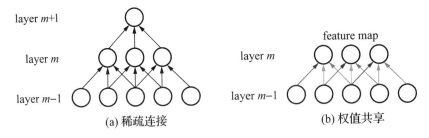

(a) 稀疏连接　　　　　　　　　　　　(b) 权值共享

图 12.11　卷积神经网络的两大特点演示

为了描述一个卷积神经网络的结构,本章以 LeNet5 为例(图 12.12)。在图 12.12 中,从左到右,先是 INPUT,即输入层,表示输入的图片。input-layer 到 C1 是一个卷积层,C1 到 S2 是一个子采样层。然后,S2 到 C3 又是卷积层,C3 到 S4 又是子采样层,可以发现,卷积和子采样都是成对出现的,卷积后面一般跟着子采样。S4 到 C5 是全连接的,这个过程相当于一个多层感知机的隐藏层。C5 到 F6 同样是全连接的,即也是一个多层感知机的隐藏层。最后从 F6 到输出 OUTPUT,其实就是一个分类器,这一层叫作分类层。图 12.13 所示为 LeNet5 的卷积过程。

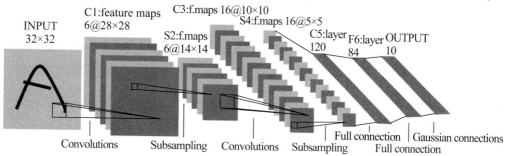

图 12.12　卷积神经网络模型 LeNet5

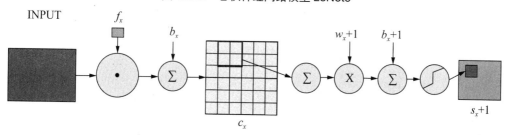

图 12.13　LeNet5 的卷积过程

12.3.2　项目实战

1. 实战任务

本项目实现了一个简化的卷积神经网络模型 LeNet5，项目代码参考了深度学习教程"Convolutional Neural Networks (LeNet)"，不同之处如下。

① 没有实现 location-specific gain and bias parameters。

② 本项目使用的是最大池化，而不是均值池化。

③ 分类器用的是 softmax()函数，LeNet5 用的是 rbf()函数。

④ LeNet5 的第二层并不是全连接的，本项目实现的是全连接。

另外，为了便于理解，将卷积层和子采样层合在项目代码中，定义为"LeNetConvPoolLayer"（卷积采样层）。代码中将卷积后的输出直接作为子采样层的输入，而没有加偏置 b，再通过 sigmoid()函数进行映射，即没有了图 12.13 中 f_x 后面的 b_x 以及 sigmoid 映射，直接由 f_x 得到 c_x。

2. 实战环境要求

实战环境为 Python 2、Python 3 或 Anaconda 3（包含 Sypder）。

Python 2 有 cPickle，导入命令为

```
import cPickle
```

Python 3 没有 cPickle，需要导入 pickle（Python 3 中的 cPickle 更名为 pickle），命令为

```
import pickle
```

卷积神经网络模型实验环境配置

同时，需要在 Python 3 环境下安装对应版本的 Theano，安装命令为 pip install Theano。如果在 Anaconda 3 中，则需要在 Anaconda prompt 中使用 conda install Theano 命令进行安装。

3. 实战步骤

下面对项目的关键步骤、要点和运行结果进行简单说明。

（1）在 Spyder 中新建 Python 3X.py 文件，并在其中导入类库的代码如下。

卷积神经网络模型实验运行和结果展示

```python
import pickle
import gzip
import os
import sys
import time
import numpy
import Theano
import Theano.tensor as T
from Theano.tensor.signal import pool
from Theano.tensor.nnet import conv
```

12.3 项目代码

（2）定义卷积神经网络的基本"构件"。卷积神经网络的基本构件包括卷积采样层、隐藏层、分类器，卷积+子采样合成一个层——LeNetConvPoolLayer。

```python
class LeNetConvPoolLayer(object):
    def __init__(self, rng, input, filter_shape, image_shape, poolsize=(2, 2)):
        #assert condition,condition 为 True,继续往下执行;condition 为 False,
        #中断程序
        #image_shape[1]和 filter_shape[1]都是 num input feature maps,它们
        #必须是相同的
        assert image_shape[1] == filter_shape[1]
        self.input = input
        #每个隐含层神经元（即像素）与上一层的连接数为 num input feature maps *
        #filter height * filter width,可以用 numpy.prod(filter_shape[1:])求得
        fan_in = numpy.prod(filter_shape[1:])
        #lower layer 上每个神经元获得的梯度来自"num output feature maps *
        #filter height * filter width" /pooling size
        fan_out = (filter_shape[0] * numpy.prod(filter_shape[2:]) /
                    numpy.prod(poolsize))
        #以上求得 fan_in、fan_out ,将它们代入公式，随机初始化 W,W 就是线性卷积核
        W_bound = numpy.sqrt(6. / (fan_in + fan_out))
        self.W = Theano.shared(
```

```
numpy.asarray(
    rng.uniform(low=-W_bound, high=W_bound, size=filter_shape),
    dtype=Theano.config.floatX
),
borrow=True
)
#the bias is a 1D tensor -- one bias per output feature map
#偏置 b 是一维向量，每个输出图的特征图都对应一个偏置，
#而输出的特征图数量由 filter 数量决定，因此用 filter_shape[0](即 number
#of filters)初始化
b_values = numpy.zeros((filter_shape[0],), dtype=Theano.config.floatX)
self.b = Theano.shared(value=b_values, borrow=True)
#将输入图像与 filter 卷积，conv.conv2d()函数
#卷积完没有加 b 再通过 sigmoid，这里是一处简化
conv_out = conv.conv2d(
    input=input,
    filters=self.W,
    filter_shape=filter_shape,
    image_shape=image_shape
)
#maxpooling，最大子采样过程
pooled_out = pool.pool_2d (
    input=conv_out,
    ws=poolsize,
    ignore_border=True
)
#加偏置，再通过 tanh 映射，得到卷积+子采样层的最终输出
#因为 b 是一维向量，这里用维度转换函数 dimshuffle()将其 reshape。比如 b 是 10
#则 b.dimshuffle('x', 0, 'x', 'x')的作用是将其 reshape 设为(1,10,1,1)
self.output = T.tanh(pooled_out + self.b.dimshuffle('x', 0, 'x', 'x'))
#卷积+采样层的参数
self.params = [self.W, self.b]
```

（3）定义隐藏层 HiddenLayer，隐藏层的输入即 input，输出即隐藏层的神经元数。输入层与隐藏层是全连接的。

```
class HiddenLayer(object):
    def __init__(self, rng, input, n_in, n_out, W=None, b=None,
                 activation=T.tanh):
        self.input = input  #类 HiddenLayer 的 input 即传递进来的 input
```

```
if W is None:
    W_values = numpy.asarray(
        rng.uniform(
            low=-numpy.sqrt(6. / (n_in + n_out)),
            high=numpy.sqrt(6. / (n_in + n_out)),
            size=(n_in, n_out)
        ),
    dtype=Theano.config.floatX
    )
    if activation == Theano.tensor.nnet.sigmoid:
        W_values *= 4
    W = Theano.shared(value=W_values, name='W', borrow=True)
    if b is None:
        b_values = numpy.zeros((n_out,), dtype=Theano.config.floatX)
        b = Theano.shared(value=b_values, name='b', borrow=True)
    #用上面定义的W、b初始化类HiddenLayer的W、b
    self.W = W
    self.b = b
    #隐藏层的输出
    lin_output = T.dot(input, self.W) + self.b
    self.output = (
        lin_output if activation is None
        else activation(lin_output)
    )
    #隐藏层的参数
    self.params = [self.W, self.b]
```

（4）定义分类器（softmax 回归）。

```
class LogisticRegression(object):
    def __init__(self, input, n_in, n_out):
        #W为n_in行n_out列，b为n_out维向量，即每个输出对应W的一列以及b的一个元素
        self.W = Theano.shared(
            value=numpy.zeros(
                (n_in, n_out),
            dtype=Theano.config.floatX
            ),
            name='W',
            borrow=True
        )
```

```
    self.b = Theano.shared(
        value=numpy.zeros(
            (n_out,),
            dtype=Theano.config.floatX
        ),
        name='b',
        borrow=True
    )

self.p_y_given_x = T.nnet.softmax(T.dot(input, self.W) + self.b)

    #argmax 返回最大值下标，因为本例数据集是 MNIST，下标刚好是类别，axis=1 表
    #示按行操作
self.y_pred = T.argmax(self.p_y_given_x, axis=1)
#params，LogisticRegression 的参数
self.params = [self.W, self.b]

def negative_log_likelihood(self, y):
    return -T.mean(T.log(self.p_y_given_x)[T.arange(y.shape[0]), y])

def errors(self, y):
    if y.ndim != self.y_pred.ndim:
        raise TypeError(
        'y should have the same shape as self.y_pred',
        ('y', y.type, 'y_pred', self.y_pred.type)
         )
    if y.dtype.startswith('int'):
        return T.mean(T.neq(self.y_pred, y))
    else:
        raise NotImplementedError()
```

（5）加载 MNIST 数据集（mnist.pkl.gz）load_data()。

```
def load_data(dataset):
    #dataset 是数据集的路径，程序先检测该路径下有没有 MNIST 数据集，若没有，则下载
    #MNIST 数据集
    #这一部分与 softmax 回归算法无关
    data_dir, data_file = os.path.split(dataset)
    if data_dir == "" and not os.path.isfile(dataset):
        #Check if dataset is in the data directory.
        new_path = os.path.join(
            os.path.split(__file__)[0],
            "..",
```

```
            "data",
            dataset
    )
      if os.path.isfile(new_path) or data_file == 'mnist.pkl.gz':
        dataset = new_path
  if (not os.path.isfile(dataset)) and data_file == 'mnist.pkl.gz':
    import urllib
    origin = (
        'http://www.iro.umontreal.ca/~lisa/deep/data/mnist/mnist.pkl.gz'
    )
    print
    ('Downloading data from %s') % origin
    urllib.urlretrieve(origin, dataset)
print
'... loading data'
f = gzip.open(dataset, 'rb')
train_set, valid_set, test_set = cPickle.load(f)
f.close()
def shared_dataset(data_xy, borrow=True):
    data_x, data_y = data_xy
    shared_x = Theano.shared(numpy.asarray(data_x,
    dtype=Theano.config.floatX), borrow=borrow)
    shared_y = Theano.shared(numpy.asarray(data_y,
    dtype=Theano.config.floatX), borrow=borrow)
    return shared_x, T.cast(shared_y, 'int32')
test_set_x, test_set_y = shared_dataset(test_set)
valid_set_x, valid_set_y = shared_dataset(valid_set)
train_set_x, train_set_y = shared_dataset(train_set)
rval = [(train_set_x, train_set_y), (valid_set_x, valid_set_y),
        (test_set_x, test_set_y)]
return rval
```

（6）实现 LeNet5 并测试，LeNet5 有两个卷积层，第一个卷积层有 20 个卷积核，第二个卷积层有 50 个卷积核。

```
def evaluate_lenet5(learning_rate=0.1, n_epochs=200,
                    dataset='mnist.pkl.gz',
                    nkerns=[20, 50], batch_size=500):
    rng = numpy.random.RandomState(23455)
```

```
#加载数据
datasets = load_data(dataset)
train_set_x, train_set_y = datasets[0]
valid_set_x, valid_set_y = datasets[1]
test_set_x, test_set_y = datasets[2]
```
#计算 batch 数
```
n_train_batches = train_set_x.get_value(borrow=True).shape[0]
n_valid_batches = valid_set_x.get_value(borrow=True).shape[0]
n_test_batches = test_set_x.get_value(borrow=True).shape[0]
n_train_batches /= batch_size
n_valid_batches /= batch_size
n_test_batches /= batch_size
```
#定义多个变量，index 表示 batch 的下标，x 表示输入的训练数据，y 对应其标签
```
index = T.lscalar()
x = T.matrix('x')
y = T.ivector('y')
```
#加载进来的 batch 大小的数据是 (batch_size, 28 * 28)，但是
#LeNetConvPoolLayer 的输入是四维的，所以要 reshape
```
layer0_input = x.reshape((batch_size, 1, 28, 28))
```
#layer0 即第一个 LeNetConvPoolLayer 层
```
layer0 = LeNetConvPoolLayer(
    rng,
    input=layer0_input,
    image_shape=(batch_size, 1, 28, 28),
    filter_shape=(nkerns[0], 1, 5, 5),
    poolsize=(2, 2)
)
```
#layer1 即第二个 LeNetConvPoolLayer 层
```
layer1 = LeNetConvPoolLayer(
    rng,
    input=layer0.output,
    image_shape=(batch_size, nkerns[0], 12, 12),  #输入 nkerns[0]
    张特征图，即 layer0 输出 nkerns[0] 张特征图
    filter_shape=(nkerns[1], nkerns[0], 5, 5),
    poolsize=(2, 2)
)
```
#前面定义了两个 LeNetConvPoolLayer（layer0 和 layer1），layer1 后面接
layer2，这是一个全连接层，相当于 MLP 里面的隐藏层

```
layer2_input = layer1.output.flatten(2)
layer2 = HiddenLayer(
rng,
input=layer2_input,
n_in=nkerns[1] * 4 * 4,
n_out=500,
activation=T.tanh
)
```
#最后一层 layer3 是分类层, 用的是逻辑回归中定义的 LogisticRegression
```
layer3 = LogisticRegression(input=layer2.output, n_in=500,
n_out=10)
```
#代价函数 NLL
```
cost = layer3.negative_log_likelihood(y)
```
#test_model 计算测试误差, x、y 根据给定的 index 具体化, 然后调用 layer3,
#layer3 又会逐层地调用 layer2、layer1、layer0, 故 test_model 其实就是整个卷积
#神经网络结构, test_model 的输入是 x、y, 输出是 layer3.errors(y) 的输出, 即误差
```
test_model = Theano.function(
 [index],
layer3.errors(y),
givens={
        x: test_set_x[index * batch_size: (index + 1) * batch_size],
        y: test_set_y[index * batch_size: (index + 1) * batch_size]
    }
)
```
#validate_model, 验证模型, 分析同上
```
validate_model = Theano.function(
    [index],
    layer3.errors(y),
    givens={
        x: valid_set_x[index * batch_size: (index + 1) * batch_size],
        y: valid_set_y[index * batch_size: (index + 1) * batch_size]
    }
)
```
#下面是 train_model, 涉及优化算法(即 SGD), 需要计算梯度、更新参数
```
params = layer3.params + layer2.params + layer1.params + layer0.params
```
    #对各参数的梯度进行计算
```
    grads = T.grad(cost, params)
```
    #因为参数太多, 在 updates 规则里一个一个地写出来很麻烦, 所以下面用 for...in...
    #自动生成规则对 (param_i, param_i - learning_rate * grad_i)

```
updates = [
    (param_i, param_i - learning_rate * grad_i)
    for param_i, grad_i in zip(params, grads)
]
    #train_model，代码分析与 test_model 相同。train_model 里比 test_model、
    #validation_model 多出 updates 规则
    train_model = Theano.function(
        [index],
        cost,
        updates=updates,
        givens={
            x: train_set_x[index * batch_size: (index + 1) * batch_size],
            y: train_set_y[index * batch_size: (index + 1) * batch_size]
        }
    )
    #开始训练
    print
    ('... training')
    patience = 10000
    patience_increase = 2
    improvement_threshold = 0.995
    validation_frequency = min(n_train_batches, patience / 2)
    #这样设置 validation_frequency 可以保证每次 epoch 都会在验证集上测试
    best_validation_loss = numpy.inf    #最好的验证集上的 loss，最好即最小
    best_iter = 0 #最好的迭代次数，以 batch 为单位。比如 best_iter=10000，说
                  #明在训练完第 10000 个 batch 时达到 best_validation_loss
    test_score = 0.
    start_time = time.clock()
    epoch = 0
    done_looping = False
    #下面是训练过程，while 循环控制的是步数 epoch，一个 epoch 会遍历所有 batch，
    #即所有图片
    while (epoch < n_epochs) and (not done_looping):
epoch = epoch + 1
for minibatch_index in range(n_train_batches):
        iter = (epoch - 1) * n_train_batches + minibatch_index
        if iter % 100 == 0:
            print
            ('training @ iter = '), iter
```

```
        if (iter + 1) % validation_frequency == 0:
            #compute zero-one loss on validation set
            validation_losses = [validate_model(i) for i
                            in range(n_valid_batches)]
            this_validation_loss = numpy.mean(validation_losses)
            print('epoch %i, minibatch %i/%i, validation error %f %%' %
                (epoch, minibatch_index + 1, n_train_batches,
                this_validation_loss * 100.))
        if this_validation_loss < best_validation_loss:
            if this_validation_loss < best_validation_loss * \
                    improvement_threshold:
                    patience = max(patience, iter * patience_increase)
            best_validation_loss = this_validation_loss
            best_iter = iter
            test_losses = [
                for i in range(n_test_batches)
            ]
                test_score = numpy.mean(test_losses)
                print(('epoch %i, minibatch %i/%i, test error of '
                    'best model %f %%') %
                    (epoch, minibatch_index + 1, n_train_batches,
                    test_score * 100.))
        if patience <= iter:
            done_looping = True
            break
end_time = time.clock()
print('Optimization complete.')
print('Best validation score of %f %% obtained at iteration %i, '
    'with test performance %f %%' %
    (best_validation_loss * 100., best_iter + 1, test_score * 100.))
print (sys.stderr, ('The code for file ' +
                os.path.split(__file__)[1] +
                ' ran for %.2fm' % ((end_time - start_time) / 60.)))
if __name__ == '__main__':
    evaluate_lenet5()
def experiment(state, channel):
    evaluate_lenet5(state.learning_rate, dataset=state.dataset)
```

（7）运行文件"python3X.py"，结果如 12.14 所示。

```
epoch 83, minibatch 100/100, validation error 90.090000 %
epoch 84, minibatch 100/100, validation error 90.090000 %
epoch 85, minibatch 100/100, validation error 90.090000 %
epoch 86, minibatch 100/100, validation error 90.090000 %
epoch 87, minibatch 100/100, validation error 90.090000 %
epoch 88, minibatch 100/100, validation error 90.090000 %
epoch 89, minibatch 100/100, validation error 90.090000 %
epoch 90, minibatch 100/100, validation error 90.090000 %
epoch 91, minibatch 100/100, validation error 90.090000 %
epoch 92, minibatch 100/100, validation error 90.090000 %
epoch 93, minibatch 100/100, validation error 90.090000 %
epoch 94, minibatch 100/100, validation error 90.090000 %
epoch 95, minibatch 100/100, validation error 90.090000 %
epoch 96, minibatch 100/100, validation error 90.090000 %
epoch 97, minibatch 100/100, validation error 90.090000 %
epoch 98, minibatch 100/100, validation error 90.090000 %
epoch 99, minibatch 100/100, validation error 90.090000 %
epoch 100, minibatch 100/100, validation error 90.090000 %
Optimization complete.
Best validation score of 90.090000 % obtained at iteration 100, with test performance
90.200000 %
<ipykernel.iostream.OutStream object at 0x000002A314B8CC50> The code for file 1-for
python3X.py ran for 17.81m
```

图 12.14　运行文件"python3X.py"的结果

12.4　本 章 小 结

Python 的第三方库提供了人工神经网络和卷积神经网络的构造方法。本章利用第三方库构造了一个人工神经网络模型，以识别鸢尾花的分类；此外，还构造了一个简单的卷积神经网络模型。项目提供了两种应用的实战步骤和源代码，读者可以扫描二维码下载相关教学资源。

12.5　本 章 习 题

一、填空题

1. 一个基本的三层神经网络包含＿＿＿＿＿、＿＿＿＿＿、＿＿＿＿＿。

2. 在面对一个分类问题时，支持向量机调整参数、核函数、惩罚因子、松弛变量等，而神经网络只需要初始化时给每个神经元随机赋予一个＿＿＿＿＿和＿＿＿＿＿，再进行训练即可。

3. 与神经网络相比，深度学习具有更多的＿＿＿＿＿。

4. 池化层的目的是通过降采样的方式＿＿＿＿＿参数。

5. 常用的池化方法有＿＿＿＿＿＿和＿＿＿＿＿。

二、上机操作题

上机编写程序，实现 12.2.2 和 12.3.2 中的内容。

参 考 文 献

古德费洛，本吉奥，库维尔，2017. 深度学习[M]. 赵申剑，黎彧君，符天凡，等译. 北京：人民邮电出版社.

哈林顿，2013. 机器学习实战[M]. 李锐，李鹏，曲亚东，等译. 北京：人民邮电出版社.

杰龙，2018. 机器学习实战：基于 Scikit-Learn 和 TensorFlow[M]. 王静源，贾玮，边蕤，等译. 北京：机械工业出版社.

李德毅，中国人工智能学会，2018. 人工智能导论[M]. 北京：中国科学技术出版社.

龙马高新教育，2018. Python 3 数据分析与机器学习实战[M]. 北京：北京大学出版社.

卢茨，2018. Python 学习手册：原书第 5 版[M]. 秦鹤，林明，译. 北京：机械工业出版社.

卢奇，科佩克，2018. 人工智能：第 2 版[M]. 林赐，译. 北京：人民邮电出版社.

马瑟斯，2020. Python 编程：从入门到实践[M]. 2 版. 袁国忠，译. 北京：人民邮电出版社.

麦金尼，2018. 利用 Python 进行数据分析：原书第 2 版[M]. 徐敬一，译. 北京：机械工业出版社.

吴茂贵，王红星，刘未昕，等，2020. Python 入门到人工智能实战[M]. 北京：北京大学出版社.

周志华，2016. 机器学习[M]. 北京：清华大学出版社.

朱春旭，2019. Python 数据分析与大数据处理从入门到精通[M]. 北京：北京大学出版社.